高等职业教育规划教材

铣削加工技术

张云龙　周彦云　主　编

胡月霞　刘小兰　陈淑英　副主编

王瑞清　主　审

U0243659

化学工业出版社

·北京·

本书根据机械加工的典型工作任务，参照了铣工国家职业资格标准，遵循由浅入深的原则编写。全书共划分了 6 个学习情境，包括铣床的基本操作、平面类零件的铣削、台阶及沟槽的铣削、万能分度头及应用、孔的加工、铣工综合训练，附录包括铣床的一般调整、一级保养、铣床常见故障及排除方法、国家职业标准以及铣工中级理论试卷和答案。为方便教学，配套电子课件。

本书可作为高职高专院校、中等职业学校机械、机电类专业的教材，也可作为培训用书，并可供广大技术工人使用。

图书在版编目（CIP）数据

铣削加工技术/张云龙，周彦云主编. —北京：化学
工业出版社，2015.9（2020.1重印）
高等职业教育规划教材
ISBN 978-7-122-24865-7

Ⅰ.①铣…　Ⅱ.①张…②周…　Ⅲ.①铣削-金属加工-
高等职业教育-教材　Ⅳ.①TG54

中国版本图书馆 CIP 数据核字（2015）第 184236 号

责任编辑：韩庆利　　　　　　　　　　　装帧设计：刘丽华
责任校对：吴　静

出版发行：化学工业出版社（北京市东城区青年湖南街 13 号　邮政编码 100011）
印　　装：三河市双峰印刷装订有限公司
787mm×1092mm　1/16　印张 14　字数 371 千字　2020 年 1 月北京第 1 版第 2 次印刷

购书咨询：010-64518888　　　　　　　售后服务：010-64518899
网　　址：http://www.cip.com.cn
凡购买本书，如有缺损质量问题，本社销售中心负责调换。

定　　价：29.80 元

前 言 FOREWORD

根据教育部发布的《关于全面提高高等职业教育教学质量的若干意见》的文件要求，随着教育教学改革的不断深入，本着提高教学质量为原则，同时针对高职机械制造与自动化、机电一体化、数控技术等专业改革的需要，组织专家和骨干教师共同编写了本书。本书坚持"边学习，边实践"的思想，并进行了探索和尝试，经过不断总结和完善，建立了一套以工作过程为导向，以典型零件为载体，设置了具有平行、递进和包容的学习情境，采用以实践为主的教学方法，培养学生的实践动手能力。

本课程内容根据机械加工的典型工作任务，参照了铣工国家职业资格标准，遵循由浅入深、由简单到复杂循序渐进的原则，共划分了 6 个学习情境，内容包括情境一铣床的基本操作、情境二平面类零件的铣削、情境三台阶及沟槽的铣削、情境四万能分度头及应用、情境五孔的加工、情境六铣工综合训练。课程以典型零件加工过程为教学主线，合理划分和安排各个工作任务和工作项目，培养熟悉工艺过程、熟练操作机床，能服务于生产和管理第一线需要的高技术应用型人才。

每个学习情境通过情境导入、任务描述、知识链接、制定方案、任务实施、检查与评价、思考与训练等教学环节完成教学内容。其中，任务描述给出需要加工零件的图样；知识链接为后续的制定方案、实施、评价等环节的开展奠定理论基础，做好相应知识储备；制定方案是根据知识链接中的理论指导，对需要完成的项目进行整体规划和方案安排，并给学生布置相应的任务；实施环节则是整个教学过程的核心，是让学生根据制定的最佳方案一步步完成实际操作，并记录操作过程和操作结果；检查与评价环节是整个任务完成后，先由学生对自己所完成的实施过程和结果进行自我检查，以发现和认识实施过程中的不足和漏洞，然后由教师对学生的实施情况进行综合评价；最后通过思考与训练的形式，让学生对课堂上所制定并实施的方案进行进一步完善，查漏补缺，通过实操题的训练达到举一反三和拓展知识面的目的。

本书由张云龙、周彦云主编，王瑞清主审。张云龙、周彦云编写情境一、情境六、附录，胡月霞编写情境二，陈淑英和呼吉亚编写情境三，贾大伟编写情境四，刘小兰编写情境五，李继承、姚文才、王婕、郭浩参加部分文字修订工作。在编写过程中参考了大量的文献，在此向有关作者表示衷心的感谢。在编写过程中得到了包头轻工职业技术学院各级领导、同仁以及包头坚达精工企业同志的帮助与大力支持，在此表示衷心的感谢。

本书配套电子课件，可赠送给用本书作为授课教材的院校和老师，如有需要，可登陆 www.cipedu.com.cn 下载。

由于编者水平有限，书中难免存在不妥之处，敬请读者批评指正。

编 者

目 录 CONTENTS

学习情境一 铣床的基本操作

学习目标

知识目标：

1. 了解铣削加工的基本内容；
2. 掌握铣床的种类及铣床的型号、技术指标；
3. 熟悉铣床安全操作规程及文明生产的规定；
4. 熟悉铣床的润滑及维护保养的方法；
5. 掌握铣床各部件的名称、作用及结构特点；
6. 了解 X5032 和 X6132 铣床的传动系统；
7. 掌握铣床各操作手柄的名称、作用及操作方法；
8. 掌握空载时主轴变速、进给变速的操作方法。

情境导入

在机械产品中，大多数零件的成形并不是依靠单一的加工方法而成的。为满足零件的形状、尺寸、精度等要求，在常用加工方法中，铣削加工是最基本、应用最广泛的加工方法之一。铣削加工常用的设备为铣床。本学习情境要求学生熟练操作铣床。

任务一　铣床的认知

任务描述

本任务带领学生参观机加工实训车间，认识机械制造业中常用的设备——铣床，了解铣床的类型、铣削加工的内容、加工特点及应用范围，尤其是最常见 X5032 型、X6132 型的铣床结构，体验铣削加工的工作氛围，了解生产车间的安全文明生产操作规程。

知识链接

一、铣削概述

铣削加工是最常见、应用最广泛的切削加工方法之一。铣削是指利用铣刀旋转做主运动和工件做进给运动切除多余材料使之成为符合图样要求合格零件的一种切削加工方法。由于铣削加工的刀具为多刃刀具，切削效率较高。铣刀种类较多，加工范围较广，它可以铣削平面、台阶、沟槽、特形沟槽、特形面、螺旋槽、齿轮、牙嵌式离合器、切断和孔加工等，见表 1-1。一般具有较高的加工精度，其经济加工精度一般为 IT9～IT7，表面粗糙度值为 $Ra12.5～1.6\mu m$。

二、铣床的基础知识

1. 铣床的型号

目前我国铣床型号是按 GB/T 15375—2008《金属切削机床型号编制方法》编制的。铣

表 1-1 铣削加工的范围

序号	名称	图　　例	序号	名称	图　　例
1	铣削平面		7	铣沟槽	
2	铣台阶		8	铣键槽	
3	铣特形槽		9	铣齿轮	
4	铣特形面		10	切断	
5	铣圆弧槽		11	铣花键	
6	铣螺旋槽		12	孔加工	

床型号是铣床的代号，表明铣床的类型、结构特性等。铣床型号由基本部分和辅助部分组成。

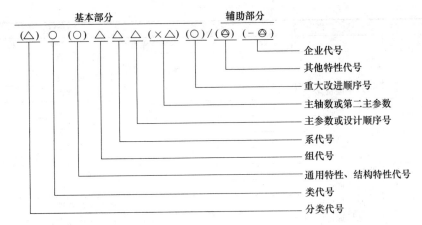

（1）铣床的类代号　铣床的类代号用大写的汉语拼音字母 X 来表示。

（2）铣床的通用特性代号　铣床标牌上的第二位（或第三位）字母反映铣床的通用特性、结构特性。铣床的通用特性代号具有固定含义，见表 1-2。

表 1-2　铣床的通用特性代号

通用特性	高精度	精密	自动	半自动	数控	加工中心自动换刀	仿形	轻型	加重型	简式或经济型	柔性加工单元	数显	高速
代号	G	M	Z	B	K	H	F	Q	C	J	R	X	S
读音	高	密	自	半	控	换	仿	轻	重	简	柔	显	速

（3）铣床的组代号和系代号以及主参数　铣床的组分为 10 个组，每组又分为 10 个系列。每种铣床型号的主参数通常用铣床工作台面宽度的折算系数来表示。若折算系数大于 1 时取整数，前面不加"0"；若折算系数小于 1 时取小数点后的第一位数，并在前面加"0"表示。常用铣床的具体表示方法见表 1-3。

表 1-3　常用铣床的组、系划分及型号中主参数表示方法

组代号	组名称	系代号	系名称	主参数折算系数	主参数名称
0	仪表铣床	1	台式工具铣床	1/10	工作台面宽度
		2	台式车铣床		
		3	台式仿形铣床		
		4	台式超精铣床		
		5	立式台铣床		
		6	卧式台铣床		
1	悬臂及滑枕铣床	0	悬臂铣床	1/100	工作台面宽度
		1	悬臂镗铣床		
		2	悬臂磨铣床		
		3	定镗铣床		
		6	卧式滑枕铣床		
		7	立式滑枕铣床		
2	龙门铣床	0	龙门铣床	1/100	工作台面宽度
		1	龙门镗铣床		
		2	龙门磨铣床		
		3	定梁龙门铣床		
		4	定梁龙门镗铣床		
		6	龙门移动铣床		
		7	定梁龙门移动铣床		
		8	落地龙门镗铣床		

3

组		系			主参数	
代号	名称	代号	名 称	折算系数	名 称	
3	平面铣床	0	圆台铣床	1/100	工作台面直径	
		1	立式平面铣床		工作台面宽度	
		3	单柱平面铣床		工作台面宽度	
		4	双柱平面铣床		工作台面宽度	
		5	端面铣床		工作台面宽度	
		6	双端面铣床		工作台面宽度	
		8	落地端面铣床		最大铣轴垂直移动距离	
4	仿形铣床	1	平面刻模铣床	1/10	缩放仪中心距	
		2	立替刻模铣床		缩放仪中心距	
		3	平面仿形铣床		最大铣削宽度	
		4	立体仿形铣床		最大铣削宽度	
		5	立式立体仿形铣床		最大铣削宽度	
		6	叶片仿形铣床		最大铣削宽度	
		7	立式叶片仿形铣床		最大铣削宽度	
5	立式升降台铣床	0	立式升降台铣床	1/10	工作台面宽度	
		1	立式升降台镗铣床			
		2	摇臂铣床			
		3	万能摇臂铣床			
		4	摇臂镗铣床			
		5	转塔升降台铣床			
		6	立式滑枕升降台铣床			
		7	万能滑枕升降台铣床			
		8	圆弧铣床			
6	卧式升降台铣床	0	卧式升降台铣床	1/10	工作台面宽度	
		1	万能升降台铣床			
		2	万能回转头铣床			
		3	万能摇臂铣床			
		4	卧式回转头铣床			
		5	广用万能铣床			
		6	卧式滑枕升降台铣床			
7	床身铣床	1	床身铣床	1/100	工作台面宽度	
		2	转塔床身铣床			
		3	立柱移动床身铣床			
		4	立柱移动转塔床身铣床			
		5	卧式回转头铣床			
		6	立柱移动卧式床身铣床			
		7	滑枕床身铣床			
		9	立柱移动卧式床身铣床			
8	工具铣床	1	万能工具铣床	1/10	工作台面宽度	
		3	钻头铣床	1	最大钻头直径	
		5	立铣刀槽铣床	1	最大铣刀直径	
9	其他铣床	0	六角螺母槽铣床	1	最大六角螺母对边宽度	
		1	曲轴铣床	1/10	刀盘直径	
		2	键槽铣床	1	最大键槽宽度	
		4	轧辊轴颈铣床	1/100	最大铣削直径	
		7	转子槽铣床	1/100	最大转子本体直径	
		8	螺旋桨铣床	1/100	最大工作直径	

（4）型号举例

① X6132

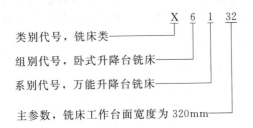

类别代号，铣床类————X

组别代号，卧式升降台铣床————6

系列代号，万能升降台铣床————1

主参数，铣床工作台面宽度为320mm————32

② X2010

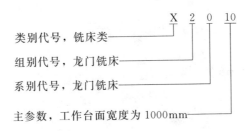

类别代号，铣床类————X

组别代号，龙门铣床————2

系列代号，龙门铣床————0

主参数，工作台面宽度为1000mm————10

③ XFM5030

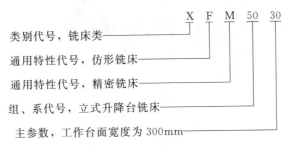

类别代号，铣床类————X

通用特性代号，仿形铣床————F

通用特性代号，精密铣床————M

组、系代号，立式升降台铣床————50

主参数，工作台面宽度为300mm————30

2. 常用铣床的种类

在生产中常见的铣床有升降台式铣床、固定台座式铣床、龙门铣床和工具铣床等多种。

（1）升降台式铣床　根据主轴位置不同可以分为卧式铣床和立式铣床。

① 卧式铣床　卧式铣床中最常用的是卧式万能升降台铣床。其主要特点是主轴位置与工作台平行；升降台可沿床身导轨垂直移动；工作台可做纵向、横向移动；纵向工作台和横向溜板箱间有一回转盘并有刻度线，可在±45°范围内转动。主要适用于加工中小型零件。典型卧式万能升降台铣床的型号为X6132。

② 立式铣床　立式铣床的主要特点是主轴位置与工作台台面垂直，升降台可沿床身导轨垂直移动；工作台可做纵向、横向移动；在立铣头上有一回转盘，立铣头可在±45°范围内偏转，以改变主轴与工作台面间的位置关系。典型立式升降台铣床的型号为X5032。

（2）固定台座式铣床　固定台座式铣床的工作台只能纵向和横向运动，垂向运动由立铣头沿床身垂直导轨作上、下移动来实现，用于加工大型和重型工件。

（3）龙门铣床　龙门铣床属于大型铣床，床身呈水平布置。工作台只能沿床身做纵向移动。两立铣头装在龙门横梁上，横梁可以在立柱上做上下移动，两立铣头可在横梁上做左右移动。两卧式铣头装在两边立柱上，可沿立柱做上下移动。各铣刀又能绕自身轴线做调整进给运动。龙门铣床可同时装夹4把铣刀，同时铣削四个表面，效率高。它适合加工大型箱体类工作表面，如机床床身表面。典型龙门铣床的型号为X2010。

（4）工具铣床　这类铣床的主要特点是配备立铣头、万能角度工作台和插头等多种附件。它主要用于铣削工具、模具；也可以进行钻、镗等加工，加工精度高，可加工形状复杂的零件。典型工具铣床的型号为X8126C。

3. 铣床的结构组成

X5032 型立式升降台铣床是学校教学中运用最多的教学设备，如图 1-1 所示。以 X5032 型立式升降台铣床为例介绍铣床的主要组成和结构特点以及功用，见表 1-4。

（1）X5032 型铣床主要部件及功用

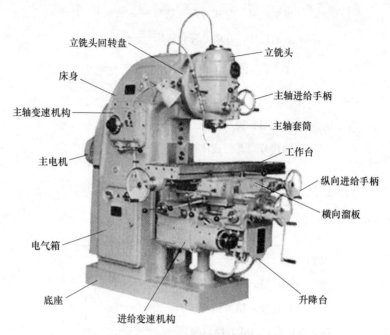

图 1-1　X5032 型立式升降台铣床

表 1-4　X5032 型铣床主要部件及功用

部件名称	功用及结构特点	主要技术参数
底座	底座用来支撑整个机床，存储冷却液	工作台面尺寸（长×宽）： 　1250mm×320mm 工作台最大行程： 　纵向（手动/机动）：720mm/700mm 　横向（手动/机动）：255mm/240mm 　垂向（手动/机动）：350mm/330mm 主轴转速级数：18 级 主轴转速范围（r/min）：30～1500 工作台进给量级数：18 级 工作台进给量范围（mm/min）： 　纵向：23.5～1180 　横向：23.5～1180 　垂向：8～394 工作台快速移动速度（mm/min）： 　纵向：2300 　横向：2300 　垂向：770 主轴锥孔锥度：7：24 主电机功率：7.5kW 进给电机功率：1.5kW 立铣头最大回转角度：±45°
电气箱	铣床所用的电气连接箱，关闭电气箱的门，铣床才能正常工作	
主电机	主电机的额定转速 1450r/min。其作用是驱动传动系统带动主轴旋转	
主轴变速系统	操作机构位于铣床左侧，其目的是将主电机的转速转变成主轴的 18 种不同的转速，以适应不同工件的加工条件	
床身	是铣床的主要部件，用来安装和连接其他部件。其内部还装有主轴的变速机构，在床身的正面有垂向导轨，以实现工作台的上下移动	
立铣头回转盘	在回转盘上面有刻度盘，刻度的范围 0°～±45°	
立铣头	可以使铣刀偏转一定角度（±45°），满足加工要求	
主轴套筒	主轴套筒内有带有锥度 7：24 的空心轴，用来安装铣刀刀杆和铣刀的	
工作台	用于安装铣床夹具或工件，加工时带动工件做纵向进给运动	
横向溜板箱	在铣削加工时带动工作台做横向进给运动	
升降台	用来支撑横向溜板箱和工作台，带动工作台和溜板箱一起做上下移动	
进给变速机构	用来调整和变换工作台进给的速度（18 种），以适应不同铣削要求	

（2）X5032 型立式升降台铣床的结构特点

① 工作台进给运动的方向与机动进给手柄操作时所指示的方向一致。

② 为使操作者便于操作铣床，在铣床的前面和左侧，各设有一组功能相同的开关按钮和手柄的复式操作装置。

③ 铣床工作台可通过按钮操纵实现快速进给运动。

④ 立式铣床的主轴与工作台面垂直，主轴可在正垂面内作±45°范围内偏转，以调整铣床主轴轴线与工作台面间的相对位置。

⑤ 立式铣床的主轴带有套筒伸缩装置，主轴可沿自身轴线在 0～70mm 范围内作手动进给。

⑥ 铣床采用转速控制继电器（或电磁离合器）进行制动。

⑦ 立式铣床的正面增设了一个纵向手动操作手柄。

4．X5032 立式铣床的传动系统

X5032 立式铣床的传动系统由主轴旋转运动和进给运动组成，其传动系统如图 1-2 所示。

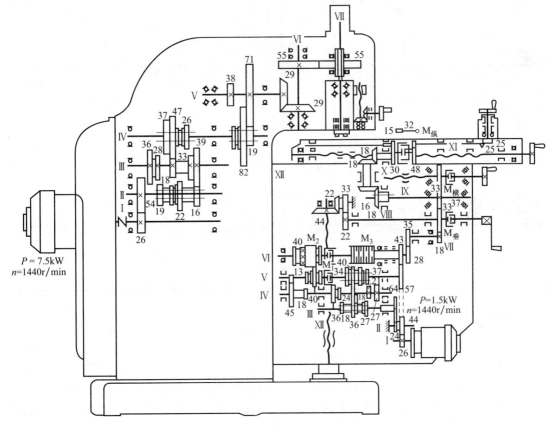

图 1-2　X5032 立式铣床的传动系统

（1）主运动　主轴旋转运动由 7.5kW、1440r/min 的主电动机经联轴器与轴 I 相联，使轴 I 具有与主电机相同的转速，通过一对齿轮副 26/54 将轴 I 的旋转运动传至轴 II，轴 II 上有一个可沿轴向移动用来变速的三联滑移齿轮变速组（齿数为 19、22、16），通过与轴 III 上相应齿轮的啮合而带动轴 III 转动（16/39、22/33、19/36），使轴 III 获得 3 种不同的转速；轴 IV 上也有一个三联滑移齿轮变速组与轴 III 上相应齿轮啮合（39/26、18/47、28/37），使轴 IV

获得 9 种不同的转速；轴Ⅳ的右方还设置一个双联滑移齿轮变速组（齿数为 19、82），当它与轴Ⅴ上的固定的齿轮啮合（齿数为 38、71）时，轴Ⅴ获得 18 种不同转速。轴Ⅴ的右方有一锥齿轮（$z=29$），从轴Ⅴ经过一对齿数相同的锥齿轮将运动传至轴Ⅵ，再经过一对齿数相同（$z=55$）的圆柱齿轮带动立铣床主轴Ⅶ转动，主轴Ⅶ可获得 30～1500r/min 的 18 种旋转速度。其传动结构式如下：

$$n_{主电机} - 轴Ⅰ - \frac{26}{54} - 轴Ⅱ - \begin{Bmatrix} \frac{22}{33} \\ \frac{19}{36} \\ \frac{16}{39} \end{Bmatrix} - 轴Ⅲ - \begin{Bmatrix} \frac{39}{26} \\ \frac{28}{37} \\ \frac{18}{47} \end{Bmatrix} - 轴Ⅳ - \begin{Bmatrix} \frac{82}{38} \\ \frac{19}{71} \end{Bmatrix} - 轴Ⅴ - \frac{29}{29} - 轴Ⅵ - \frac{55}{55} - 轴Ⅶ$$

X5032 立式铣床的主轴转速见表 1-5。

表 1-5　X5032 立式铣床主轴转速表

转速级别	计算式	转速/(r/min)	转速级别	计算式	转速/(r/min)
1	$1440\times\frac{26}{54}\times\frac{16}{39}\times\frac{18}{47}\times\frac{19}{71}\times\frac{29}{29}\times\frac{55}{55}$	30	10	$1440\times\frac{26}{54}\times\frac{16}{39}\times\frac{18}{47}\times\frac{82}{38}\times\frac{29}{29}\times\frac{55}{55}$	235
2	$1440\times\frac{26}{54}\times\frac{16}{36}\times\frac{18}{47}\times\frac{19}{71}\times\frac{29}{29}\times\frac{55}{55}$	37.5	11	$1440\times\frac{26}{54}\times\frac{16}{36}\times\frac{18}{47}\times\frac{82}{38}\times\frac{29}{29}\times\frac{55}{55}$	300
3	$1440\times\frac{26}{54}\times\frac{22}{33}\times\frac{18}{47}\times\frac{19}{71}\times\frac{29}{29}\times\frac{55}{55}$	47.5	12	$1440\times\frac{26}{54}\times\frac{22}{33}\times\frac{18}{47}\times\frac{82}{38}\times\frac{29}{29}\times\frac{55}{55}$	375
4	$1440\times\frac{26}{54}\times\frac{16}{39}\times\frac{28}{37}\times\frac{19}{71}\times\frac{29}{29}\times\frac{55}{55}$	60	13	$1440\times\frac{26}{54}\times\frac{16}{39}\times\frac{28}{37}\times\frac{82}{38}\times\frac{29}{29}\times\frac{55}{55}$	475
5	$1440\times\frac{26}{54}\times\frac{16}{36}\times\frac{28}{37}\times\frac{19}{71}\times\frac{29}{29}\times\frac{55}{55}$	75	14	$1440\times\frac{26}{54}\times\frac{16}{36}\times\frac{28}{37}\times\frac{82}{38}\times\frac{29}{29}\times\frac{55}{55}$	600
6	$1440\times\frac{26}{54}\times\frac{22}{33}\times\frac{28}{37}\times\frac{19}{71}\times\frac{29}{29}\times\frac{55}{55}$	95	15	$1440\times\frac{26}{54}\times\frac{22}{33}\times\frac{28}{37}\times\frac{82}{38}\times\frac{29}{29}\times\frac{55}{55}$	750
7	$1440\times\frac{26}{54}\times\frac{16}{39}\times\frac{39}{26}\times\frac{19}{71}\times\frac{29}{29}\times\frac{55}{55}$	118	16	$1440\times\frac{26}{54}\times\frac{16}{39}\times\frac{39}{26}\times\frac{82}{38}\times\frac{29}{29}\times\frac{55}{55}$	950
8	$1440\times\frac{26}{54}\times\frac{16}{36}\times\frac{39}{26}\times\frac{19}{71}\times\frac{29}{29}\times\frac{55}{55}$	150	17	$1440\times\frac{26}{54}\times\frac{16}{36}\times\frac{39}{26}\times\frac{29}{29}\times\frac{55}{55}$	118
9	$1440\times\frac{26}{54}\times\frac{22}{33}\times\frac{39}{26}\times\frac{19}{71}\times\frac{29}{29}\times\frac{55}{55}$	190	18	$1440\times\frac{26}{54}\times\frac{22}{33}\times\frac{39}{26}\times\frac{82}{38}\times\frac{29}{29}\times\frac{55}{55}$	1500

主轴的旋转方向随电动机正、反转向的改变而改变。

（2）进给运动　X5032 型铣床的进给运动由功率为 1.5kW 的电动机单独驱动，与主轴传动无直接关系。电动机的运动经两对齿轮减速传动，使轴Ⅲ以 $1440\text{r/min}\times\frac{26}{44}\times\frac{24}{64}=320\text{r/min}$ 的转速旋转。轴Ⅲ和轴Ⅴ上有两个三联滑移齿轮，分别与Ⅳ上的固定齿轮啮合。使轴Ⅴ有 3×3＝9 种转速。当轴Ⅴ上的空套齿轮（$z=40$）向右移动时，其右侧齿状离合器与离合器 M_1 结合，将 9 种转速经 40/40 的一对齿轮及离合器 M_2 传至轴Ⅵ，使轴Ⅵ获得与轴Ⅴ相同的 9 种较快转速。当轴Ⅴ上的空套齿轮（$z=40$）向左移动时，右侧齿状离合器与离合器 M_1 完全脱开，与轴Ⅳ上双联空套齿轮（$z=18$）的齿轮啮合，同时与轴Ⅵ上 $z=40$ 宽齿轮啮合，则轴Ⅴ的 9 种转速经 $\frac{13}{45}\times\frac{18}{40}\times\frac{40}{40}$ 的 3 对齿轮传动。在经离合器 M_2 传至轴Ⅵ，使轴Ⅵ获得 9 种较慢转速。因此，轴Ⅵ共有 18 种转速。经齿轮副 28/35 传至轴Ⅶ，经齿轮副 18/33 传至轴Ⅷ，由齿轮副 33/37 传至轴Ⅸ，然后分两条路线：一条由齿轮副 33/37 经离合器 M$_横$传给横向丝杠轴 X，这是横向进给传动路线；另一条由轴 IX 上的齿轮副 18/16，18/18，经离合器 M$_纵$传给纵向丝杠轴 XI，这是纵向进给传动路线。进给速度传到轴 VIII，轴上齿轮副 22/33、22/44，经离合器 M$_垂$传给垂向丝杠轴 XII，这是垂向进给传动路线。每个方向的运动都有 18 种进给速度。

在轴 VI 上有与摩擦离合器 M$_3$ 外壳固定的齿轮（$z=43$）与轴 V 上的一空套齿轮（$z=57$）啮合，$z=57$ 的齿轮又与轴 II 上的双联空套齿轮中 $z=44$ 的齿轮啮合。当进给电动机启动时，经齿轮（$z=26$）和两个中间齿轮（44 和 57），带动轴 VI 上从动齿轮（$z=43$）做高速旋转。若离合器 M$_2$ 右移（工作进给断开），使离合器 M$_3$ 结合，轴 VI 做高速旋转，进给一系列齿轮副啮合传动将快速移动传递，使工作台快速移动。离合器 M$_2$ 的右移是靠操作者按下"快进"按钮，接通升降台下方的一个强力电磁铁，经一组杠杆来实现。

M$_3$ 接合时，M$_2$ 脱离，所以，工作台进给运动和快速移动是互锁的，不能同时传动。

进给运动结构式：

$$n_{进给电机} - 轴I - \frac{26}{44} - 轴II - \frac{24}{64} - 轴III - \begin{Bmatrix} \frac{36}{18} \\ \frac{27}{27} \\ \frac{18}{36} \end{Bmatrix} - 轴IV - \begin{Bmatrix} \frac{24}{34} \\ \frac{21}{37} \\ \frac{18}{40} \end{Bmatrix} - 轴V - \begin{Bmatrix} M_1(啮合) \\ M_1(脱开) - \frac{13}{45} - IV - \frac{18}{40} - V \\ 1 \end{Bmatrix} -$$

$$\frac{40}{40} - M_2(啮合) - 轴VI - \frac{28}{35} - 轴VII - \frac{18}{33} - 轴VIII - \begin{Bmatrix} \frac{33}{37} - 轴IX - \begin{Bmatrix} \frac{18}{16} - \frac{18}{18} - M_纵 - 轴XI(纵向丝杠\ P=6mm) \\ \frac{37}{33} - M_横 - 轴X(横向丝杠\ P=6mm) \end{Bmatrix} \\ M_垂 - \frac{22}{33} - \frac{22}{44} - 轴XII(垂向丝杠\ P=6mm) \end{Bmatrix}$$

快进传动结构式：

$$n_{进给电机} - 轴I - \frac{26}{44} - 轴II - \frac{44}{57} - \frac{57}{43} - M_2(脱开) - M_3(啮合)(快速移动) - 轴VI - \frac{28}{35} - 轴VII -$$

$$\frac{18}{33} - 轴VIII - \begin{Bmatrix} \frac{33}{37} - 轴IX - \begin{Bmatrix} \frac{18}{16} - \frac{18}{18} - M_纵 - 轴XI(纵向丝杠\ P=6mm) \\ \frac{37}{33} - M_横 - 轴X(横向丝杠\ P=6mm) \end{Bmatrix} \\ M_垂 - \frac{22}{33} - \frac{22}{44} - 轴XII(垂向丝杠\ P=6mm) \end{Bmatrix}$$

X5032 立式铣床的工作台纵向进给速度见表 1-6。

表 1-6 X5032 立式铣床工作台纵向进给速度表

进给速度级别	计算式	进给速度/(mm/min)
1	$1440 \times \frac{26}{44} \times \frac{24}{64} \times \frac{18}{36} \times \frac{18}{40} \times \frac{13}{45} \times \frac{18}{40} \times \frac{40}{40} \times \frac{28}{35} \times \frac{18}{33} \times \frac{33}{37} \times \frac{18}{16} \times \frac{18}{18} \times 6$	23.5
2	$1440 \times \frac{26}{44} \times \frac{24}{64} \times \frac{18}{36} \times \frac{21}{37} \times \frac{13}{45} \times \frac{18}{40} \times \frac{40}{40} \times \frac{28}{35} \times \frac{18}{33} \times \frac{33}{37} \times \frac{18}{16} \times \frac{18}{18} \times 6$	30
3	$1440 \times \frac{26}{44} \times \frac{24}{64} \times \frac{18}{36} \times \frac{24}{34} \times \frac{13}{45} \times \frac{18}{40} \times \frac{40}{40} \times \frac{28}{35} \times \frac{18}{33} \times \frac{33}{37} \times \frac{18}{16} \times \frac{18}{18} \times 6$	37.5
4	$1440 \times \frac{26}{44} \times \frac{24}{64} \times \frac{27}{27} \times \frac{18}{40} \times \frac{13}{45} \times \frac{18}{40} \times \frac{40}{40} \times \frac{28}{35} \times \frac{18}{33} \times \frac{33}{37} \times \frac{18}{16} \times \frac{18}{18} \times 6$	47.5

学习情境一 铣床的基本操作

进给速度级别	计算式	进给速度(mm/min)
5	$1440 \times \dfrac{26}{44} \times \dfrac{24}{64} \times \dfrac{27}{27} \times \dfrac{21}{37} \times \dfrac{13}{45} \times \dfrac{18}{40} \times \dfrac{40}{40} \times \dfrac{28}{35} \times \dfrac{18}{33} \times \dfrac{33}{37} \times \dfrac{18}{16} \times \dfrac{18}{18} \times 6$	60
6	$1440 \times \dfrac{26}{44} \times \dfrac{24}{64} \times \dfrac{27}{27} \times \dfrac{24}{34} \times \dfrac{13}{45} \times \dfrac{18}{40} \times \dfrac{40}{40} \times \dfrac{28}{35} \times \dfrac{18}{33} \times \dfrac{33}{37} \times \dfrac{18}{16} \times \dfrac{18}{18} \times 6$	75
7	$1440 \times \dfrac{26}{44} \times \dfrac{24}{64} \times \dfrac{36}{18} \times \dfrac{18}{40} \times \dfrac{13}{45} \times \dfrac{18}{40} \times \dfrac{40}{40} \times \dfrac{28}{35} \times \dfrac{18}{33} \times \dfrac{33}{37} \times \dfrac{18}{16} \times \dfrac{18}{18} \times 6$	95
8	$1440 \times \dfrac{26}{44} \times \dfrac{24}{64} \times \dfrac{36}{18} \times \dfrac{21}{37} \times \dfrac{13}{45} \times \dfrac{18}{40} \times \dfrac{40}{40} \times \dfrac{28}{35} \times \dfrac{18}{33} \times \dfrac{33}{37} \times \dfrac{18}{16} \times \dfrac{18}{18} \times 6$	118
9	$1440 \times \dfrac{26}{44} \times \dfrac{24}{64} \times \dfrac{36}{18} \times \dfrac{24}{34} \times \dfrac{13}{45} \times \dfrac{18}{40} \times \dfrac{40}{40} \times \dfrac{28}{35} \times \dfrac{18}{33} \times \dfrac{33}{37} \times \dfrac{18}{16} \times \dfrac{18}{18} \times 6$	150
10	$1440 \times \dfrac{26}{44} \times \dfrac{24}{64} \times \dfrac{18}{36} \times \dfrac{18}{40} \times \dfrac{40}{40} \times \dfrac{28}{35} \times \dfrac{18}{33} \times \dfrac{33}{37} \times \dfrac{18}{16} \times \dfrac{18}{18} \times 6$	190
11	$1440 \times \dfrac{26}{44} \times \dfrac{24}{64} \times \dfrac{18}{36} \times \dfrac{21}{37} \times \dfrac{40}{40} \times \dfrac{28}{35} \times \dfrac{18}{33} \times \dfrac{33}{37} \times \dfrac{18}{16} \times \dfrac{18}{18} \times 6$	235
12	$1440 \times \dfrac{26}{44} \times \dfrac{24}{64} \times \dfrac{18}{36} \times \dfrac{24}{34} \times \dfrac{40}{40} \times \dfrac{28}{35} \times \dfrac{18}{33} \times \dfrac{33}{37} \times \dfrac{18}{16} \times \dfrac{18}{18} \times 6$	300
13	$1440 \times \dfrac{26}{44} \times \dfrac{24}{64} \times \dfrac{27}{27} \times \dfrac{18}{40} \times \dfrac{40}{40} \times \dfrac{28}{35} \times \dfrac{18}{33} \times \dfrac{33}{37} \times \dfrac{18}{16} \times \dfrac{18}{18} \times 6$	375
14	$1440 \times \dfrac{26}{44} \times \dfrac{24}{64} \times \dfrac{27}{27} \times \dfrac{21}{37} \times \dfrac{40}{40} \times \dfrac{28}{35} \times \dfrac{18}{33} \times \dfrac{33}{37} \times \dfrac{18}{16} \times \dfrac{18}{18} \times 6$	475
15	$1440 \times \dfrac{26}{44} \times \dfrac{24}{64} \times \dfrac{27}{27} \times \dfrac{24}{34} \times \dfrac{40}{40} \times \dfrac{28}{35} \times \dfrac{18}{33} \times \dfrac{33}{37} \times \dfrac{18}{16} \times \dfrac{18}{18} \times 6$	600
16	$1440 \times \dfrac{26}{44} \times \dfrac{24}{64} \times \dfrac{36}{18} \times \dfrac{18}{40} \times \dfrac{40}{40} \times \dfrac{28}{35} \times \dfrac{18}{33} \times \dfrac{33}{37} \times \dfrac{18}{16} \times \dfrac{18}{18} \times 6$	750
17	$1440 \times \dfrac{26}{44} \times \dfrac{24}{64} \times \dfrac{36}{18} \times \dfrac{21}{37} \times \dfrac{40}{40} \times \dfrac{28}{35} \times \dfrac{18}{33} \times \dfrac{33}{37} \times \dfrac{18}{16} \times \dfrac{18}{18} \times 6$	950
18	$1440 \times \dfrac{26}{44} \times \dfrac{24}{64} \times \dfrac{36}{18} \times \dfrac{24}{34} \times \dfrac{40}{40} \times \dfrac{28}{35} \times \dfrac{18}{33} \times \dfrac{33}{37} \times \dfrac{18}{16} \times \dfrac{18}{18} \times 6$	1180

知识拓展

　　X6132 型卧式万能升降台铣床是目前企业中应用最为广泛的一种铣床，如图 1-3 所示。让学生了解该类铣床的加工特点、应用范围等方面的知识，为学生步入工作岗位打下一定的基础。

（1）X6132 型卧式万能升降台铣床的主要部件

图 1-3　X6132 型卧式万能升降台铣床

X6132 型卧式万能升降台铣床比 X5032 铣床中增加有横梁、挂架和回转盘，其主要特点见表 1-7。

表 1-7　X6132 型卧式万能升降台铣床主要部件及功用

部件名称	功用及结构特点	主要技术参数
横梁	用来安放挂架，并能沿床身顶部的燕尾槽导轨移动	
挂架	用来支撑刀杆的外端，提高刀杆的刚度	同 X5032 型立式铣床相同
回转盘	在横向溜板箱与工作台之间设有回转盘，可使工作台在水平面内 $0°\sim+45°$ 转动	
主轴	主轴的前端带有 $7:24$ 的锥度，用来安装铣刀刀杆和铣刀的。铣刀刀杆一端安装在锥孔内，另一端安装在挂架	

（2）X6132 型卧式万能升降台铣床的结构特点

与 X5032 立式铣床相比，X6132 型卧式万能升降台铣床在结构上还有以下特点：

① X6132 型卧式万能升降台铣床的正面没有纵向手动操作手柄。

② 铣床的横向溜板箱与工作台之间设有回转盘，可使工作台在水平面内 $0°\sim\pm45°$ 转动。

③ 铣床的主轴与工作台面平行，刀具的轴线也与工作台面平行。

④ X6132 型卧式万能升降台铣床可安装万能立铣头，完成立式铣床的加工内容。

（3）X6132 卧式铣床的传动系统

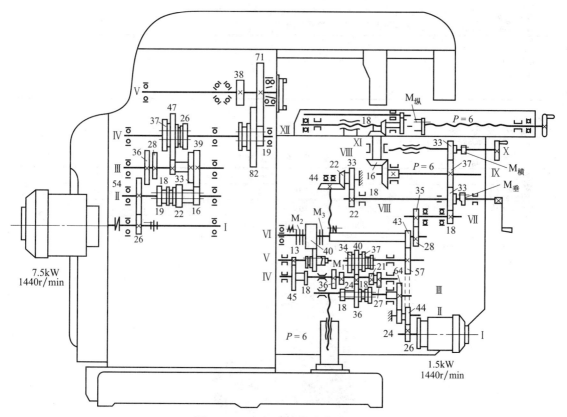

图 1-4　X6132 卧式铣床传动系统

由主轴旋转运动和进给运动组成。

① 主运动　传动系统如图 1-4 所示。主轴由主电动机（7.5kW，1440r/min）带动，旋

转运动传递到Ⅴ轴的传动与X5032的传动相同。Ⅴ轴直接连接主轴,故主轴获得30～1 500 r/min 的 18 种旋转速度。主轴的旋转方向随电动机正、反转向的改变而改变。主轴的制动由安装在轴Ⅱ的电磁制动器 M 来进行控制。

② 进给运动　X6132 型铣床的进给运动也是由功率为 1.5kW 的电动机单独驱动,与主轴旋转系统没有直接关系。进给运动的变速系统与 X5032 立式铣床相同,共有 23.5～1180mm/min18 种进给速度。

 计划决策

表 1-8　计划决策表

学习情境	铣床的基本操作				
学习任务	铣床的认识			完成时间	
任务完成人	学习小组		组长	成员	
需要学习的知识和技能	知识:1. 通过参观现场认识铣床的铭牌标记含义 　　　2. 认识常见铣床各部分的名称及作用 技能:熟悉铣床的结构				
小组任务分配	小组任务	任务准备	管理学习	管理出勤、纪律	管理卫生
	个人职责	准备任务的设备、工具、量具、刀具	认真努力学习并热情辅导小组成员	记录考勤并管理小组成员纪律	组织值日并管理卫生
	小组成员				
安全要求及注意事项	1. 进入车间要求听指挥,不得擅自行动 2. 不得擅自触摸转动机床设备和正在加工的工件 3. 不得在车间内大声喧哗、嬉戏打闹				
完成工作任务的方案					

 任务实施

表 1-9　任务实施表

学习情境	铣床的基本操作				
学习任务	铣床的认识			完成时间	
任务完成人	学习小组		组长	成员	
应用获得的知识和技能了解铣床的结构					

填写参观过程中看到的铣床型号及其主要部件的名称及功能。

铣床名称			铣床型号	
加工内容				
部件名称		功能及结构特点		

分析评价

表 1-10　指导教师评估表

学习情境	铣床的基本操作				
学习任务	铣床的认识			完成时间	
任务完成人	学习小组		组长	成员	
评价项目	评价内容	评价标准			得分
专业能力（55%）	知识的理解和掌握能力	对知识的理解、掌握及接受新知识的能力 □优(12)　□良(9)　□中(6)　□差(4)			
	知识的综合应用能力	根据工作任务,应用相关知识进行分析解决问题 □优(13)　□良(10)　□中(7)　□差(5)			
	方案制定与实施能力	在教师的指导下,能够制定工作方案并能够进行优化实施,完成工作任务单、计划决策表、实施表、检查表的填写 □优(15)　□良(12)　□中(9)　□差(7)			
	实践动手操作能力	根据任务要求完成任务载体 □优(15)　□良(12)　□中(9)　□差(7)			
方法能力（25%）	独立学习能力	在教师的指导下,借助学习资料,能够独立学习新知识和新技能,完成工作任务 □优(8)　□良(7)　□中(5)　□差(3)			
	分析解决问题的能力	在教师的指导下,独立解决工作中出现的各种问题,顺利完成工作任务 □优(7)　□良(5)　□中(3)　□差(2)			
	获取信息能力	通过教材、网络、期刊、专业书籍、技术手册等获取信息,整理资料,获取所需知识 □优(5)　□良(3)　□中(2)　□差(1)			
	整体工作能力	根据工作任务,制定、实施工作计划 □优(5)　□良(3)　□中(2)　□差(1)			

评价项目	评价内容	评价标准	得分
社会能力 （20%）	团队协作和沟通能力	工作过程中,团队成员之间相互沟通、交流、协作、互帮互学,具备良好的群体意识 □优(5)　□良(3)　□中(2)　□差(1)	
	工作任务的组织管理能力	具有批评、自我管理和工作任务的组织管理能力 □优(5)　□良(3)　□中(2)　□差(1)	
	工作责任心与职业道德	具有良好的工作责任心、社会责任心、团队责任心(学习、纪律、出勤、卫生)、职业道德和吃苦能力 □优(10)　□良(8)　□中(6)　□差(4)	
总　　分			

任务二　铣床的基本操作

 任务描述

铣床种类繁多,在机械加工过程,必须能够熟练操作铣床。本次学习任务是在安全文明操作的基础上,学习铣床各手柄的名称、作用及操作方法;空载时主轴变速、进给变速的操作方法以及空载时定距手动进给、机动进给的方法。

项目1　安全文明生产

 知识链接

一、安全技术要求

1. 劳动防护用品的穿戴

(1) 工作服的穿着要求"三紧",即领口紧、袖口紧、下摆紧。

(2) 女工必须戴工作帽,并把头发塞入帽中。

(3) 禁止穿裙子、背心、短裤、拖鞋、高跟鞋进入生产车间。

(4) 女工不宜戴首饰操作铣床。

(5) 铣床工作时,操作铣床不得戴手套。

(6) 铣削铸铁等脆性材料时需戴口罩。

(7) 高速铣削时,应戴防护眼镜,防止高速飞出的铁屑损伤眼睛。

2. 操作前对铣床的检查

(1) 对铣床各润滑部位进行润滑。

(2) 检查铣床各机动手柄是否处于空挡位置。

(3) 检查各进给方向的挡铁是否处于工作行程范围之内。

(4) 启动铣床,观察油路是否畅通。

(5) 检查刀具是否装夹正确。

(6) 检查夹具、工件装夹是否牢固。

(7) 各项检查完毕,若无异常,对机床各部位注油润滑。

(8) 检查各手动手柄是否与离合器脱开,特别是升降手柄,以免手柄转动伤人。

3. 操作中的注意事项

(1) 铣削时严禁离开岗位,不准做与操作内容无关的事情。离开机床,必须切断电源。

（2）铣床运转中不得变换主轴转速。

（3）工作台机动进给时，应脱开手动进给离合器，以防手柄随轴转动伤人。

（4）不准两个进给方向同时启动机动进给。

（5）切削过程中不准测量工件，不准用手触摸工件。

（6）在清除铁屑时，不能用手直接抓。

（7）操作中出现异常现象应及时停车检查，出现故障、事故应立即切断电源，第一时间上报，请专业人员检修。未经修复，不得使用。

（8）高速切削或加注切削液时，应加挡板，以防切屑飞出或切削液飞溅。

4．安全用电

（1）不准随意装卸、搬动电气设备。

（2）发现铣床电气装置损坏，不能擅自乱动，应请电工维修。

（3）发现有人触电，应立即切断电源或用木棒将触电者撬离电源，送医院抢救。

（4）不得用金属制品拨动开关和电源。

二、文明生产

（1）做好铣床的日常保养和润滑工作。

（2）每次工作完毕，清除铣床周围场地，保证地面无水、无油、无废物。

（3）工件加工完毕，应放置在成品区，摆放整齐，以防碰伤工件表面。

（4）加工中或加工完毕，工具、量具应放置在合适的位置。

（5）图纸和工艺文件应放在指定位置，以防弄脏、弄丢。

（6）机床不使用时，各手柄应置于空挡位置，各方向进给的紧固手柄应松开，工作台应处于各方向进给的中间位置，导轨面应适当涂抹润滑油。

计划决策

表 1-11　安全文明生产计划和决策表

学习情境	铣床的基本操作			
学习任务	安全文明生产		完成时间	
任务完成人	学习小组	组长	成员	
需要学习的知识和技能	知识:1. 通过观看视频学习生产现场安全文明生产的注意事项 　　　2. 学习铣床的安全操作规程 技能:安全文明生产			
小组任务分配	小组任务	任务准备	管理学习	管理出勤、纪律	管理卫生
	个人职责	准备任务的所需物品:工作服等。	认真努力学习并热情辅导小组成员	记录考勤并管理小组成员纪律	组织值日并管理卫生
	小组成员				
安全要求及注意事项	1. 进入车间要求听指挥,不得擅自行动 2. 不得擅自触摸转动机床设备和正在加工的工件 3. 不得在车间内大声喧哗、嬉戏打闹			
完成工作任务的方案	1. 检查工作服的穿戴 (1)手套和饰品的装扮 (2)穿的鞋子是否绝缘、防扎、防滑 (3)戴工作帽 (4)女生的头发是否塞入帽中 2. 检查铣床安全操作 (1)铣床电源切断 (2)铣床的停车键 (3)铣床各手柄的位置			

项目 2 铣床的润滑

知识链接

一、铣床润滑方式

在机械传动中可动件在力作用下产生相对运动，其接触面间会产生摩擦、磨损，会影响机械零件间的传动精度和使用寿命。因此，可采用润滑方式来降低摩擦、减轻磨损。

在铣床中润滑的方式有两种，一种是强制循环润滑，它主要是依靠油泵工作，将润滑油输送到需要润滑的部位；另一种是手动加油润滑，它主要是操作工对需润滑部位进行加油润滑。

强制循环润滑（自动润滑）：主轴变速箱、进给变速箱、主轴等传动部位，开机内部油泵开始工作，润滑油将被输送到齿轮、轴承等各需要润滑的部位进行润滑。

手动滴油润滑：主要是对铣床导轨、丝杠、纵向工作台、各操作手柄处的润滑点等部位进行润滑。

二、润滑部位

根据铣床的工作特点，应对铣床润滑部位进行如下要求：

1. 每班需要润滑的部位

（1）各处油孔用弹子油杯，需每班加油一次；

（2）横向丝杠处、滑动导轨表面需每班采用油枪注油润滑一次；

（3）班前班后采用手拉油泵对工作台纵向丝杠、螺母、导轨面、横向溜板导轨等注油润滑，每次压 8～10 下，两天注油一次；

（4）工作结束后，擦净机床。对横向丝杠、工作台纵向丝杠两端轴承、垂直导轨面、挂架轴承采用油枪注油润滑。

2. 其他润滑部位

（1）开动机床后，观察主轴变速箱和进给变速箱，检查强制润滑的润滑情况；

（2）主轴变速箱每六个月换油一次；

（3）进给变速箱每六个月换油一次；

（4）观察油窗，及时补油。

图 1-5 所示为 X5032 型立式铣床日常润滑部位。

三、铣床的日常保养

铣床的维护和保养是铣床精度保证的重要条件之一。同时是操作工人必须掌握的基本知识。也是铣床操作工人的基本职责。

1. 清洁铣床

（1）工作结束后，关闭或切断电源，用毛刷将工作台及导轨等处的切屑清理干净，以免擦拭铣床时切屑将手刺伤。

（2）用棉纱或软布从上到下擦拭铣床的各部分。

（3）移动工作台，擦拭升降丝杠和纵向进给丝杠。

（4）拆下电动机防护罩擦拭电动机，清洗冷却泵、过滤网等部位，并检查安全可靠性。

（5）擦拭附件，清洁和整理工具箱。

（6）清理机床周围环境，做到干净、整洁。

（7）将工作台处于进给方向的中间位置，各手柄处于中间或空挡位置，各方向的紧固手柄处于松开位置，并在导轨上涂抹润滑油。

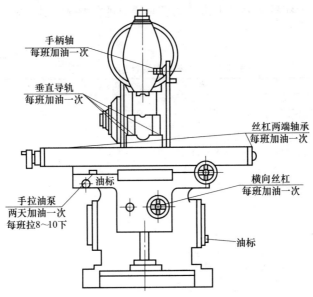

图 1-5　X5032 立式铣床的润滑部位

2. 铣床润滑

（1）班前班后采用手拉油泵对工作台纵向丝杠、螺母、导轨面、横向溜板导轨等注油润滑；

（2）开机前对工作台纵向丝杠两端轴承、横向丝杠、垂直导轨面、主轴套筒升降手柄处的主轴进给轴承、挂架轴承采用油枪注油润滑；

（3）开动铣床后，检查强制润滑的润滑情况；

（4）工作结束后，擦净铣床，对横向丝杠、工作台纵向丝杠两端轴承、垂直导轨面、主轴进给轴承、挂架轴承采用油枪注油润滑。

知识拓展

X6032 铣床的润滑部位

X6032 铣床的润滑部位如图 1-6 所示。它比立式铣床的润滑点增加挂架轴承部位，要求

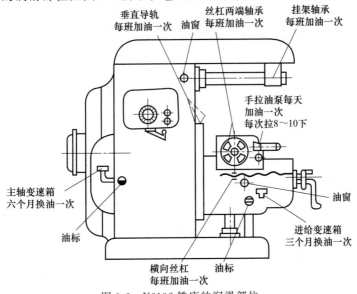

图 1-6　X6132 铣床的润滑部位

挂架轴承每班油枪注油润滑并要求工作结束后对挂架进行擦拭。其他润滑部位相同。

 计划决策

表 1-12　铣床的润滑计划和决策表

学习情境	铣床的基本操作			
学习任务	铣床的润滑		完成时间	
任务完成人	学习小组	组长		成员
需要学习的知识和技能	知识：1. 通过学习认识铣床的各润滑点 　　　2. 掌握铣床的日常保养和维护 技能：掌握铣床的润滑和日常维护			
小组任务分配	小组任务	任务准备	管理学习	管理出勤、纪律	管理卫生
	个人职责	准备任务所需的润滑油、油壶、纱布	认真努力学习并热情辅导小组成员	记录考勤并管理小组成员纪律	组织值日并管理卫生
	小组成员				
安全要求及注意事项	1. 进入车间要求听指挥，不得擅自行动 2. 对铣床进行润滑，不得给铣床通电 3. 不得在车间内大声喧哗、嬉戏打闹			
完成工作任务的方案	(写出润滑的部位和需润滑的时间、日常保养的方法及步骤)			

项目 3　操作铣床

 知识链接

一、X5032 型铣床的操作按钮

在学习 X5032 型铣床操作前必须熟悉各开关和按钮功能，如图 1-7 所示。在床身左侧控制板上有根据操作者的站立位置选择操作位置转换开关以及主轴夹紧、松开开关；床身左侧和工作台正面各有一套控制按钮，白色为"快速进给"，绿色为"启动"，红色为"停止"，深红色为"急停"；床身左侧下方有电源转换开关等按钮，其功能见表 1-13。

表 1-13　铣床的操作按钮及功能

名　称	功　能
Ⅰ、Ⅱ位置转换开关	为方便操作者加工，设置两种不同位置的转换开关，Ⅰ位置是操作者站在铣床的正前方，Ⅱ位置是操作者站在铣床的左侧面
Ⅱ位置主轴启动按钮	当位置转换开关位于Ⅱ位置时，该按钮可使主轴启动
主轴夹紧、松开开关	当换刀时，主轴需夹紧；工作时，主轴松开
电源转换开关	"0"表示切断电源，"1"表示接通电源
冷却泵转换开关	开停冷却泵
主轴转化开关	主轴正转、反转及停止转换开关
立铣头紧固螺钉	将立铣头与床身相连
立铣头回转螺钉	松开立铣头紧固螺钉，旋动回转螺钉，使立铣头转过一定角度
急停按钮	设备突发事故时，紧急停车
Ⅱ位置主轴停止按钮	当位置转换开关位于Ⅱ位置时，轻点按钮，使主轴缓慢停止
Ⅱ位置快速进给按钮	当位置转换开关位于Ⅱ位置时，按下按钮可使工作台快速移动
立铣头定位销	立铣头与床身定位功能
Ⅰ位置主轴停止按钮	当位置转换开关位于Ⅰ位置时，轻点按钮，使主轴缓慢停止
Ⅰ位置主轴启动按钮	当位置转换开关位于Ⅰ位置时，该按钮可使主轴启动
Ⅰ位置快速进给按钮	当位置转换开关位于Ⅰ位置时，按下按钮可使工作台快速移动

图 1-7 X5032 型铣床的操作按钮

二、X5032 型铣床的操作手柄

要熟练掌握铣床的操作,首先熟悉铣床各个手柄的名称及作用如表 1-14 所示,并能熟练使用各手柄完成相应的动作,如图 1-8 所示。

表 1-14 铣床各手柄的名称及功用

手柄名称	功 用
主轴转速盘	共有 18 种转速,通过转动转速盘获得主轴所需要的转速
主轴转速变速手柄	通过变速手柄和转速盘共同达到主轴变速的目的
工作台纵向进给手柄	摇动纵向进给手柄,工作台下丝杠转动,带动工作台纵向移动

手柄名称	功　用
手动油泵手柄	班前、班后推压手动油泵手柄对纵向丝杠、导轨面、横向溜板箱导轨进行润滑
横向、垂向机动进给手柄	进给手柄共有五个位置，上、下、前、后和中间位置。手柄所处的位置表示工作台移动的方向。手柄处于中间位置，工作台停止进给
纵向机动进给手柄	纵向机动进给手柄有两个是联动的。将手柄向右扳动，工作台向右移动；向左扳动，工作台向左移动。手柄处于中间位置时，工作台停止进给
横向紧固手柄	为避免在铣削过程中工作台在某一进给方向产生位移，对不用的进给机构应锁紧，加工完毕后，将其松开
进给变速手柄	进给电机通过进给变速机构的传动系统，带动工作台移动
纵向紧固螺钉	功能同横向紧固手柄相同
垂向进给手柄	摇动垂向进给手柄，升降台带动工作台垂向移动
横向进给手柄	摇动横向进给手柄，丝杠转动带动工作台横向移动
垂向紧固手柄	垂向紧固手柄位于垂向导轨的侧面。其功能与横向紧固手柄相同
主轴套筒锁紧手柄	当主轴进给到所需的位置时，通过紧固手柄将主轴套筒锁紧
主轴套筒升降手柄	摇动主轴进给手柄可使主轴套筒沿主轴方向移动

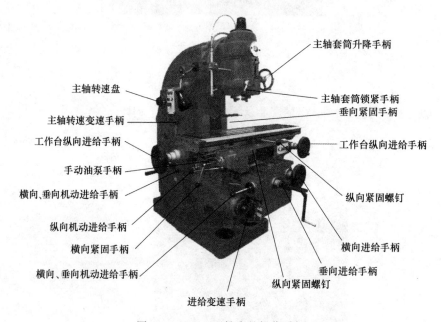

图 1-8　X5032 型铣床的操作手柄

三、铣床操作手柄的操作方法

1. 主轴的变速操作

主轴变速操作手柄位于铣床左侧，主轴变速操作由转速盘和变速手柄来实现。主轴有 30～1500r/min 共 18 种转速。

（1）操作方法　变换主轴转速时必须先接通电源，停车（主轴停转）后再按以下步骤进行。

① 手握变速手柄球部下压，使手柄的定位榫块从固定环的槽 1 滑出，如图 1-9 所示，外拉手柄，将手柄顺时针转动，使手柄的定位榫块插入固定环的槽 2 内，手柄处于脱开位置Ⅰ；

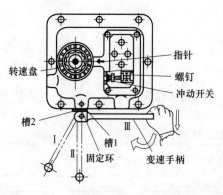

图 1-9　主轴变速操作方法

② 转动转速盘，将所需要的转速数值对准指针；

③ 压下手柄快速推至位置Ⅱ，此时，冲动开关瞬时接通，电动机瞬时转动，带动变速齿轮转动，主轴旋转。随后，手柄继续推回到原来的位置Ⅲ，但接近终点位置需减慢推动，以利啮合，使手柄的定位榫块落入固定环的槽1内，电动机失电，主轴变速箱内的齿轮停止转动，变速操作结束。

④ 主轴变速操作后，可按下启动按钮，主轴获得要求的转速。此时应检查油窗的甩油情况。

（2）操作提示　为避免打齿，变速时主轴停止转动后才进行。

由于电动机的启动电流较大，主轴变速时连续变速不应超过3次，否则易烧毁电动机。若必须变速，中间的间隔时间不应少于5min。

2. 进给变速操作

X5032型铣床的纵向和横向进给量有 23.5、30、37.5、47.5、60、75、90、118、150、190、235、300、375、475、600、750、950、1180（mm/min），共18种，垂向进给量 $f_垂=\dfrac{1}{3}$

$f=8\sim394mm/min$。

（1）进给变速操作步骤（如图1-10所示）

① 先将进给变速操作手柄向外拉；

② 转动手柄，带动进给速度盘转动，将进给速度盘上的所需要进给速度值对准指针位置；

③ 将变速手柄推回原位，即完成进给变速操作。

（2）操作提示

如在变速操作过程中发现手柄无法退到原位时，可再转动进给速度盘或者开动机动进给手柄一下。也可开动铣床使主轴先做旋转运动，随后再做进给变速操作。工作台在做机动进给运动时，不得变换进给速度。

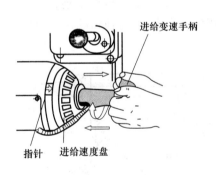

图 1-10　进给变速操作

3. 手动进给操作

在进行工作台各个方向的手动进给前，应将各方向的紧固手柄松开，再进行手动进给。进给时将某一方向的手动进给手柄插入手柄套内，接通这一方向的进给离合器。转动手柄，带动工作台做相应方向的进给。

（1）纵向手动进给　将纵向手动进给手柄顺时针方向摇动，工作台向右移动；若逆时针方向摇动，工作台向左移动。如需要准确调整距离时，应借助手柄上的刻度盘来完成。锁紧刻度盘，刻度盘与手柄同步运动。纵向刻度盘圆周刻线为80格，每格0.05mm，每摇一转，

21

工作台移动 4mm，每摇一格，工作台移动 0.05mm。

（2）横向手动进给　将横向手动进给手柄顺时针方向摇动，工作台向前移动；若逆时针方向摇动，工作台向后移动。横向进给手柄刻度盘与纵向进给手柄刻度盘相同，操作方法也相同。

（3）垂向手动进给　将垂向手动进给手柄顺时针方向摇动，工作台向上移动；若逆时针方向摇动，工作台向下移动。垂向刻度盘圆周刻线为 40 格，每格 0.05mm，每摇一转，工作台移动 2mm，每摇一格，工作台移动 0.05mm。

（4）操作提示　在进行规定距离操作时，若手柄摇过了刻度，不能直接退回到要求的刻度。应将手柄退回半转以上，再重新摇回到要求的数值。不使用手动进给时，必须将各手柄与离合器脱开，以免机动进给时，手柄旋转伤人，尤其是垂向进给手柄。

4. 机动进给操作

在 X5032 型铣床各个方向的机动进给手柄都有两副，分别位于铣床正面和左侧，并且它们是联动复式操作机构。在机动进给操作前，应检查各手动手柄是否与离合器脱开，特别是升降手柄，以免手柄转动伤人。检查各进给方向的限位挡块是否处于工作行程范围之内，检查各挡块是否安全、紧固，挡块不得随意拆除。

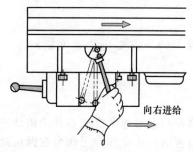

图 1-11　工作台纵向机动进给操作

（1）纵向机动进给　工作台纵向机动进给手柄有三个位置，即向左进给、向右进给和停止。当向右扳动手柄时，工作台向右进给；手柄处于中间位置时，工作台静止不动；当向左扳动手柄时，工作台向左进给，如图 1-11 所示。

（2）横向、垂向机动进给　工作台横向、垂向机动进给共用一个手柄，该手柄有五个位置，即向上进给、向下进给、向前进给、向后进给、中间位置停止。当向上扳动手柄时，工作台向上进给；手柄处于中间位置时，工作台静止不动；当向下扳动手柄时，工作台向下进给；当向前扳动手柄时，工作台向里进给；当向后扳动手柄时，工作台向外进给，如图 1-12 所示。

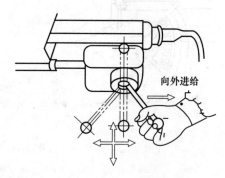

图 1-12　工作台横向、垂向机动进给操作

（3）操作提示　当机动进给手柄与工作台进给方向垂直时，机动进给是停止；若手柄处于倾斜状态时，机动进给被接通。在主轴转动时，手柄的倾斜方向与工作台机动进给方向一致。若按下快速移动按钮，工作台即向该方向快速进给。若铣床不使用时，各手柄应置于空挡位置，工作台应处于各方向进给的中间位置。

铣削加工技术

表 1-15　铣床的基本操作计划决策表

学习情境	铣床的基本操作				
学习任务	铣床的基本操作			完成时间	
任务完成人	学习小组		组长	成员	
需要学习的知识和技能	知识:1. 通过学习掌握铣床的各个手柄名称及作用 　　　2. 掌握铣床的基本操作 技能:掌握铣床的基本操作				
小组任务分配	小组任务	任务准备	管理学习	管理出勤、纪律	管理卫生
	个人职责	铣床、垂向手柄	认真努力学习并热情辅导小组成员	记录考勤并管理小组成员纪律	组织值日并管理卫生
	小组成员				
安全要求及注意事项	1. 进入车间要求听指挥,不得擅自行动 2. 在操作铣床前必须对铣床进行润滑 3. 操作铣床时,只能有一名学生操作,其他学生不得动手 4. 必须按照操作规程进行操作 5. 不得在车间内大声喧哗、嬉戏打闹				
完成工作任务的方案	1. 主轴变速操作步骤: 2. 进给变速操作步骤: 3. 手动进给如何实现? 纵向: 横向: 垂向: 4. 自动进给如何实现?				

任务实施

1. 主轴空运转操作练习

要求:若主轴连续变速超过 3 次,每次必须间隔 5min 后,再进行变速操作。其目的是避免启动电流过大,导致电动机超负荷,线路烧坏。

2. 手动进给操作练习

要求:(1) 工作台的移动距离必须在限位挡块间。

(2) 工作台移动时应该松开移动方向的锁紧装置。

3. 自动进给操作练习

检查各挡块是否安全、紧固。

先检查各手动手柄是否与离合器脱开,特别是升降手柄,以免手柄转动伤人。

按所需进给的方向扳动相应手柄,工作台即按所需方向移动。

(1) 纵向机动进给。纵向机动进给手柄有三个位置,即"向左进给"、"向右进给"和

"停止"。

（2）横向和升降机动进给。有前、后、升、降机动进给及停止五个挡位。

4．进给变速操作练习

练习内容：

纵向：进20mm—退12mm—进4.8mm—退1.5mm—进1mm—退0.2mm

横向：进21mm—退10mm—进10mm—退1.5mm—进1mm—退0.5mm

升降：升3mm—降2.5mm—升5mm—退0.5mm—升1mm—降0.15mm

 分析评价

表1-16　铣床基本操作训练分析评价表

操作项目	完 成 情 况				出现的实际质量问题及改进方法		
					自查结果	教师检测	改进建议
安全文明生产	工作服穿戴	工作服	鞋	帽子			
	安全文明操作	通电情况	手柄位置	锁紧情况			
清洁、保养与润滑	优秀	良好		较差			
手动进给 X：2.3mm Y：1.6mm Z：5.6mm	X轴	原有数值	现有数值				
	Y轴	原有数值	现有数值				
	Z轴	原有数值	现有数值				
主轴变速 $n=475$r/min	快速、连贯	偶有卡住		不连续、总卡住			
进给变速 $f=300$mm/min	快速、连贯	偶有卡住		不连续、总卡住			
自动进给	连贯、准确	不够连贯		没有掌握			
总　分							
教师总评意见							

⚙ 思考与训练

1．写出下列各铣床牌号的含义

X8126C——

XK5040——

X2010——

XH1060——

2．写出X5032型铣床的主轴转速和进给速度的范围。

3．文明生产包括哪几方面？

4．铣床安全操作规程有哪些？

5．对铣床进行润滑系统保养。

6．将主轴转速调至750r/min，进给量调至235mm/min。

学习情境二 平面类零件的铣削

学习目标

知识目标:

1. 了解铣刀的基本材料及结构;
2. 掌握铣刀的种类、型号、几何参数、技术指标;
3. 掌握铣刀的拆装方法;
4. 掌握铣刀的安装后检验方法;
5. 掌握夹具的使用和校正;
6. 学会零件的结构工艺分析;
7. 掌握铣削用量的选择、切削液的选用;
8. 会进行刀具的选择;
9. 掌握铣削方式的确定;
10. 掌握长(正)方体零件的铣削。
11. 零件的检验及质量分析。

情境导入

平面是零件构成的基本形状之一。而铣平面是铣工基本工作内容。它也是铣削其他复杂零件的基础。铣床工作台台面、平口钳的钳底和钳口都是由平面构成。

任务一 铣刀及其装卸方法

任务描述

铣刀是铣床上必不可少的加工工具。离开了铣刀,铣床无法工作。铣刀是刀齿分布在旋转表面上或端面上的多刃刀具,由于参加切削的齿数多、刀刃长,并能采用较高的切削速度,故生产率较高,并且广泛应用于各类铣削加工。本任务要带领同学们认识铣刀以及学习铣刀的安装与拆卸方法。

知识链接

一、铣刀的概述

铣削是使用多齿旋转刀具进行切削加工的一种方法。铣刀的种类繁多,但从结构实质上可看成是分布在圆柱体、圆锥体和特形回转体的外缘或端面上的切削刃或镶装上刀齿的多齿刀具。每一个刀齿相当于一把车刀,其切削加工特点与车削加工基本相同。在铣削加工中,用圆柱铣刀和端铣刀铣削平面具有代表性,故在讨论铣削原理和铣刀的几何角度时以这两种刀具为主,如图 2-1 所示。

二、铣刀的材料

1. 铣刀切削部分材料的基本要求

① 高硬度和耐磨性。在常温下，切削部分材料必须具备足够的硬度才能切入工件；具有高的耐磨性，刀具才不易磨损，延长使用时间。

② 好的耐热性。刀具在切削过程中会产生大量的热量，尤其在切削速度较高时，温度会很高。因此，刀具材料应具备好的耐热性，即在高温下仍能保持较高的硬度，有能继续进行切削的性能。这种具有高温硬度的性质，又称为热硬性或红硬性。

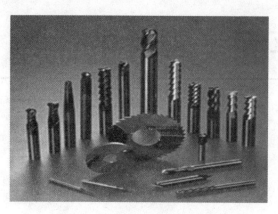

图 2-1　各类铣刀

③ 高的强度和好的韧性。在切削过程中，刀具要承受很大的冲击力，所以刀具材料要具有较高的强度，否则易断裂和损坏。由于铣刀会受到冲击和振动，因此，铣刀材料还应具备良好的韧性，才不易崩刃、碎裂。

④ 工艺性好，能顺利制造各种形状和尺寸的刀具。

2. 铣刀常用材料

（1）高速工具钢（简称高速钢、锋钢）

高速钢有通用高速钢和特殊用途高速钢两种。其具有以下特点：

① 合金元素钨、铬、钼、钒的含量较高，淬火硬度可达到 62～70HRC，在 600℃高温下，仍能保持较高的硬度。

② 刃口强度和韧性好，抗振性强，能用于制造切削速度一般的刀具，对于刚性较差的铣床，采用高速钢铣刀，仍能顺利切削。

③ 工艺性能好，锻造、加工和刃磨都比较容易，还可以制造形状较复杂的刀具。

④ 与硬质合金材料相比，仍有硬度较低、红硬性和耐磨性较差等缺点。通用高速钢是加工一般金属材料用的高速钢，其牌号有 W18Cr4V、W6Mo5Cr4V2 和 W14Cr4VMnRe 等。W18Cr4V 是钨系高速钢，具有较好的综合性能。该材料常温硬度为 62～65HRC，高温硬度在 600℃时，约为 51HRC，抗弯强度约为 $3500N/mm^2$，耐磨性能好。所以，各种铣刀基本上都用这种材料制造。

（2）硬质合金

硬质合金是以金属碳化物（碳化钨、碳化钛）和以钴为主的金属黏结剂经粉末冶金工艺制造而成的，其主要特点如下：

① 能耐高温，在 800～1000℃左右仍能保持良好的切削性能。切削时可选用比高速钢高 4～8 倍的切削速度。

② 常温硬度高，耐磨性好。

③ 抗弯强度低，冲击韧性差，刀刃不宜刃磨得很锋利。

常用的硬质合金一般可分为三大类：

a. 钨钴类硬质合金（YG）。它由硬质相碳化钨和金属黏结剂钴组成。常用的牌号有 YG3、YG6 和 YG8 等。其中数字表示含钴量的百分率，其余是碳化钨。含钴量越多，韧性越好，越耐冲击和振动，但会降低硬度和耐磨性。因此粗加工时采用含钴量多的牌号。该合金适用于切削铸铁、有色金属及其合金，以及非金属材料等，还可以用来切削冲击性大的毛坯和经淬火的钢件和不锈钢工件。

b. 钨钴钛类硬质合金（YT）。它由硬质相碳化钨、碳化钛和金属黏结剂钴组成。常用的牌号有 YT5、YT15、YT30 等，其中数字表示含碳化钛的百分率。硬质合金中含碳化钛后，能提高与钢的黏结温度，减小摩擦系数，并能使硬度和耐磨性略有提高，但降低了抗弯强度和韧性，使性质变脆。因此，钨钴钛类硬质合金适用于切削钢件。

c. 通用硬质合金。在上述两种硬质合金中加入适量稀有金属的碳化物，如碳化钽和碳化铌等，能使硬质合金的晶粒细化，提高其常温硬度和高温硬度、耐磨性、黏结温度和抗氧化性，而且能使合金的韧性有所增加。因此，这类硬质合金具有较好的综合切削性能和通用性，对加工钢件、脆性金属和有色金属均能适应。其牌号有：YW1、YW2 和 YW6 等。由于其价格较贵，所以主要用于切削难加工的材料，如高强度钢、耐热钢和不锈钢等。另外，近年来出现的表面涂层硬质合金刀片，是以韧性较好的硬质合金（如 YT5、YT15、YG8 等）为基体，以硬度、耐磨性和耐热性很高的材料（如碳化钛、氮化钛）作涂层，用化学气相沉积等工艺涂覆制成。涂层刀片的耐磨性很高，比一般硬质合金的耐用度要高 1～3 倍，而成本增加却很少。

三、铣刀的分类、用途以及标记方法

1. 铣刀的种类

铣刀的种类很多，分类的方法也较多，现介绍几种常见的分类方法。

（1）按铣刀切削部分的材料分类

① 高速钢铣刀。这类铣刀有整体和镶齿两种，一般形状较复杂的铣刀都是高速钢铣刀。

② 硬质合金铣刀。这类铣刀大多不是整体的，硬质合金刀片以焊接或机械夹固的方式镶装在铣刀刀体上。

（2）按铣刀的用途分类

① 加工平面用的铣刀。加工平面用的铣刀主要有端铣刀和圆柱铣刀。加工较小的平面，也可用立铣刀和三面刃铣刀。

② 加工沟槽用的铣刀。加工直角沟槽用的铣刀主要有立铣刀、三面刃铣刀、键槽铣刀、盘形槽铣刀和锯片铣刀等。加工特形槽的有 T 形槽铣刀、燕尾槽铣刀和角度铣刀等。

③ 加工特形面用的铣刀。这种铣刀是根据特形面的形状而专门设计的成形铣刀，所以又称为特形铣刀。

（3）按铣刀刀齿的构造分类

① 尖齿铣刀。尖齿铣刀在垂直于刀刃的截面上，其齿背的截面形状是由直线或折线组成的，如图 2-2 所示。这类铣刀制造和刃磨均较容易，刃口较锋利。

② 铲齿铣刀。这种铣刀在刀齿截面上，其齿背的截面形状是一条阿基米德螺旋线，如图 2-2 所示。齿背必须在铲齿机上铲出。这类铣刀刃磨后，只要前角不变，齿形也不变。成形铣刀为了保证刃磨后齿形不变，一般都采用这种结构。

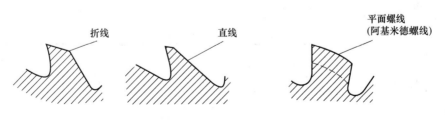

(a) 尖齿铣刀刀齿截面　　　　　　　　(b) 铲齿铣刀刀齿截面

图 2-2　铣刀刀齿的构造形式

（4）按铣刀的安装方式分类

铣刀分为带孔铣刀（图 2-3）和带柄铣刀（图 2-4）。

(a) 整体式圆柱铣刀　　(b) 三面刃铣刀　(c) 成形铣刀　(d) 对称双角铣刀　(e) 单角铣刀　　　(f) 锯片铣刀

图 2-3　带孔铣刀主要类型

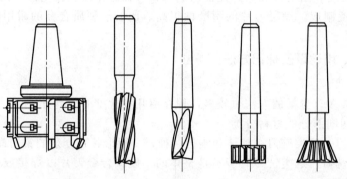

(a) 端面铣刀　　(b) 立铣刀　(c) 键槽铣刀　(d) T形槽铣刀　(e) 燕尾槽铣刀

图 2-4　带柄铣刀主要类型

2. 铣刀的标记

铣刀的标记是为了便于辨别铣刀的规格、材料、制造单位等刻制的，其主要内容包括以下几个方面。

（1）制造厂的商标。

（2）制造铣刀的材料一般均用材料的牌号表示，如 W18Cr4V。

（3）铣刀尺寸规格的标记，随铣刀的形状不同而略有区别。圆柱铣刀、三面刃铣刀和锯片铣刀等均以外圆直径×宽度×内孔直径来表示，如在圆柱铣刀上标有 80×100×32。立铣刀和键槽铣刀等一般只注外圆直径。角度铣刀和半圆铣刀等，一般以外圆直径×宽度×内孔直径×角度（或圆弧半径）表示。如在角度铣刀上标有 75mm×20mm×27mm×60°。

【注意】　铣刀上所标的尺寸，均为基本尺寸，在使用和刃磨后，往往会产生变化。

常用标准铣刀规格尺寸见表 2-1、表 2-2。

表 2-1　常用标准铣刀规格尺寸

铣刀名称		外径/mm	长度/mm	孔径/mm	齿数
圆柱铣刀	粗齿圆柱铣刀	63	50,63,80,100	27	6
		80	63,80,100,125	32	8
		100	80,100,125,160	40	10
	细齿圆柱铣刀	50	50,63,80	22	8
		63	50,63,80,100	27	10
		80	63,80,100,125	32	12
		100	80,100,125,160	40	14

铣刀名称		外径/mm	长度/mm	孔径/mm	齿数
端铣刀	套式端铣刀	63	40	27	10
		80	45	32	10
		100	50	32	12
	镶套式端铣刀	80	36	27	10
		100	40	36	10
		125	40	40	14
		160	45	50	16
		200	45	50	20
		250	45	50	26

表 2-2 常用标准立铣刀规格尺寸

	直柄立铣刀										
外径/mm	3	4	5	6	8	10	12	14	16	18	20
长度/mm	36	40	45	50	55	60	65	70	80	90	10
齿数	3										
	锥柄立铣刀										
外径/mm	14	16	18	20	22	25	28	30	32	36	40	45	50
长度/mm	115	120		125	150	155		185		190	195	200	230
齿数	3							4					
莫氏号数	2				3			4				5	

四、铣刀主要部分的名称和几何角度

1. 切刀切削时各部分名称和几何角度

最简单的单刃刀具——切刀的切削情形如图 2-5 所示。切刀、工件上各部分的名称几何角度如下：

（1）待加工表面　工件上有待加工表面 1。

（2）已加工表面　工件上经刀具切削后产生的表面 6。

（3）基面　基面是指图上的假想平面 3，它是通过切削刃上选定点并与该点切削速度方向垂直的平面。

（4）切削平面　切削平面是指图上的假想平面 7，它是通过切削刃上选定点并与基面垂直的平面。

（5）前面　刀具上切屑 2 流过的前面 4。

（6）后面　与工件上切削中产生的已加工表面相对的表面 5。

（7）切削刃　刀具前面上拟作切削用的切削刃，是图上前面 4 和后面 5 的相交线。

（8）前角　前面与基面之间的夹角，代号是 γ_o。

（9）后角　后面与切削平面的夹角，代号是 α_o。

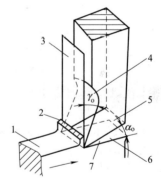

图 2-5 切刀各部分名称和几何角度
1—待加工表面；2—切屑；3—基面；
4—前面；5—后面；6—已加工
表面；7—切削平面

2. 端铣刀的几何角度

端铣刀可以看成是由几把外圆车刀平行于铣刀轴线且沿圆周均匀分布在刀体上组成的组合刀具，如图 2-6 所示。每把外圆车刀有两条切削刃，端铣刀的主切削刃与已加工表面之间的夹角是主偏角 κ_r，副切削刃与已加工表面之间的夹角是副偏角 κ_r'。主切削刃相对于基面倾角的刃倾角 λ_s。

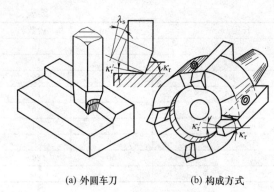

(a) 外圆车刀　　(b) 构成方式

图 2-6　端面铣刀的构成

五、铣刀的装卸

铣刀安装方法正确与否，决定了铣刀的运转平稳性和铣刀的寿命，影响铣削质量（如铣削加工的尺寸、形位公差和表面粗糙度）。

1. 带孔铣刀的装卸

圆柱形铣刀、三面刃铣刀、锯片铣刀等带孔的铣刀是借助铣刀杆安装在铣床主轴上的。

（1）铣刀杆　铣刀杆的结构如图 2-7 所示。其锥柄的锥度为 7∶24，与铣床主轴锥孔相配合。锥柄尾端有内螺纹孔，通过拉紧螺杆将铣刀杆拉紧在主轴锥孔内。前端有一带两缺口的凸缘，与主轴轴端的凸键相配合。铣刀杆中部是长度为 L 的光轴，用来安装铣刀和垫圈，其上有键槽，用来安装定位键，将转矩传给铣刀。铣刀杆右端是螺纹和轴颈，螺纹用来安装紧刀螺母以紧固铣刀，轴颈与挂架轴承孔配合，以支承铣刀杆的右端。铣刀杆光轴的直径与带孔铣刀的孔径相对应有多种规格，铣刀杆常用的有 22mm、27mm、32mm 三种，铣刀杆的光轴长也有多种规格，可按工作需要选用，如图 2-8 所示。

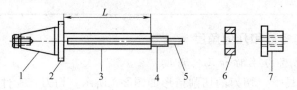

图 2-7　铣刀杆的结构

1—锥柄；2—凸缘；3—光轴；4—螺纹；5—轴颈；6—垫圈；7—紧刀螺母

（2）铣刀杆的安装步骤

① 根据铣刀孔径选择相应直径的铣刀杆，铣刀杆长度在满足安装铣刀后，不影响铣削正常进行的前提下尽量选择短一些的，以增强铣刀杆的刚度。

② 松开铣床横梁的紧固螺母，适当调整横梁的伸出长度，使其与铣刀杆长度相适应，然后将横梁紧固，如图 2-9 所示。

③ 擦净铣床主轴锥孔和铣刀杆的锥柄，以免脏物影响铣刀杆的安装精度。

图 2-8　各式铣刀杆、刀柄

④ 将铣床主轴转速调整到最低，或将主轴锁紧。

⑤ 安装铣刀杆。右手将铣刀杆的锥柄装入主轴锥孔，安装时铣刀杆凸缘上的缺口（槽）应对准主轴端部的凸键；左手顺时针（由主轴后端观察）转动主轴孔中的拉紧螺杆，使拉紧螺杆前端的螺纹部分旋入铣刀杆的螺纹孔。然后用扳手旋紧拉紧螺杆上的背紧螺母，将铣刀杆拉紧在主轴锥孔内，如图 2-10 所示。

（3）带孔铣刀的安装

① 擦净铣刀杆、垫圈和铣刀，确定铣刀在铣刀杆上的轴向位置。

② 将垫圈和铣刀装入铣刀杆，使铣刀在预定的位置上，然后旋入紧刀螺母，注意铣刀

图 2-9　松开铣床横梁螺母　　　　　　　　图 2-10　安装铣刀杆

杆的支承轴颈与挂架轴承孔应有足够的配合长度。

　　③ 擦净挂架轴承孔和铣刀杆的支承轴颈，注入适量润滑油，调整挂架轴承，将挂架装在横梁导轨上，如图 2-11 所示。适当调整挂架轴承孔与铣刀杆支承轴颈的间隙，然后紧固挂架，如图 2-12 所示。

　　④ 旋紧铣刀杆紧刀螺母，通过垫圈将铣刀夹紧在铣刀杆上，如图 2-13 所示。

图 2-11　将挂架装在横梁导垫上　　　　图 2-12　紧固挂架　　　　　　图 2-13　夹紧铣刀

　　（4）铣刀和铣刀杆的拆卸

　　① 将铣床主轴转速调到最低，或将主轴锁紧。

　　② 反向旋转铣刀杆紧刀螺母，松开铣刀。

　　③ 调节挂架轴承，然后松开并取下挂架。

　　④ 旋下铣刀杆紧刀螺母，取下垫圈和铣刀。

　　⑤ 松开拉紧螺杆的背紧螺母，然后用锤子轻轻敲击拉紧螺杆端部，使铣刀杆锥柄在主轴锥孔中松动，右手握铣刀杆，左手旋出拉紧螺杆，取下铣刀杆。

　　⑥ 铣刀杆取下后，洗净、涂油，然后垂直放置在专用的支架上，以免弯曲变形。

　　2. 套式端铣刀的安装

　　套式端铣刀有内孔带键槽和端面带槽的两种结构形式。安装时分别采用带纵键的铣刀杆和带端键的铣刀杆，如图 2-14 和图 2-15 所示刀杆的安装方法与前面相同。安装铣刀时，擦

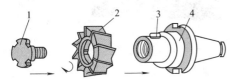

图 2-14　内孔带键槽套式端铣刀的安装
1—紧刀螺钉；2—铣刀；3—键；4—铣刀杆

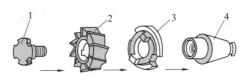

图 2-15　端面带槽式端铣刀的安装
1—紧刀螺钉；2—铣刀；3—键；4—铣刀杆

净铣刀内孔、端面和铣刀杆圆柱面，使铣刀内孔的键槽对准铣刀杆的键或使铣刀端面上的槽对准铣刀杆上凸缘端面上的凸键，装入铣刀，然后旋入紧刀螺钉并用叉形扳手将铣刀紧固。

3. 带柄铣刀的装卸

立铣刀、T形槽铣刀、键槽铣刀等有锥柄和直柄两种。

（1）锥柄铣刀的装卸

锥柄铣刀有锥柄立铣刀、锥柄T形槽铣刀、锥柄键槽铣刀等，其柄部一般采用莫氏锥度，有莫氏1号、2号、3号、4号、5号共5种，按铣刀直径的大小不同，制成不同号数的锥柄。

① 锥柄铣刀的安装。当铣刀柄部的锥度和主轴锥孔锥度相同时，擦净主轴锥孔和铣刀锥柄，垫棉纱并用左手握住铣刀，将铣刀锥柄穿入主轴锥孔，然后用拉紧螺杆扳手旋紧拉紧螺杆，紧固铣刀，如图2-16所示。

② 锥柄铣刀的拆卸。先将主轴转速调到最低或将主轴锁紧，然后用拉紧螺杆扳手旋松拉紧螺杆，当螺杆上台阶端面上升到贴平主轴端部背帽的下端平面后，拉紧螺杆将铣刀向下推动，松开锥面的配合，用左手承托铣刀，或在铣刀掉下的床身上垫块木板，继续旋转拉紧螺杆直至取下铣刀，如图2-17所示。

图 2-16　锥柄铣刀的安装

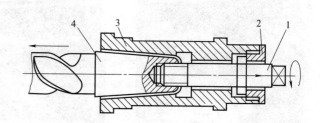

图 2-17　锥柄铣刀的拆卸
1—拉紧螺杆；2—背帽；3—主轴；4—铣刀

③ 当铣刀柄部的锥度和主轴锥孔锥度不同时，需要借助中间锥套安装铣刀，如图2-18所示。中间锥套的外圆锥度与主轴锥孔锥度相同，而内孔锥度与铣刀锥柄锥度一致。如X6132型万能升降台铣床的立铣头，主轴锥孔锥度为莫氏4号，安装直径为25mm的立铣刀，铣刀锥柄的锥度为莫氏3号，这时应使用外圆锥度为莫氏4号、内孔锥度为莫氏3号的中间锥套。安装时，先将铣刀插入中间锥套锥孔，然后将中间锥套连同铣刀一起穿入主轴锥孔，旋紧拉紧螺杆，紧固铣刀。

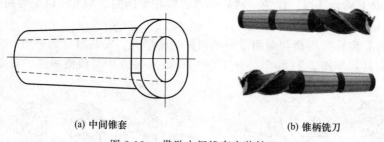

(a) 中间锥套　　　　　　　　　　　　　(b) 锥柄铣刀

图 2-18　借助中间锥套安装铣刀

（2）直柄铣刀的安装

直柄铣刀一般通过钻夹头或弹簧夹头安装在主轴锥孔内，如图2-19和图2-20所示。

铣削加工技术

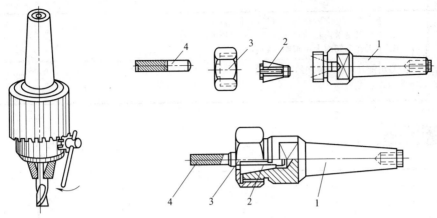

图 2-19　用钻夹头安装直柄铣刀

图 2-20　用弹簧来头安装直柄铣刀

1—弹簧夹头锥柄；2—卡簧；3—螺母；4—铣刀

4. 铣刀安装后的检查

铣刀安装后，应做以下几方面的检查：

（1）检查铣刀装夹是否牢固可靠；

（2）检查挂架轴承孔与铣刀杆支承轴颈的配合间隙是否合适，一般情况下以铣削时不振动、挂架轴承不发热为宜；

（3）检查铣刀旋转方向是否正确；

（4）检查铣刀刀齿的径向圆跳动和端面圆跳动是否符合加工要求。

【注意】

铣刀安装过程中应注意的几点：

（1）若切削力较大，应在刀杆和铣刀之间采用平键连接；若切削力较小，不采用键连接时，应注意使铣刀旋转方向与刀杆螺母的旋紧方向相反，否则在铣削过程中会因切削抗力引起刀具松动。

（2）铣刀安装时，各接合面之间必须保持清洁，如刀杆的外锥面与主轴的内锥面之间，铣刀内孔与刀杆外圆表面之间等。若各接合面之间不清洁，将会产生铣刀的端面跳动和径向跳动等弊病。

（3）铣刀安装完毕后，应检查铣刀的跳动情况。如跳动量超出要求时，除检查各接合面之间是否清洁外，还须检查刀轴、垫圈的变形情况和铣刀的刃磨质量等，分析找出原因。

计划决策

表 2-3　计划决策表

学习情境	平面类零件的铣削				
学习任务	铣刀及其装卸方法			完成时间	
任务完成人	学习小组		组长		成员
需要学习的知识和技能	知识：1. 通过学习了解铣刀的种类、材料、几何参数 　　　2. 铣刀的分类、标记内容 技能：学会铣刀的安装				
小组任务分配	小组任务	任务准备	管理学习	管理出勤、纪律	管理卫生
	个人职责	准备任务的设备、工具、量具、刀具。	认真努力学习并热情辅导小组成员	记录考勤并管理小组成员纪律	组织值日并管理卫生
	小组成员				

33

安全要求及注意事项	1. 进入车间要求听指挥，不得擅自行动； 2. 不得擅自触摸转动机床设备和正在加工的工件； 3. 不得在车间内大声喧哗、嬉戏打闹。
完成工作任务的方案	写出铣刀安装与拆卸的步骤

 任务实施

表 2-4　任务实施表

学习情境	平面类零件的铣削			
学习任务	铣刀及其装卸方法		完成时间	
任务完成人	学习小组	组长	成员	

铣刀安装步骤及拆卸方法

步骤	操作内容
铣刀安装的准备工作	铣刀安装时需要准备的工具有_____、_____、_____、_____。
铣刀的安装	安装过程： 1. 用_____擦拭端铣刀锥面，防止油污或杂质影响安装精度 2. 打开_____使机床通电 3. 通过旋转_____将铣床主轴抱死 4. 将端铣刀卡入主轴凸键，并将_____从主轴上方插入，然后使用扳手_____时针旋转拉紧端铣刀 5. 端铣刀安装完毕后打开_____旋钮使机床运转 铣刀检验： 1. 使用_____检验铣刀的平面度和径向跳动是否在规定的范围内 2. 使铣床运转，观察_____与规定是否一致
铣刀的拆卸	拆卸过程： 1. 通过旋转_____将铣床主轴抱死 2. 使用扳手_____时针拧松拉杆，然后使用_____轻轻敲击拉杆顶部，使端铣刀与主轴脱离，最后完全拧出拉杆取下端铣刀

分析评价

　　铣刀的安装与拆卸正确与否，关乎于铣刀的使用寿命和加工精度等问题，在学习中对学生是否按规范要求安装刀具显得尤为重要。

表 2-5　铣刀安装与拆卸分析评价表

检测内容	检测项目及评分标准			自查结果	教师检测	存在的质量问题及原因分析
	检测项目	分值	评分标准			
1. 准备工作	准备刀具、工具、	10	缺每项扣2分			
2. 安装步骤	刀具的安装步骤	40	每项未完成扣3分			
3. 安装后的检验	检验步骤和方法	20	合理20分；较合理15分；不合理，有严重错误0分			
4. 刀具的拆卸步骤	刀具的拆卸步骤	20	不符合要求扣1分			
5. 安全操作文明生产	无人身、机具事故，文明操作，清洁工、量具等	10	损坏机具扣5分，发生事故不给分。不文明操作，每项扣5分			
总　分						
指导教师的意见和建议						

任务二　工件常用的装夹方法

任务描述

零件在铣削加工过程中必须相对铣床占据一个固定的位置并要夹紧。为实现这一操作必须使用夹具。在铣削加工中常用的夹具为平口钳和压板。本任务是学习工件常用的装夹方法以及平口钳的安装与校正问题。

知识链接

一、工件装夹的概念

工件的装夹包含了两层意思，一是定位，二是夹紧。工件在开始加工前，首先必须使其在机床上或夹具中占有某一正确的位置，这个过程称为定位。为了使定位后的工件不至于在切削力的作用下发生位移，要对工件夹紧。定位和夹紧的整个过程合起来称为装夹。工件的装夹不仅影响加工质量，而且对生产效率、加工成本及操作安全都有直接影响。

二、工件的定位原理及相关概念

在工件的装夹及校正过程中，经常要运用到定位方面的知识。确定工件在机床上或夹具中占有正确位置的过程称为工件的定位。

1. 工件的六点定位原理

任一在空间处于自由状态的刚体在空间直角坐标系中都有六个自由度，如图 2-21 所示，即沿三个相互垂直的坐标轴的移动自由度和绕这三个坐标轴的转动自由度。分别用 $\vec{x}$，$\vec{y}$，$\vec{z}$ 表示 x 轴、y 轴、z 轴的移动自由度，用 $\hat{x}$，$\hat{y}$，$\hat{z}$ 表示绕 x 轴、y 轴、z 轴的转动自由度。

要使工件在空间处于相对固定不变的位置，就必须限制其六个自由度，限制方法如图 2-21 所示，用相当于六个支撑点的定位元件与工件的定位基面接触来限制。这种采用适当分布的六个支撑点来限制工件六个自由度的方法称为六点定位原理。

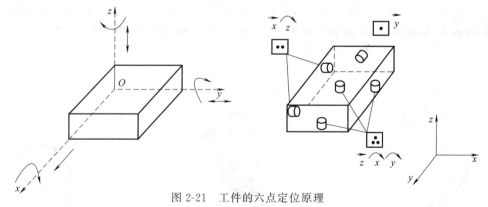

图 2-21　工件的六点定位原理

必须强调指出，定位与夹紧是两个不同的概念。定位是使工件在机床或夹具中占据一正确位置，而夹紧是使工件的这一正确位置在加工过程中保持不变的操作。

2. 完全定位

工件的六个自由度全部被限制，它在夹具中占有完全确定的位置（处于唯一的位置），称为完全定位。

3. 不完全定位

根据加工要求，有时并不需要限制六个自由度，只是对应当限制的自由度加以限制，称为不完全定位或部分定位。工件采用部分定位时，必须限制按加工要求需要限制的自由度，而不影响加工要求的自由度则可不予限制，这样可以简化夹具的结构。

4. 欠定位

工件定位时，定位元件实际所限制的自由度数目少于按加工要求所需限制的自由度数目，使工件不能正确定位，称为欠定位。显然，欠定位不能保证加工要求，往往会产生废品，因此是绝对不允许的。

5. 重复定位

工件的同一自由度同时被几个定位支撑点重复限制的定位称为重复定位或过定位。造成重复定位的原因是由于夹具上的定位元件同时重复限制了工件的一个或几个自由度，其后果是使定位不稳定，破坏预定的正确位置，使工件或定位元件产生变形，从而降低加工精度，甚至使工件无法装夹，以至于不能加工。因此，应尽量避免重复定位，只有在工件的定位基准、夹具上的定位元件精度很高的情况下，才允许重复定位。这时它对提高工件的刚度和稳定性有一定的好处。

三、装夹及校正时常用的工具和量具

1. 百分表及表架

百分表是一种指示式量仪，常用的是钟面式和杠杆式两种。

（1）钟面式百分表　钟面式百分表的结构如图 2-22 所示，它由大分度盘、大指针、测量杆、测头和小分度盘、小指针等组成。大分度盘 1 的分度值为 0.01mm，沿圆周共有 100 格。当大指针 2 沿大分度盘转过一周时，小指针 6 在小分度盘 5 上转过 1 格，测头 4 移动 1mm，因此，小分度盘 5 的分度值为 1mm。

钟面式百分表的工作原理是：当测量杆做直线移动时，经过齿条、齿轮传动放大，转变为指针的转动，大分度盘表面上的分度值为 0.01mm，测量范围为 0～3mm，0～5mm 和 0～10mm。

测量时，测头移动的距离等于小指针的读数加上大指针的读数。

（2）杠杆式百分表　杠杆式百分表是把杠杆测头的位移（杠杆的摆动）通过机械传动系统转变为指针在表盘上的偏转。杠杆式百分表表盘圆周上有均匀的刻度，分度值为 0.01mm，示值范围一般为 ±0.4mm。

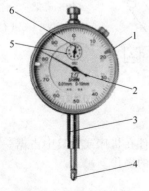

图 2-22　钟面式百分表

1—大分度盘；2—大指针；3—测量杆；
4—测头；5—小分度盘；6—小指针

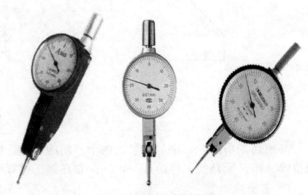

图 2-23　杠杆式百分表

杠杆式百分表如图 2-23 所示，它由杠杆和齿轮传动机构组成。杠杆测头产生位移时，带动一扇形齿轮绕其轴摆动，使与其啮合的齿轮转动，从而带动与齿轮同轴的指针偏转。当杠杆测头的位移为 0.01mm 时，杠杆和齿轮传动机构使指针正好偏转一格。

杠杆式百分表体积较小，杠杆测头的位移方向可以改变，因而在校正工件和测量工件时都很方便。尤其是对小孔的测量和在机床上校正零件时，由于空间限制，百分表放不进去或测量杆无法垂直于工件被测表面，这时使用杠杆式百分表就显得尤为方便。如图 2-24 所示为用杠杆式百分表检测与校正。

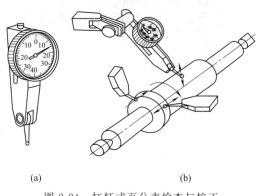

(a)   (b)

图 2-24　杠杆式百分表检查与校正

（3）百分表表架　在利用百分表对工件进行校正或检测时，为了便于确定和调整百分表相对工件或机床的位置，可通过百分表表架进行操作。百分表表架分为固定式和磁吸式两种，如图 2-25 所示。由于磁吸式表架打开磁力开关时可方便地在机床的床身、导轨、横梁等许多部位固定，所以在铣床上的应用尤其广泛。

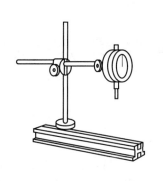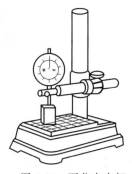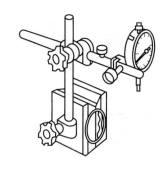

图 2-25　百分表表架

2. 90°角尺及塞尺

90°角尺（见图 2-26）是一种用来检测直角和垂直度误差的定值量具，其中宽座 90°角尺结构简单，可以检测工件的内角和外角，结合塞尺还可以检测工件被测表面与基准面间的垂直度误差，并可用于划线和校正基准等，在生产中应用最为广泛。90°角尺的制造精度有 00 级、0 级、1 级和 2 级四个精度等级，00 级的精度最高，一般在角度比较测量中用做进行参照的实际基准，用来检定精度较低的直角量具；0 级和 1 级用于检验精密工件，2 级用于一般工件的检验。

塞尺又叫厚薄规，是用于检验两表面间缝隙大小的量具，如图 2-26 所示。由若干厚薄不一的钢制塞片组成，按其厚度的尺寸系列配套编组，一端用螺钉或铆钉把一组塞尺组合起来，外面用两块保护板保护塞片。用塞尺检验间隙时，如果用 0.09mm 厚的塞片能塞入缝隙，而用 0.10mm 厚的塞片无法塞入缝隙，则说明此间隙在 0.09～0.10mm 之间。塞尺可以单片使用，也可以几片重叠在一起使用。

3. 划针及划针盘

如图 2-27 所示，划线盘是钳工划线、按线找正工件等操作中不可缺少的工具，主要由底座、立柱、划针和夹紧螺母等组成。划针两端分别是直头端和弯头端，直头端用来划线，弯头端常用来找正工件的位置。

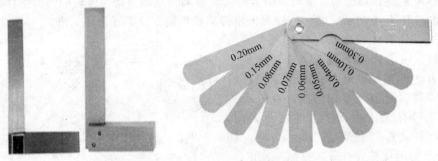

图 2-26　宽座 90°角尺和塞尺

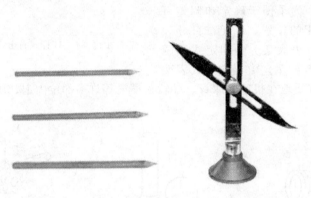

图 2-27　划针与划线盘

四、用机床用平口钳装夹工件

1. 机床用平口钳

机床用平口钳是铣床上常用的机床附件。常用的平口钳主要有非回转式和回转式两种，如图 2-28 所示。回转式平口钳主要由固定钳口、活动钳口、底座等组成。非回转式与回转式平口钳的结构基本相同，只是底座没有转盘，钳体不能回转，但刚度高。回转式平口钳可以扳转任意角度，故适应性很好。

平口钳以钳口宽度为标准规格，常用的有 100、125、136、160、200 和 250（mm）六种。

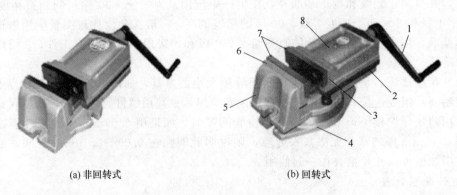

(a) 非回转式　　　　　　　　　(b) 回转式

图 2-28　机床用平口钳
1—丝杠手柄；2—压板；3—活动钳口；4—底座；5—钳体；6—固定钳口；7—钳口铁；8—活动钳身

2．机床用平口钳的安装

机床用平口虎钳的安装非常方便，先擦净底座和铣床工作台表面，将底座上的定位键放入工作台的中央 T 形槽内，即可对机床用平口钳进行固定和夹紧，如图 2-29 所示。

图 2-29　机床用平口钳的安装

3．机床用平口钳的校正

若加工相对位置精度要求较高的工件，例如，要求钳口平面与铣床主轴轴线有较高的垂直度或平行度精度时，应校正固定钳口面。校正固定钳口面常用的方法有用划针校正、用 90°角尺校正和用百分表校正。校正机床用平口钳时，应先松开平口钳的紧固螺母，校正后将紧固螺母旋紧。

（1）用划针校正　将划针夹持在铣刀杆的垫圈间，调整工作台，使划针靠近固定钳口面，纵向移动工作台，观察并调整固定钳口面与划针针尖的距离，使其大小均匀并在钳口全长范围内一致，此法常用于精度较低的粗校正，如图 2-30 所示。

（2）用 90°角尺校正　将 90°角尺的尺座底面紧靠在床身的垂直导轨面上，调整钳体，使固定钳口面与 90°角尺尺苗的外测量面紧密贴合。然后紧固钳体，并进行复验，以免紧固钳体时发生偏转，如图 2-31 所示。

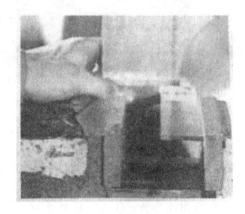

图 2-30　用划针校正　　　　　　　　　图 2-31　用 90°角尺校正

（3）用百分表校正　将磁性表座吸在铣床横梁导轨或垂直导轨面上。安装百分表，使测头接触到固定钳口面上，并使活动测量杆压缩 1mm 左右。移动工作台，参照百分表读数调整钳口平面。在钳口全长范围内，使百分表读数的差值小于 0.03mm。此法用于加工精度较高的工件时对固定钳口面进行精确校正，如图 2-32 所示。

图 2-32　用百分表校正

4. 用机床用平口钳装夹工件的方法

铣削一般长方体工件的平面、斜面、台阶或轴类工件的键槽时，都可以用机床用平口钳来进行装夹，用平口钳装夹工件的方法如下：

（1）操作方法

① 选择毛坯上一个大而平整的毛坯面作为粗基准，将其靠在固定钳口面上。最好在钳口与工件之间垫上铜皮，以防止损伤钳口。用划线盘校正毛坯上平面位置，符合要求后夹紧工件，如图 2-33 所示为毛坯的装夹。校正时，工件不宜夹得太紧。

图 2-33　毛坯件装夹

② 以机床用平口钳固定钳口面作为定位基准时，将工件的基准面靠向固定钳口面，并在其活动钳口与工件之间放置一根圆棒。圆棒要与钳口的上平面平行，其位置应在工件被夹持部分高度的中间偏上处。通过圆棒夹紧工件，能保证工件的基准面与固定钳口面密合，如图 2-34 所示。

③ 以钳体导轨面作为定位基准时，将工件的基准面靠向钳体导轨面。在工件与导轨面之间有时要加垫平行垫铁（视工件大小和高度而定）。为了使工件基准面与导轨面平行，工件夹紧后，可用铝棒或纯铜棒轻击工件上平面，并用手试移垫铁。当垫铁不再松动时，表明垫铁与工件，同时垫铁与水平导轨面三者密合较好。敲击工件时用力要适当，并逐渐减小。若用力过大，会因产生的反作用力而影响平行垫铁的密合。如图 2-35 所示为加垫平行垫铁装夹工件。

（2）操作提示

图 2-34　通过圆棒加紧工件

图 2-35　加垫平行垫铁装夹工件

① 装夹工件时应将各接合面擦拭干净。

② 工件的装夹高度以铣削时铣刀不接触钳口上平面为宜。

③ 工件的装夹位置应尽量使机床用平口虎钳的钳口受力均匀。必要时，可以加垫块进行平衡。

④ 用平行垫铁装夹工件时，所选垫铁的平面度、平行度和垂直度应符合要求，且垫铁表面应具有一定的硬度。

五、用压板装夹工件

对于外形尺寸较大或不适于用机床用平口虎钳装夹的工件，常用压板将其压紧在铣床工作台面上进行装夹。具体方法如下：

1. 操作方法

如图 2-36 所示，使用压板夹紧工件时，应选择两块以上的压板。压板的一端搭在工件上，另一端搭在垫铁上。垫铁的高度应等于或略高于工件被压紧部位的高度。T 形螺栓略接近于工件一侧。在螺母与压板之间必须加垫垫圈。

2. 操作提示

（1）在铣床工作台面上，不允许拖拉表面粗糙的工件。夹紧时，应在毛坯与工作台面之间衬垫铜皮，以免损伤工作台表面。

图 2-36　用压板加紧工件

（2）用压板在工件已加工表面上夹紧时，应在工件与压板间衬垫铜皮，以避免损伤工件已加工表面。

（3）正确选择压板在工件上的夹紧位置，使其尽量靠近加工区域，并处于工件刚度最高的位置。若夹紧部位有悬空现象，应将工件垫实。如图 2-37 所示为用压板装夹工件示例。

（4）螺栓要拧紧，尽量不使用活扳手，以防止其滑脱伤人。

六、用分度头装夹工件

分度头是铣床上常用的附件之一，主要用来装夹轴类零件和盘类零件。根据零件的形状不同，零件在分度头上的装夹方法也不同。

1. 用三爪自定心卡盘装夹工件

加工较短的轴、套类零件时，可直接用三爪自定心卡盘装夹，如图 2-38 所示。用百分

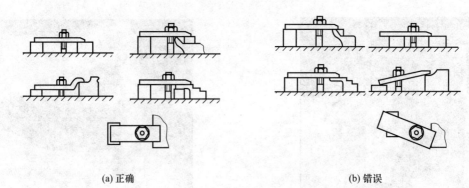

(a) 正确   (b) 错误

图 2-37　用压板装夹工件示例

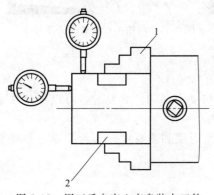

图 2-38　用三爪自定心卡盘装夹工件
1—卡爪；2—铜皮

表校正工件外圆，当工件外圆与分度头主轴不同轴而造成跳动量超差时，可在卡爪上垫铜皮，使径向圆跳动符合要求。用百分表校正端面时，可用铜锤轻轻敲击高点，使端面圆跳动符合要求。这种方法装夹简便，铣削平稳。

2. 用心轴装夹工件

心轴主要用于套类零件及带孔的盘类零件的装夹。心轴分为锥度心轴和圆柱心轴两种。装夹前应先校正心轴轴线与分度头主轴轴线的同轴度，并校正心轴上的素线和侧素线与工作台面及工作台纵向进给方向平行。

在分度头上利用心轴装夹工件时，还可以根据工件和心轴的形式不同分为多种不同的装夹形式，如图 2-39 所示。

3. 一夹一顶装夹工件

一夹一顶装夹适用于一端有中心孔的较长的轴类零件的加工，如图 2-40 所示。此法铣削时刚度较高，适合切削力较大时工件的装夹。但校正工件与主轴轴线的同轴度较困难，装夹工件前应先校正分度头和尾座。

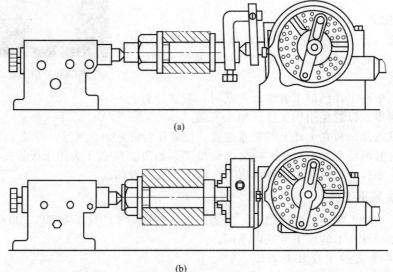

(a)

(b)

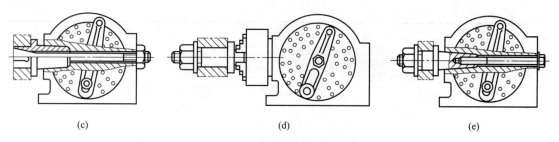

(c)　　　　　　　　　　(d)　　　　　　　　　　(e)

图 2-39　在分度头上利用心轴装夹工件

（a）用心轴和两顶尖装夹工件；（b）用心轴一夹一顶装夹工件；（c）用可胀心轴装夹工件
（d）用锥度心轴装夹；（e）用心轴和三爪自定心卡盘装夹工件

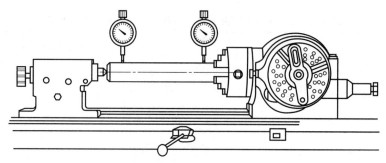

图 2-40　一夹一顶装夹工件

 计划决策

表 2-6　计划决策参考表

学习情境	平面类零件的铣削				
学习任务	工件常用的装夹方法——平口钳的安装			完成时间	
任务完成人	学习小组		组长		成员	
需要学习的知识和技能	知识：1. 学习夹具使用和校正。 　　　2. 学习夹具的安装方法。 技能：夹具的使用				
小组任务分配	小组任务	任务准备	管理学习	管理出勤、纪律	管理卫生
	个人职责	准备任务的所需物品：工作服等	认真努力学习并热情辅导小组成员	记录考勤并管理小组成员纪律	组织值日并管理卫生
	小组成员				
安全要求及注意事项	1. 进入车间要求听指挥，不得擅自行动 2. 不得擅自触摸转动机床设备和正在加工的工件 3. 不得在车间内大声喧哗、嬉戏打闹				
完成工作任务的方案					

任务实施

表 2-7　平口钳的安装任务实施表

学习情境	平面类零件的铣削				
学习任务	工件常用的装夹方法——平口钳的安装			完成时间	
任务完成人	学习小组		组长		成员	

平口钳安装方法	
步骤	操作内容
平口钳安装 的准备工作	1. 平口钳安装时需要准备的工具有_____、_____、_____ 2. 平口钳的主要由_____、_____、_____三部分组成
平口钳的安装	1. 用棉纱擦拭_____和_____钳底座,防止油污或杂质影响安装精度 2. 将底座上的_____放入_____内,即可对平口钳进行固定和夹紧
平口钳的校正	1. 将_____吸在铣床垂直导轨面上 2. 安装_____,使测头接触到固定钳口面上,并使活动测量杆压缩1mm左右 3. 参照百分表度数调整钳口平面。在钳口全长范围内,使百分表度数的差值小于_____mm

分析评价

表 2-8 工件常用的装夹方法——平口钳的安装分析评价表

检测 内容	检测项目及评分标准			自查结果	教师检测	存在的质量问 题及原因分析
	检测项目	分值	评分标准			
1. 准备工作	准备工具、量具	10	缺每项扣2分			
2. 安装步骤	平口虎钳的安装步骤	40	每项未完成扣3分			
3. 校验	检验步骤和方法	20	合理20分;较合理15 分;不合理,有严重错误 0分			
4. 装夹工件	装夹工件	20	不符合要求扣1分			
5. 安全操作 文明生产	无人身、机具事故,文 明操作,清洁工、量具等	10	损坏机具扣5分,发生 事故不给分。不文明操 作,每项扣5分			
总　分						
指导教师的意见和建议						

任务三　长(正)方体零件的铣削

任务描述

正方体和长方体是生产加工时常见工件的基本形状,铣削加工中首先掌握长、正方体的铣削,我们将通过加工正方体零件来学习平面及其连接面的加工方法,如图 2-41 所示。

项目 1　铣削用量与切削液

一、铣削用量

铣削用量是指在铣削过程中铣刀相对工件运动所选择的参考量。铣削用量的要素包括铣削速度 v_c、进给量 f、铣削深度 a_p 和铣削宽度 a_e。铣削时合理地选择铣削用量,对保证零件的加工精度与加工表面质量,提高生产效率,延长铣刀的使用寿命,降低生产成本都有重要作用。

1. 铣削速度 v_c

铣削时铣刀切削刃上选定点相对于工件的主运动的瞬时速度称为铣削速度。铣削速度可

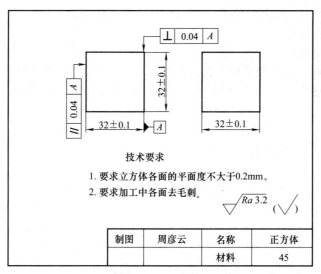

技术要求
1. 要求立方体各面的平面度不大于0.2mm。
2. 要求加工中各面去毛刺。

$\sqrt{Ra\,3.2}$ $(\sqrt{})$

制图	周彦云	名称	正方体
		材料	45

图 2-41 正方体

以简单地理解为切削刃上选定点在主运动中的线速度，即切削刃上离铣刀轴线距离最远的点在 1min 内所经过的路程。铣削速度的单位是 m/min，铣削速度与铣刀直径和铣刀转速有关，其计算公式为：

$$v_c = \frac{\pi d n}{1000}$$

式中 v_c——铣削速度；

d——铣刀直径；

n——铣刀或铣床主轴转速，r/min。

铣削时，根据工件的材料、铣刀切削部分材料、加工阶段的性质等因素，确定铣削速度，然后根据所用铣刀的规格（直径），按下式计算并确定铣床主轴的转速。

$$n = \frac{1000 v_c}{\pi d}$$

在实际选取时，若计算所得数值处于机床铭牌上两个数值的中间时，则应按较小的铭牌值选取。

2. 进给量 f

刀具（铣刀）在进给运动方向上相对工件的单位位移量称为进给量。铣削中的进给量根据具体情况的需要，有以下三种表述和度量的方法：

（1）每转进给量 f 每转进给量是指铣刀每回转一周，在进给运动方向上相对工件的位移量，单位为 mm/r。

（2）每齿进给量 f_z 每齿进给量是指铣刀每转过一个刀齿，在进给运动方向上相对工件的位移量，单位为 mm/齿。

（3）进给速度 v_f 进给速度又称每分钟进给量，是指切削刃上选定点相对工件的进给运动的瞬时速度，也就是铣刀每转 1min 在进给运动方向上相对工件的位移量，单位为 mm/min。

三种进给量的关系式如下：

$$v_f = f n = f_z z n$$

式中 v_f——进给速度，mm/min；

f——每转进给量，mm/r；

n——铣刀或铣床主轴转速，r/min；

f_z——每齿进给量；

z——铣刀齿数。

铣削时，根据加工性质先确定每齿进给量 f_z，然后根据所选用铣刀的齿数 z 和铣刀的转速 n 计算出进给速度 v_f，并以此对铣床的进给量进行调整（铣床铭牌上的进给量以进给速度 v_f 表示）。

3. 铣削深度 a_p 和铣削宽度 a_e

（1）铣削深度 a_p　铣削深度是指在平行于铣刀轴线方向上测得的切削层尺寸，单位为 mm。

（2）铣削宽度 a_e　铣削宽度是指在垂直于铣刀轴线方向和工件进给方向上测得的切屑层尺寸，单位为 mm。

铣削时，由于采用的铣削方法和选用的铣刀结构不同，铣削深度 a_p 和铣削宽度 a_e 的表示也不同。如图 2-42 所示为圆柱铣刀进行周铣和用端铣刀进行端铣时铣削深度和铣削宽度的表示。不难看出，无论是采用周铣还是端铣，铣削深度 a_p 表示沿铣刀轴向测量的切削层尺寸；而铣削宽度 a_e 表示沿铣刀径向测量的铣削弧深。因为不论使用哪一种铣刀铣削，其铣削弧深的方向均垂直于铣刀轴线。

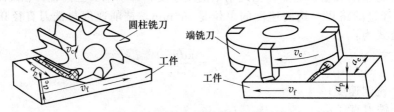

图 2-42　周铣与端铣时的铣削用量

4. 铣削用量选用原则

所谓合理的铣削用量，是指充分利用铣刀的切削能力和铣床性能，在保证加工质量的前提下，获得高的生产效率和低的加工成本的铣削用量。

选择铣削用量的原则是在保证加工质量，降低加工成本和提高生产效率的前提下，使铣削宽度（或铣削深度）、进给量、铣削速度的乘积最大。这时工序的切削工时最少。

由于粗铣的目的是尽快地去除工件的加工余量。所以，在铣床动力和工艺系统刚度允许并具有合理的刀具寿命的条件下，按铣削宽度（或铣削深度）、进给量、铣削速度的次序选择和确定铣削用量。在铣削用量中，铣削宽度（或铣削深度）对刀具寿命的影响最小，进给量的影响次之，而铣削速度对刀具寿命的影响为最大。因此，在确定铣削用量时，应尽可能地选择较大的铣削宽度（或铣削深度），然后按工艺装备和技术条件的允许选择较大的每齿进给量，最后根据铣刀的耐用度选择允许的铣削速度。

精铣时，主要是为了保证工件最终的尺寸精度和表面质量。因此，工件切削层宽度应尽量一次铣出（不接刀），切削层深度一般在 0.5mm 左右；再根据表面粗糙度要求选择合适的每齿进给量；最后根据铣刀的耐用度确定铣削速度。

（1）切削层深度的选择　端铣时的铣削深度 a_p、周铣时的铣削宽度 a_e 就是被切金属层的深度，当条件允许时，可一次进给铣去全部余量。当加工精度要求较高或加工表面的表面粗糙度 Ra 值要小于 $6.3\mu m$ 时，应分粗铣和精铣。粗铣时，除留下精铣余量（0.5～2.0mm）外，应尽可能一次进给切除全部粗加工余量。

端铣时铣削深度 a_p 的推荐值见表 2-9。当工件材料的硬度和强度较高时，取表中较小值。

表 2-9　端铣时铣削深度 a_p 的推荐值

工件材料	高速钢铣刀		硬质合金铣刀	
	粗铣	精铣	粗铣	精铣
铸铣	5～7	0.5～1	10～18	1～2
软钢	<5	0.5～1	<2	1～2
中硬钢	<4	0.5～1	<7	1～2
硬钢	<3	0.5～1	<4	1～2

粗铣时，周铣时的铣削宽度 a_e 可比端铣时的铣削深度 a_p 大。因此，在条件允许时，应尽量在一次进给中把粗铣余量全部切除。精铣时，a_e 值可参照端铣时的 a_p 值。

（2）进给量的选择　粗铣时，进给量主要根据铣床进给机构的强度、铣刀杆的尺寸、刀齿强度以及工艺系统（如机床和夹具等）的刚度来确定。在上述条件允许的情况下，进给量应尽量取得大些。

精铣时，限制进给量提高的主要因素是加工表面的表面粗糙度，进给量越大，表面粗糙度值也越大，故一般采用较小的进给量。表 2-10 所列为用各种常用铣刀对不同工件材料进行铣削时每齿进给量的推荐值，粗铣时取较大值，精铣时取较小值。

（3）铣削速度的选择　在铣削深度 a_p、铣削宽度 a_e 和进给量 f 确定后，最后选择并确定铣削速度 v_c。铣削速度 v_c 是在保证加工质量和刀具寿命的前提下确定的。

铣削时，影响铣削速度的主要因素包括铣刀材料的性质和铣刀耐用度、工件材料的性质、铣削条件及切削液的使用情况等。

粗铣时，由于金属切除量大，产生热量多，切削温度高，为了保证合理的铣刀耐用度，铣削速度要比精铣时低一些。在铣削韧性好、强度和硬度高、热强度高的材料时，铣削速度更应低一些。此外，粗铣时铣削力大，必须考虑铣床的功率是否足够，必要时应适当降低铣削速度，以减少功率。

精铣时，由于金属切除量小，通常可采用比粗铣时高一些的铣削速度。但在精铣加工面积大的工件（即一次铣削宽而长的加工面）时，往往采用比粗铣时还要低的铣削速度，以使切削刃和刀尖的磨损量减少，从而获得高的加工精度。表 2-11 所列为常用材料铣削速度的推荐值，实际工作中可按实际情况适当修正。

表 2-10　每齿进给量 f_z 的推荐值

工件材料	工件材料硬度 HBW	每齿进给量 f_z					
		硬质合金		高速钢			
		端铣刀	三面刃铣刀	圆柱铣刀	立铣刀	端铣刀	三面刃铣刀
低碳钢	～150	0.20～0.40	0.15～0.30	0.12～0.20	0.04～0.20	0.15～0.30	0.12～0.20
	150～200	0.20～0.35	0.12～0.25	0.12～0.20	0.03～0.18	0.15～0.30	0.12～0.15
中碳钢、高碳钢	120～180	0.15～0.50	0.15～0.30	0.12～0.20	0.05～0.20	0.15～0.30	0.12～0.20
	180～220	0.15～0.40	0.12～0.25	0.12～0.20	0.04～0.20	0.15～0.30	0.07～0.15
	220～300	0.12～0.25	0.07～0.20	0.07～0.15	0.03～0.15	0.10～0.25	0.05～0.12
灰铸铣	150～180	0.20～0.50	0.12～0.30	0.20～0.30	0.07～0.18	0.20～0.35	0.15～0.25
	180～200	0.20～0.40	0.12～0.25	0.15～0.25	0.05～0.15	0.20～0.30	0.12～0.20
	200～300	0.15～0.30	0.10～0.20	0.10～0.20	0.03～0.10	0.15～0.25	0.07～0.12
铝镁合金	95～00	0.15～0.38	0.12～0.30	0.15～0.20	0.05～0.15	0.20～0.30	0.07～0.20

表 2-11　常用材料铣削速度 v_c 的推荐值

工件材料	硬度 HBW	铣削速度 v_c(m/min)	
		硬质合金铣刀	高速钢铣刀
低碳钢、中碳钢	<220	80～150	21～40
	225～290	60～115	15～36
	300～425	40～75	9～20

47

工件材料	硬度 HBW	铣削速度 v_c(m/min)	
		硬质合金铣刀	高速钢铣刀
高碳钢	<220 225～325 325～375 375～475	60～130 53～105 36～48 36～45	18～36 14～24 9～12 9～10
灰铸铣	100～140 150～225 230～290 300～320	110～115 60～110 45～90 21～30	24～36 15～21 9～18 5～10
铝镁合金	95～100	360～600	180～300

（4）铣削用量选择实例

【例 1】 用一把直径为 25mm、齿数为 3 的高速钢立铣刀，在 X5032 型铣床上精铣一个 45 钢的零件，试确定铣床主轴的转速 n 和进给速度 v_f。

解： 已知 $d=25mm$，$z=3$

由于所加工零件材料为中碳钢，铣削性质为精铣，根据表 2-10 可选取每齿进给量 f_z 的推荐值为 0.04mm/齿；又根据表 2-11 铣削速度 v_c 的推荐值及铣刀耐用度等综合因素考虑，铣削速度 v_c 可选取为 25m/min。

$$n = \frac{1000v_c}{\pi d} = \frac{1000 \times 25}{3.14 \times 25} \approx 318.5 r/min$$

根据铣床铭牌，实际选择为 300r/min。

$$v_f = fn = f_z zn = 0.04 \times 3 \times 300 = 36mm/min$$

根据铣床铭牌，实际选取 37.5mm/min。

答： 精铣该零件时，调整铣床的转速为 300r/min，进给速度为 37.5mm/min。

【例 2】 用一把直径为 150mm、齿数为 6 的硬质合金端铣刀，在 X5032 型铣床上粗铣一个灰铸铣的零件，零件余量为 8mm，试确定铣削深度 a_p、铣床主轴的转速 n 和进给速度 v_f。

解： 已知 $d=150mm$，$z=6$

由于所加工零件材料为灰铸铣，铣削性质为粗铣，考虑精铣的余量（1mm）并根据表可选取铣削深度 a_p 为 7mm；根据表可选取每齿进给量 f_z 的推荐值为 0.3mm/齿；又根据表铣削速度 v_c 的推荐值及铣刀耐用度等综合因素考虑，铣削速度 v_c 可选取为 60m/min。

$$n = \frac{1000v_c}{\pi d} \approx \frac{1000 \times 60}{3.14 \times 150} \approx 127.4 r/min$$

根据铣床铭牌，实际选择为 118r/min。

$$v_f = fn = f_z zn = 0.3 \times 6 \times 118 = 212.4mm/min$$

根据铣床铭牌，实际选取 190mm/min。

答： 粗铣时调整端铣刀的铣削深度为 7mm，铣床主轴的转速为 118r/min，进给速度为 190mm/min。

二、切削液

1. 切削液的作用

在切削过程中，切屑、刀具和工件相互挤压、摩擦会产生大量的切削热。在正确使用刀具的基础上合理选用切削液，可以减小切削过程中的摩擦，从而降低切削温度，减小切削力，减少工件的热变形，对提高加工精度和表面质量，尤其是对提高刀具耐用度起着很重要的作用。切削液主要有以下作用：

（1）冷却作用　将切削液浇注到切削区域后，通过切削热的热传递和汽化，能吸收和带走切削区大量的热量，从而改善散热条件，使切屑、刀具和工件上的温度降低，尤为重要的是降低刀具前面的温度。切削液中一般水溶液的冷却性能最好，油类最差，乳化液介于两者之间而接近于水溶液。

（2）润滑作用　切削加工时，切削液渗透到工件与刀具、切屑的接触表面之间形成润滑膜，从而起到润滑作用。

（3）清洗作用　浇注切削液时能冲走在切削过程中产生的碎细切屑，从而起到清洗及防止刮伤已加工表面和机床导轨面的作用。

（4）防锈作用　在切削液中加入防锈添加剂，如亚硝酸钠、磷酸三钠和石油磺酸钡等，使金属表面生成保护膜，使机床、工件不受空气、水分和酸等介质的腐蚀，从而起到防锈作用。

2. 常用切削液的种类及其选用原则

（1）常用切削液的种类　常用切削液有水溶液、乳化液和切削油三大类。

① 水溶液。主要成分是水并加入防锈添加剂的切削液，主要起冷却作用。一般用于粗加工和钻孔等。

② 乳化液。是将乳化油用水稀释而成的液体。而乳化油则是由矿物油、乳化剂及添加剂配制而成的，常用的有三乙醇胺油酸皂、69-1 防锈乳化油和极压乳化油等。使用时，应按产品说明书的要求配制。低浓度乳化液主要起冷却作用，适用于粗加工；高浓度乳化液主要起润滑作用，适用于精加工和复杂工序加工。

③ 切削油。包括机油、轻柴油、煤油等矿物油，还有豆油、菜子油、蓖麻油、鲸油等动、植物油。切削普通钢件时可选用机油；加工有色金属时应选用黏度低、浸润性好的煤油与其他矿物油的混合油。

（2）切削液的选用原则　粗加工时，切削余量大，产生的热量多，切削温度高，而对工件表面质量的要求不高，所以主要选用以冷却为主的切削液。

精加工时，加工余量小，对冷却要求不高，但对工件表面质量要求较高，并希望铣刀耐用，所以应选用以润滑为主的切削液。另外，在铣削铸铁、黄铜等脆性材料或用硬质合金刀具高速切削时，一般不用切削液。

总之，切削液的选用应根据工件材料、刀具材料、加工方法和加工要求来确定，而不是一成不变的；相反，如果选择不当就得不到应有的效果。

计划决策

表 2-12　计划决策表

学习情境	长（正）方体零件的铣削				
学习任务	铣削用量			完成时间	
任务完成人	学习小组		组长		成员
需要学习的知识和技能	知识：1. 掌握铣削三要素-切削深度、进给量、切削速度 　　　2. 掌握铣削三要素的选用 　　　3. 掌握切削液的选用原则 技能：合理选用铣削用量				
小组任务分配	小组任务	任务实施准备工作	任务实施过程管理	学习纪律及出勤	卫生管理
	个人职责	设备、工具、量具、刀具等前期工作准备	记录每个小组成员的任务实施过程和结果	记录考勤并管理小组成员学习纪律	组织值日并管理卫生
	小组成员				
安全要求及注意事项	1. 进入车间要求听指挥，不得擅自行动 2. 不得擅自触摸转动机床设备和正在加工的工件 3. 不得在车间内大声喧哗、嬉戏打闹				
完成工作任务的方案	1. 确定铣削用量 2. 根据具体加工情况，确定主轴转速、进给量、铣削深度 3. 合理选择切削液				

表 2-13　指导教师评估表

学习情境		长(正)方体零件的铣削			
学习任务		铣削用量		完成时间	
任务完成人	学习小组		组长	成员	
评价项目	评价内容	评 价 标 准			得分
专业能力 (55%)	知识的理解和 掌握能力	对知识的理解、掌握及接受新知识的能力 □优(12)　□良(9)　□中(6)　□差(4)			
	知识的综合应 用能力	根据工作任务,应用相关知识进行分析解决问题 □优(13)　□良(10)　□中(7)　□差(5)			
	方案制定与实 施能力	在教师的指导下,能够制定工作方案并能够进行优化实施,完成工 作任务单、计划决策表、实施表、检查表的填写 □优(15)　□良(12)　□中(9)　□差(7)			
	实践动手操作 能力	根据任务要求完成任务载体 □优(15)　□良(12)　□中(9)　□差(7)			
方法能力 (25%)	独立学习能力	在教师的指导下,借助学习资料,能够独立学习新知识和新技能,完 成工作任务 □优(8)　□良(7)　□中(5)　□差(3)			
	分析解决问 题的能力	在教师的指导下,独立解决工作中出现的各种问题,顺利完成工作 任务 □优(7)　□良(5)　□中(3)　□差(2)			
	获取信息能力	通过教材、网络、期刊、专业书籍、技术手册等获取信息,整理资料, 获取所需知识 □优(5)　□良(3)　□中(2)　□差(1)			
	整体工作能力	根据工作任务,制定、实施工作计划 □优(5)　□良(3)　□中(2)　□差(1)			
社会能力 (20%)	团队协作和 沟通能力	工作过程中,团队成员之间相互沟通、交流、协作、互帮互学,具备良 好的群体意识 □优(5)　□良(3)　□中(2)　□差(1)			
	工作任务的 组织管理能力	具有批评、自我管理和工作任务的组织管理能力 □优(5)　□良(3)　□中(2)　□差(1)			
	工作责任心与 职业道德	具有良好的工作责任心、社会责任心、团队责任心(学习、纪律、出 勤、卫生)、职业道德和吃苦能力 □优(10)　□良(8)　□中(6)　□差(4)			
总　分					

项目 2　铣削的方法与方式

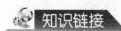知识链接

一、铣削的方法

1.圆周铣

圆周铣简称周铣,是用分布在铣刀圆周面上的切削刃来铣削并形成已加工表面的一种铣削方法。进行周铣,铣刀的旋转轴线与工件被加工表面平行。如图 2-43 所示分别为在卧式铣床和立式铣床上进行的周铣。

2.端面铣

端面铣简称端铣,是用分布在铣刀端面上的切削刃铣削并形成已加工表面的一种铣削方

图 2-43　周铣

法，进行端铣时，铣刀的旋转轴线与工件被加工表面垂直。如图 2-44 所示分别为卧式铣床和立式铣床上进行的端铣。

3. 混合铣削

混合铣削简称混合铣，是指在铣削时铣刀的圆周刃与端面刃同时参与切削的铣削方法。进行混合铣时，工件上会同时形成两个或两个以上的已加工表面。如图 2-45 所示为卧式铣床和立式铣床上进行的混合铣。

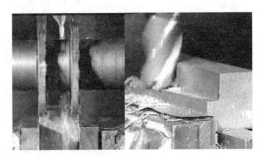

图 2-44　端铣　　　　　　　　　　　　　　图 2-45　混合铣削

二、铣削方式

根据铣刀切削部位产生的切削力与进给方向间的关系，铣削方式可分为顺铣和逆铣，如图 2-46 所示。顺铣是指铣削时铣刀对工件的作用力在进给方向上的分力与工件进给方向相同的铣削方式。逆铣是指铣削时铣刀对工件的作用力在进给方向上的分力与工件进给方向相反的铣削方式。

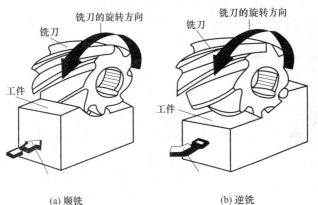

(a) 顺铣　　　　　　　　　　　　　　(b) 逆铣

图 2-46　周铣时的顺铣与逆铣

1. 周铣时的顺铣和逆铣

在铣削过程中，由于铣床工作台是通过丝杠螺母副来实现传动的，要使丝杠在螺母中能轻快地旋转，在它们之间一定要有适当的间隙。此时，在工作台丝杠螺母副的一侧，两个螺旋面紧密地贴合在一起；在其另一侧，丝杠与螺母上的两个螺旋面之间存在着间隙。也就是说，工作台的进给运动是丝杠与螺母在其接合面实现运动传递的，进给的作用力发自工作台丝杠上。同时，螺母也受到了铣刀在水平方向上的铣削分力 F_f 的作用，如图 2-47 所示。根据对传动结构的分析可知：当铣削力的方向与工作台移动的方向相反时，工作台不会被推动；而铣削力的方向与工作台移动的方向一致时，则工作台就会被拉动（或推动）。

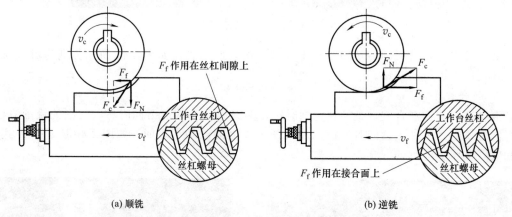

(a) 顺铣　　　　　　　　　　　　　　(b) 逆铣

图 2-47　周铣时的切削力对工作台的影响

周铣时的切削力对工作台的影响如图 2-47 所示。顺铣时，工作台进给方向（进给速度 v_f 所指方向）与其水平方向的铣削分力 F_f 方向相同，F_f 作用在丝杠和螺母的间隙上。当 F_f 大于工作台滑动的摩擦力时，F_f 将工作台推动一段距离，使工作台发生间歇性窜动，便会啃伤工件，损坏刀具，甚至损坏机床。逆铣时，工作台进给方向与其水平方向上的铣削分力 F_f 方向相反，两种作用力同时作用在丝杠与螺母的接合面上，在进给运动中，绝不会发生工作台的窜动现象，即水平方向上的铣削分力 F_f 不会拉动工作台。所以在一般情况下都采用逆铣。

2. 端铣时的顺铣与逆铣

改用立铣刀的端面刃进行端铣练习时，会发现铣刀的切入边与切出边的切削力方向都是相反的。这样根据铣刀与工件之间相对位置的不同，可分为以下两种情况：

（1）对称铣削　铣削宽度 a_e 对称于铣刀轴线的端铣方式称为对称铣削。铣削时，以轴线为对称中心，切入边与切出边所占的铣削宽度相等，切入边为逆铣，切出边为顺铣，如图 2-48 所示。

（2）非对称铣削　铣削宽度 a_e 不对称于铣刀轴线的端铣方式称为非对称铣削。按切入边和切出边所占铣削宽度的比例不同，非对称铣削又分为非对称顺铣和非对称逆铣两种，如图 2-49 所示。

① 非对称顺铣　是指顺铣部分（切出边的宽度）所占的比例较大的端铣方式。

与圆周铣的顺铣一样，非对称顺铣也容易拉动工作台，因此很少采用。只是在铣削塑性和韧性好

图 2-48　对称铣削

铣削加工技术

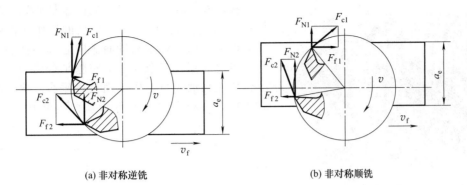

| (a) 非对称逆铣 | (b) 非对称顺铣 |

图 2-49 非对称铣削

以及加工硬化严重的材料（如不锈钢、耐热合金等）时采用非对称顺铣，以减少切屑黏附并延长刀具寿命。此时，必须调整好铣床工作台丝杠螺母副的传动间隙。

② 非对称逆铣 是指逆铣部分（切入边的宽度）所占的比例较大的端铣方式。

铣刀对工件的作用力在进给方向上的两个分力的合力 F_f 作用在工作台丝杠和螺母的接合面上，不会拉动工作台。此时，铣刀切削刃切出工件时切屑由薄到厚，因而冲击小，振动较小，切屑平稳，得到广泛应用。

三、铣床的零位与校正

1. 铣床的零位

所谓铣床的零位，是指铣床的主轴轴线与进给方向是否垂直。若不垂直，就称为铣床零位不准。当铣床零位不准时会给铣削加工带来一系列的问题。

如端铣平面时，其平面度的精度就主要取决于铣床主轴轴线与进给方向的垂直度。当主轴轴线与工件的加工表面垂直时，铣刀刀尖会在工件表面铣出网状的弧形刀纹，工件表面是一个平面；若主轴轴线与进给方向不垂直，铣刀刀尖会在工件表面铣出单向的弧形刀纹，将工件表面铣成一个凹面。因此，在用端铣和混合铣两种方法进行铣削时，其端面刃铣削部分会对工件的形状精度产生不同的影响，如图 2-50 所示。另外，铣床零位不准还会造成切断工件时锯片铣刀碎裂，铣沟槽时铣出的沟槽槽形歪斜，侧面或底面不平整等问题。所以，加工前应检查和校正铣床的零位。

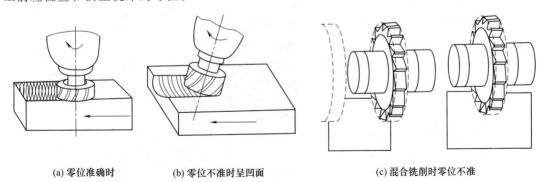

| (a) 零位准确时 | (b) 零位不准时呈凹面 | (c) 混合铣削时零位不准 |

图 2-50 铣床零位不准对工件精度的影响

2. 铣床零位的校正

铣床零位的校正又可分为立铣头零位的校正和万能卧式铣床工作台零位的校正。

（1）对立铣头的零位进行校正

① 用 90°角尺和锥度心轴进行校正，如图 2-51 所示。

图 2-51　用 90°角尺和锥度心轴进行校正

擦净与主轴锥孔锥度相同的锥柄心轴，将其轻轻插入主轴锥孔中。将 90°角尺的尺座底面贴在工作台面上，用尺外侧测量面靠向心轴圆柱表面，观察两者之间是否密合或上下间隙是否均匀，以确定立铣头主轴轴线与工作台面是否垂直。检测时，应在工作台进给方向的平行和垂直两个方向上进行，如图 2-52 所示。

②用百分表进行校正。先将主轴转速调至最高，以使主轴转动灵活，随后断开主轴电源。

将角形表杆固定在立铣头主轴上。安装百分表，使百分表测量杆与工作台面垂直。升起工作台，使测头与工作台面接触，并将测量杆压缩 0.5mm 左右。将百分表的指针调至零位。然后将立铣头扳转 180°，观察百分表的读数。若百分表的读数差值在 300mm 范围内大于 0.02mm，就需要对立铣头进行校正。校正时，先松开立铣头紧固螺母，用木锤敲击立铣头端部。校正完毕，将螺母紧固，如图 2-53 所示。

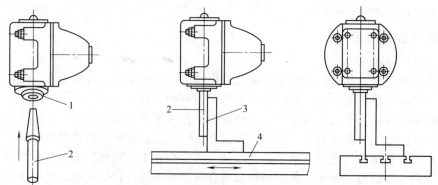

图 2-52　用 90°角尺和锥度心轴进行校正立铣头零位的方法
1—立铣头主轴；2—锥柄心轴；3—90°角尺；4—工作台

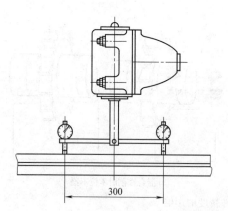

图 2-53　用百分表校正立铣头零位

（2）卧式铣床工作台零位的校正　将磁性表座吸在铣床主轴端面上，调整铣床工作台的位置，使百分表的测头接触与工作台纵向进给方向平行的垫铁侧面（已校正），压下 0.3～0.5mm 后，将百分表指针归零。用手慢慢转动铣床主轴，若百分表在垫铁侧面上指针的变化量在 300mm 范围内超过 0.02mm，就需要校正工作台。校正时，先松开工作台回转盘锁紧螺母，用木锤敲击工作台端部。校正至符合要求，紧固锁紧螺母，如图 2-54 所示。

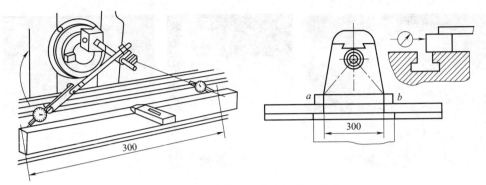

图 2-54　卧式铣床工作台零位的校正

表 2-14　铣削的方法与方式

学习情境	长（正）方体零件的铣削				
学习任务	铣削的方法与方式			完成时间	
任务完成人	学习小组		组长		成员	
需要学习的知识和技能	知识：1. 掌握铣削的不同方法 　　　2. 掌握铣削的不同方式 　　　3. 掌握铣床零位的校正 技能：周铣的顺铣和逆铣，端铣的顺铣和逆铣				
小组任务分配	小组任务	任务实施准备工作	任务实施过程管理	学习纪律及出勤	卫生管理
	个人职责	设备、工具、量具、刀具等前期工作准备	记录每个小组成员的任务实施过程和结果	记录考勤并管理小组成员学习纪律	组织值日并管理卫生
	小组成员				
安全要求及注意事项	1. 进入车间要求听指挥，不得擅自行动 2. 不得擅自触摸转动机床设备和正在加工的工件 3. 不得在车间内大声喧哗、嬉戏打闹				
完成工作任务的方案	1. 确定铣削方法（周铣、端铣） 2. 确定铣削方式（顺铣、逆铣） 3. 进行立式铣床零位的校正				

项目 3　平面的铣削方法

一、基准平面的铣削

铣削平面是铣工最常见的工作，既可以在卧式铣床上铣削平面，也可以在立式铣床上进行铣削，如图 2-55 所示。平面质量的好坏，主要从它的平整程度和表面的粗糙程度两个方面来衡量，分别用平面度和表面粗糙度来考核。

平面的铣削方法分为周铣和端铣。采用周铣时，可一次铣削比较深的切削层余量但受铣刀长度限制，不能切削太宽的宽度（a_p），切削效率较低；端铣平面时，可以通过选取大直径的端铣刀来满足较宽的切削层宽度（a_e），但切削层深度（a_p）较小，一般取 3～5mm。

余量较大或表面粗糙度值较小时，可分粗铣和精铣两步完成。粗铣的主要目的是去除加

55

学习情境二　平面类零件的铣削

工余量，若条件允许可一次完成，只保留 0.5～1mm 的精铣余量；精铣是为了保证工件最后的尺寸精度和表面粗糙度。

图 2-55　平面的铣削

二、检测平面零件时常用的工具、量具

1. 检验平尺

检验平尺是用来检验工件直线度和平面度的量具。检验平尺有两种类型，一种是样板平尺，根据形状不同，又可以分为刀口尺（刀口形样板平尺）、三棱样板平尺和四棱样板平尺，如图 2-56 所示；另一种是宽工作面平尺，根据形状不同，常用的有矩形平尺、工字形平尺和桥形平尺，如图 2-57 所示。

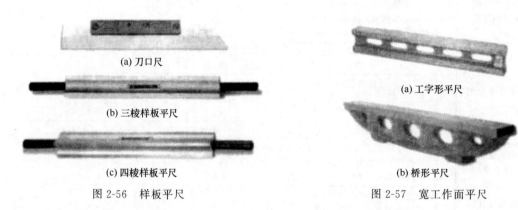

(a) 刀口尺

(b) 三棱样板平尺

(c) 四棱样板平尺

图 2-56　样板平尺

(a) 工字形平尺

(b) 桥形平尺

图 2-57　宽工作面平尺

检验时将样板平尺的棱边或宽工作面平尺的工作面紧贴工件的被测表面，使用样板平尺时通过透光法，使用宽工作面平尺时通过着色法来检验工件的直线度和平面度。

2. 检验平板

检验平板一般用铸铁或花岗岩制成，有非常精确的工作平面，其平面度误差极小，在检验平板上，利用指示表和方箱、V形架等辅助工具，可以进行平行度等误差的检测。如图 2-58 所示为常用的铸铁检验平板。

图 2-58　铸铁检验平板

3. 游标卡尺

游标卡尺的结构和种类较多，常用的 I 型三用游标卡尺的结构如图 2-59 所示。

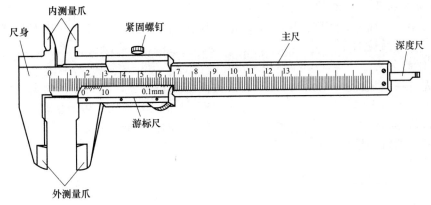

图 2-59　Ⅰ型三用游标卡尺的结构

从图中可以看出，游标卡尺的主体是一个刻有刻度的尺身，其上有固定量爪。沿着尺身可移动的部分称为尺框，尺框上有活动量爪，并装有带刻度的游标和紧固螺钉。为了调节方便，有的游标卡尺上还装有微动装置。在尺身上滑动尺框，可使两量爪的距离改变，以完成不同尺寸的测量工作。游标卡尺通常用来测量内径、外径、孔距、壁厚、沟槽宽度及深度等。由于游标卡尺结构简单，使用方便，因此生产中使用极为广泛。目前使用的游标卡尺中分度值多为 0.02mm，其读数方法和步骤如下：

（1）根据游标零线所处位置读出尺身在游标零线前整数部分的读数值。

（2）应判断游标上第几格的刻线与尺身上的刻线对齐，用游标刻线的格数乘以该游标卡尺的分度值即可得到小数部分的读数值。

（3）将整数部分的读数值与小数部分的读数值相加即得到整个测量结果。

如图 2-60 所示为游标卡尺的读数原理及读数示例，该被测尺寸的读数方法和步骤具体如下：

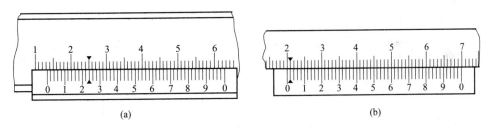

(a)　　　　　　　　　　　　　(b)

图 2-60　游标卡尺读数原理及读数示例

图 2-60（a）中游标的零线落在尺身的 13～14mm 之间，因而整数部分的读数值为 13。游标的第 12 格的刻线与尺身的一条刻线对齐，因而小数部分的读数值为 $0.02 \times 12 = 0.24$ mm。最后将整数部分的读数值与小数部分的读数值相加，所以被测尺寸为 13.24 mm。

同理，图 2-60（b）所示的被测尺寸为：$20 + 1 \times 0.02 = 20.02$ mm。

三、铣削基准平面的工艺过程

以图 2-61 所示压板为例进行铣削平面类零件的工艺过程分析。

所谓基准面是指在加工中用来确定其他表面位置的表面。平行面、垂直面或倾斜面都是相对于基准平面而言的，所以基准平面加工质量的好坏，将直接影响到整个长方体其他表面的加工质量。

1. 检查毛坯尺寸，进行余量合理分配

在加工第一个面时，切削深度都应尽量取小些（取 1～1.5mm），铣削时见光即可，以将余量尽量留给后铣的那一面。

2. 工件的装夹

通常先选择毛坯件上一个较大且平整的表面作为粗基准，将其靠在固定钳口面上校正时，工件不宜夹得太紧，最好在钳口与工件之间垫上铜皮，以便于做微量调整，且不至于损伤钳口。再用划线盘校正毛坯上要作为后续加工基准面的平面位置，使该表面与划针尖间的缝隙各处基本保持一致后，再将工件夹紧，以便于在铣削基准面时只需切去较少的余量，如图 2-62 所示。

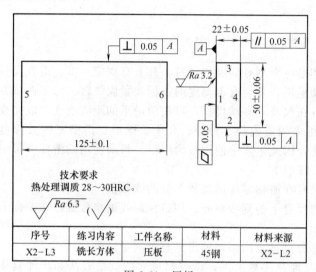

序号	练习内容	工件名称	材料	材料来源
X2-L3	铣长方体	压板	45钢	X2-L2

图 2-61　压板

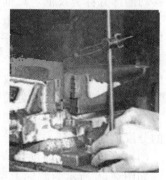

图 2-62　用划线盘校正待切削

3. 对刀铣削

对刀步骤如图 2-63 所示。先手动调整工件至铣刀下方，然后使工作台上升，让铣刀轻轻擦着工件，再纵向移动工作台将工件退出。根据所加工零件的毛坯厚度总余量的情况，分配基准面的加工余量，通常将该平面见光即可，尽可能地将余量留给对面。随后采用逆铣的方式机动进给铣出该平面。

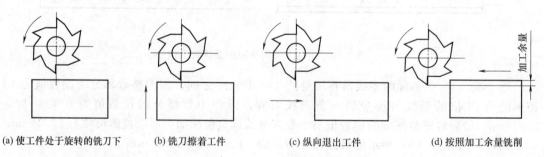

(a) 使工件处于旋转的铣刀下　　(b) 铣刀擦着工件　　(c) 纵向退出工件　　(d) 按照加工余量铣削

图 2-63　对刀步骤

4. 铣削用量的选择

由学过的铣削用量选取知识可知，在切削普通钢件时，高速钢铣刀的铣削速度通常取 15～36m/min，硬质合金铣刀的铣削速度可取 60～115m/min，粗铣时取较小值，精铣时取较大值。进给量的大小在粗铣时通常以每齿进给量为依据，取 0.04～0.3/齿，铣刀及机床系统刚度高时取较大值，刚度较低时取较小值；精铣时的进给量以每转进给量为依据，通常取 0.1～2mm/r，表面质量要求越高，进给量取值就越小。

5. 平面的检测

加工完毕，停车待工件退出后，先用表面粗糙度对比样块（见图 2-64）通过目测法检测工件的表面粗糙度，合格后卸下工件，锉修毛刺。再根据如图 2-65 所示方法，用刀口尺通过透光法来检测所加工表面的平面度是否合格。检测时，刀口应紧贴在工件被测表面上，观察刀口与被测表面之间透光缝隙的大小，并沿加工面的纵向、横向和对角线方向逐一检测，以透光的均匀和强弱来判断加工表面是否平直。其平面度误差的大小可用塞尺来检查及确定。只要小于或等于平面度公差要求厚度的塞尺无法塞入间隙，该表面的平面度就是合格的。

图 2-64　表面粗糙度对比样

图 2-65　平面度的检测

另外，用刀口尺检测精度较高的平面时，平面度误差的大小也可根据光线通过狭缝时呈现的颜色不同，对照标准光隙颜色与间隙的关系来判断，见表 2-15。

表 2-15　标准光隙颜色与间隙的关系

颜色	间隙	颜色	间隙
不透光	<0.5	红色	1.25～1.75
蓝色	≈0.8	白色	>2.5

四、垂直面与平行面的铣削

1. 垂直面的铣削方法

当进行工件被加工表面与基准面有相互垂直要求的铣削时，称为铣垂直面。垂直面铣削除了像平面铣削那样需要保证其平面度和表面粗糙度的要求外，还需要保证相对其基准面位置精度（垂直度）的要求。

（1）工件的装夹　铣削垂直面时关键的问题是保证工件定位的准确与可靠的问题。当工件在铣床用平口钳上装夹时，必须保证基准面与固定钳口面紧贴并在铣削时不产生移动。为满足这一要求工件在装夹及铣削时应采取的措施见表 2-16。

表 2-16　工件装夹的方法

在机床用平口钳上装夹并加工高精度工件时，若以其固定钳口面为定位基准，就要检测并校正固定钳口与工作台面的垂直度是否符合要求。检测时，为使垂直度误差明显，选一块表面磨得光滑、平整的平行块紧贴在固定钳口面上，并在活动钳口处横向夹一根圆棒，将平行块夹牢。在上下 200mm 的垂直移动中，若百分表读数的变动量在 0.03mm 以内为合适；否则，就要修整固定钳口面，或在平面磨床上修磨固定钳口面	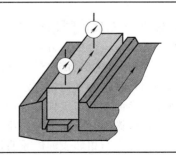

将固定钳口面和工件的定位基准面擦拭干净,将工件的基准面紧贴固定钳口面,并在工件与活动钳口之间位于活动钳口一侧中心的位置上加一根圆棒,以保证工件的基准面在夹紧后仍然与固定钳口面贴合	
在装夹时钳口的方向可与工作台纵向进给方向垂直,见图(a),其目的是使铣削时切削力朝向固定钳口,以保证铣削过程中工件的位置不发生移动,但对于较薄或较长的工件,则一般采用钳口的方向与工作台纵向进给方向平行的方法,如图(b)所示	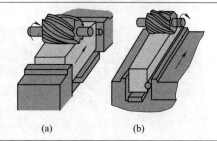 (a)　　　　(b)
对于薄而宽大的工件,可选择在弯板(角铁)上装夹来进行铣削或直接将其装夹在工作台面上进行铣削	

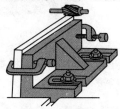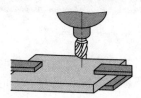

（2）垂直面的铣削

工件装夹好后,采用与加工基准面时相同的圆柱铣刀,以相同的进给量（选择主轴转速95r/min和进给速度95mm/min）,开动铣床,让主轴旋转,按以下步骤进行铣削:

图2-66　检测垂直度

① 将工件调整到铣刀下方,慢慢将工作台上升,当铣刀的周刃与工件表面轻轻相切后,退出工件。

② 根据余量情况再将工作台上升1～2mm铣出表面2,保证其与基准平面1垂直。并按图2-66所示的方法检测面1与面2间的垂直度,若不合格,应通过装夹及调整继续铣削面2,直至合格后进入下一平面的铣削。铣好垂直面后用90°角尺检验其与基准面的垂直度,先将90°角尺的尺座靠向工件上作为加工基准的表面,再将尺苗靠在被测平面上,移动90°角尺,在不同位置重复上述测量,利用透光法来检测被加工表面与基准面之间的垂直度误差。合格后方可进行后续表面的加工。

2. 平行面的铣削方法

两个相互垂直的平面铣好后,接下来将要进行平面3和4的铣削,即进行平行面铣削。

待加工表面3既与工件基准面1垂直,又与刚加工好的平面2相互平行。所以,在对表面3和4进行铣削时,除了像铣削单一平面那样需要保证其平面度和表面粗糙度的要求外,还要同时保证它与相邻表面的垂直度,与相对平面平行的关系,以及相对平面间尺寸精度要求。因此，在铣床上用机床用平口钳装夹进行铣削时，平口钳的固定钳口和钳体导轨面都将作为装夹工件时的定位基准面。

（1）工件的装夹　铣削时当要求工件待加工表面与基准面相互平行时，称为铣平行面。平行面铣削除了像平面铣削那样需要保证其平面度和表面粗糙度的要求外，还需要保证相对其基准面位置精度（平行度）的要求。因此，在卧式铣床上用机床用平口钳装夹进行铣削时，平口钳的钳体导轨面是主要定位表面。铣削时装夹方法如下：

铣削时以其钳体导轨面为定位基准，就先要检测钳体导轨平面与工作台面的平行度是否符合要求。检测时，将一块表面光滑、平整的平行垫铁擦净后放在钳体导轨面上，用百分表在平行垫铁上移动，观察其读数是否符合要求，如图 2-67 所示。若不平行，可采取在导轨或底座上加垫纸片的方法加以校正；批量加工时如有必要，可在平面磨床上修磨钳体导轨面。

将工件基准面紧贴钳体导轨面，若工件高度低于平口钳钳口高度时，则在装夹时在工件基准面与平口钳钳体导轨面之间垫两块厚度相等的平行垫铁，如图 2-68 所示。若工件宽度较窄时，可只垫一块垫铁，但垫铁的厚度必须小于工件的厚度，夹紧工件时，需用铜锤将工件轻轻敲实，如图 2-69 所示。

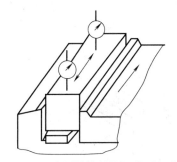

图 2-67　检测钳体导轨面的平行度

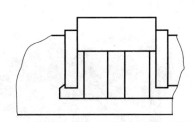

图 2-68　加垫平行垫铁使工件高出钳口

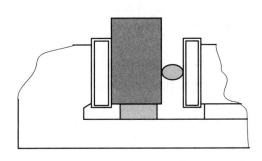

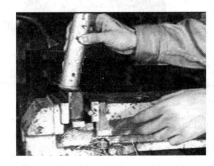

图 2-69　铣削平行面时工件的装夹方法

（2）平行面的铣削　先将工件基准面朝向导轨面装夹好后，采用与铣削垂直面相同的方法分粗铣、精铣完成平面 3 的铣削，保证尺寸（50±0.06）mm，再将表面 2 朝向导轨面重新装夹，分粗铣、精铣完成平面 4 的铣削，保证尺寸（22±0.05）mm。

铣削过程中，测量对面尺寸时，若被测表面与基准平面平行，则被测表面到基准平面之间的距离应当处处相等。所以，只要直接用游标卡尺或千分尺检测被测两平面间不同部位的距离尺寸，测量时所测得最大尺寸与最小尺寸之差即可认为是两平面之间的平行度误差，如图 2-70 所示。但应注意，这种检测方法会将基准面的平面度误差带入到平行度的检测中来。

另外，对于精度要求较高的平行平面，也可在检验平台上通过百分表在工件四角及中部的读数差值来检测两平面间的平行度误差，如图 2-71 所示。

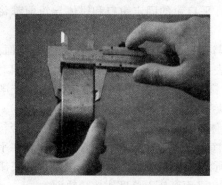
图 2-70 用游标卡尺检测平行度

图 2-71 用百分表检测平行度

3. 长方体的铣削

（1）铣削长方体的两端平面 两端平面在铣削时必须保证与其他四个已铣好的平面之间相互垂直、两端平面之间相互平行且保证尺寸精度（125±0.1）。

铣削时应先将机床用平口钳的固定钳口与纵向进给方向垂直安装，以较大的平面为基准面靠向固定钳口，并用90°角尺校正工件的侧面与平口虎的钳体导轨面垂直，然后再进行铣削。如图 2-72 所示为铣削两端面时工件的装夹方法。

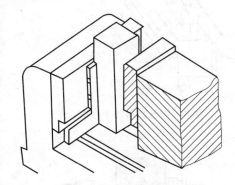
图 2-72 铣削两端面时工件的装夹方法

铣完第一个端平面后，将铣好的一端掉头朝下置于平口钳的钳体导轨面上，原靠向固定钳口的一面仍靠向固定钳口，夹紧。按铣削平行面的方法铣出另一端平面，并保证两端平面间的尺寸为（125±0.1）mm。

（2）铣削长方体的工艺过程

① 图样分析 根据图 2-61 所示可知：工件的材料是 45，基准面表面粗糙度 Ra 为 $3.2\mu m$，其余面粗糙度 Ra 为 $6.3\mu m$，工件以 1 面为基准，有平面度要求，各相邻面有垂直度要求，各相对面有平行度要求，并保证一定的尺寸精度要求。

② 铣刀选择 根据图样要求，可选择圆柱铣刀、端铣刀或立铣刀。

a. 圆柱铣刀。若采用圆柱铣刀加工，粗铣时应采用粗齿铣刀；精铣时采用细齿铣刀。在加工量少以及表面质量要求不高时，都可用粗铣刀来完成，通常采用的规格为 80mm×80mm×32mm 的高速钢粗齿圆柱铣刀。

b. 端铣刀。端铣刀的直径选择可按下列公式计算。

$$d_0 = (1.2 \sim 1.6)B$$

式中 d_0——铣刀直径，mm；
B——铣削层宽度，mm。

根据工件尺寸和材料，可选用直径 125mm 的端铣刀，铣刀切削部分的材料，一般刀具用高速钢，大型刀具的机夹刀片一般用硬质合金。

c. 立铣刀。立铣刀铣削平面时，采用环切法或试切法。由于铣刀直径较小，切削效率不高，并且表面粗糙度达不到要求，因而在本次加工中不建议采用。

③ 工件的装夹　根据工件的形状和尺寸，选用适宜规格的机床用平口钳装夹即可。

④ 铣削用量的选择　采用高速钢铣刀铣削时，铣削用量依据如下各项决定。

a. 铣削层宽度 B：根据工件宽度决定。

b. 铣削深度 a_p：粗铣时为 4～4.5mm，精铣时为 0.5～1mm。

c. 每齿进给量 f_z：粗铣时取 $f_z = 0.10$mm/z，精铣时取 $f_z = 0.05$mm/z。

d. 铣削速度 v_c：粗铣时取 $v_c = 160$m/min，精铣时取 $v_c = 20$m/min。

若采用硬质合金面铣刀时，则切削用量可加大，铣削深度 a_p 为 5mm，每齿进给量 f_z 为 0.15mm/z，铣削速度 v_c 为 110m/min。

⑤ 质量分析

a. 平面度的检验。用刀口尺测量工件平面各个方向的直线度，若各个方向都成直线（即直线度在公差范围内），则工件的平面度符合图样要求。

b. 垂直度的检验。垂直度可以用刀口角尺进行检验。

c. 表面粗糙度的检验。表面粗糙度通常是与样板目测比照进行检验的。由于端铣和周铣的纹路不同，因此比照时应选择与加工表面切削纹路一致，且粗糙度值符合图样要求的表面粗糙度样板。

 计划决策

表 2-17　计划决策参照表

学习情境	平面类零件的铣削				
学习任务	长(正)方体零件的铣削			完成时间	
任务完成人	学习小组		组长	成员	
需要学习的知识和技能	知识：1. 掌握平面铣削的方法 2. 掌握顺铣与逆铣的区别 3. 掌握平面铣削的过程 技能：1. 平面加工的能力 2. 学会选用铣削方法				
小组任务分配	小组任务	任务实施准备工作	任务实施过程管理	学习纪律及出勤	卫生管理
	个人职责	设备、工具、量具、刀具等前期工作准备	记录每个小组成员的任务实施过程和结果	记录考勤并管理小组成员学习纪律	组织值日并管理卫生
	小组成员				
安全要求及注意事项	1. 进入车间要求听指挥，不得擅自行动 2. 不得在车间内大声喧哗，嬉戏打闹 3. 安装工件时，应将钳口、钳底、工件、垫铁擦净 4. 加工时工件必须夹紧 5. 铣床运转中不得变换主轴转速 6. 切削过程中不准测量工件，不准用手触摸工件				
完成工作任务的方案	1. 选择刀具 2. 选择装夹工具、装夹工件 3. 测量毛坯尺寸，根据加工余量选择铣削用量 4. 选择铣削方法 5. 加工工件 6. 工件的检验及质量分析				

参考表 2-17，同学们自行编写任务书正方体的计划决策表。

表 2-18 计划决策表

学习情境	平面类零件的铣削				
学习任务	长(正)方体零件的铣削			完成时间	
任务完成人	学习小组		组长	成员	
需要学习的知识和技能	知识:1. 掌握平面铣削的方法 2. 掌握顺铣与逆铣的区别 3. 掌握平面铣削的过程 技能:1. 平面加工的能力 2. 学会选用铣削方法				
小组任务分配	小组任务	任务实施准备工作	任务实施过程管理	学习纪律及出勤	卫生管理
	个人职责	设备、工具、量具、刀具等前期工作准备	记录每个小组成员的任务实施过程和结果	记录考勤并管理小组成员学习纪律	组织值日并管理卫生
	小组成员				
安全要求及注意事项	1. 进入车间要求听指挥，不得擅自行动 2. 不得在车间内大声喧哗、嬉戏打闹 3. 安装工件时，应将钳口、钳底、工件、垫铁擦净 4. 加工时工件必须夹紧 5. 铣床运转中不得变换主轴转速 6. 切削过程中不准测量工件，不准用手触摸工件				
完成工作任务的方案					

任务实施

组织学生在铣正方体前进行图纸分析，并按照工艺要求和尺寸精度进行加工。

表 2-19 任务实施表

学习情境	平面类零件的铣削		
学习任务	长(正)方体零件的铣削	完成时间	
任务完成人	学习小组	组长	成员
任务实施步骤及具体内容			
步骤	操作内容		
图样分析	1. 正方体工件的尺寸精度为_____ mm、_____ mm、_____ mm 2. 相对面的平行度公差为_____ mm,相邻面的垂直度公差为_____ mm 3. 毛坯尺寸为_____,材料分析为_____,可选用_____和_____ 4. 表面粗糙度分析,工件各表面粗糙度值为 $Ra = $_____ μm,精度较高,铣削加工能达到要求		
拟定加工工艺与工艺准备	工艺准备: 1. 加工正方体零件的设备选择_____铣床 2. 夹具用_____,装夹工件时,工件应高于固定钳口_____ mm 3. 在本次加工中所用到的量具有_____、_____、_____和粗糙度样块对比 4. 本次加工中所用到的刀具有_____		
	加工准备: 1. 安装平口钳应注意 (1)擦净工作台面和平口虎钳底座;(2)_____ 2. 装夹工件时应将钳口擦净,在工件的下面放置_____。夹紧工件后,用锤子轻敲工件,并拉动_____检查_____ 3. 安装刀具并检验 4. 确定铣削参数。粗铣时选取主轴转速 $n = $_____ r/min,进给量 $v_f = $_____ mm/min,铣削深度 $a_p = $_____ mm,精铣时选取主轴转速 $n = $_____ r/min,进给量 $v_f = $_____ mm/min,铣削深度 $a_p = $_____ mm		
	确定加工工艺路线: 毛坯件检验→安装平口虎钳→装夹工作→安装面铣刀→粗铣基准平面→精铣基准面→粗铣平行面→精铣平行面→平行度、垂直度检验		

零件加工步骤	铣削基准面： (1)选择基准面 A (2)对刀和粗基准铣面 A (3)预检、精铣面 A (4)平面度采用_____检验,粗糙度采用_____检验
	铣削平行面： (5)以面 A 为基准,在立式铣床上铣削面 A 的平行面,保证 D 面平行于基准面 A (6)卸下工件,采用_____对工件进行_____检验
	铣削垂直面： (7)以面 A 为基准,在铣床上铣削面 A 的相邻面 B,保证 B 面垂直于基准面 A (8)卸下工件,采用_____对工件进行_____检验
	铣削其他面： (9)采用(4)、(5)的方法,分别铣好 C 面、E 面和 F 面
质量分析	

分析评价

表 2-20   正(长)方体的铣削加工分析评价表

检测内容	检测项目及评分标准			自查结果	教师检测	存在的质量问题及原因分析
	检测项目	分值	评分标准			
1. 准备工作	准备刀具、量具、工具、夹具	5	缺每项扣 2 分			
2. 技术准备工作	(1)刀具的安装 (2)工件装夹及校正	5	每项未完成扣 3 分			
3. 方案合理性	工艺安排方案	10	合理 10 分;较合理 8 分;不合理,有严重错误 0 分			
4. 尺寸精度	(32±0.1)mm 3 处	3×10	超差 0.02mm 扣 3 分			
5. 位置精度	各面的平面度	6	超差 0.02mm 扣 2 分			
	基准面与相邻四个表面的垂直度	4×4	超差 0.02mm 扣 2 分			
	基准面与相对表面间的平行度	5×3	超差 0.02mm 扣 2 分			
6. 表面质量	Ra6.3μm(6 处)	2×6	不符合要求每处扣 1 分			
7. 安全操作文明生产	无人身、机具事故,文明操作,工具和量具摆放整齐,着装及动作规范	6	损坏机具扣 5 分,发生事故不给分。不文明操作,未打扫机床等,每项扣 1 分			
总 分						
指导教师的意见和建议						

任务四　斜面的铣削加工

 **任务描述**

　　斜面是工件中常见的形式之一。斜面加工是铣削加工中最基本的工作。在铣床上采用何

种方式加工斜面？本任务是加工斜面工件，具体图样如图 2-73 所示。

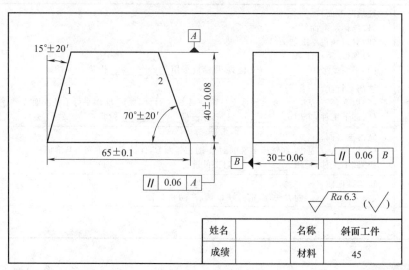

图 2-73　斜面工件

知识链接

一、斜面的铣削方法

常用铣削斜面的方法有倾斜工件铣削斜面、倾斜铣刀铣削斜面和用角度铣刀铣削斜面等。若在卧式铣床上用圆柱铣刀铣削斜面，一般只能按划线倾斜工件铣削斜面，而在立式铣床上铣削时相对调整和装夹的方法较多。

铣削斜面时，必须使工件的被加工表面与其基准面以及铣刀之间满足两个条件：一是工件的斜面平行于铣削时工作台的进给方向，如图 2-74（a）所示；二是工件的斜面与铣刀的切削位置相吻合，即采用周铣时斜面与铣刀旋转表面相切，如图 2-74（b）所示；采用端铣时，斜面与铣床主轴轴线垂直，如图 2-74（c）所示。

(a) 工件斜面与工作台平行　　　(b) 周铣时铣刀旋转表面与斜面相切　　　(c) 端铣时主轴轴线与斜面垂直

图 2-74　铣削斜面

1. 倾斜工件铣削斜面

将工件倾斜成所需要的角度后装夹铣削斜面，适合于在主轴不能扳转角度的铣床上。铣削斜面常用的铣削方法见表 2-21。

表 2-21　倾斜工件铣削斜面

按划线装夹工件铣削斜面	 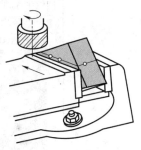　生产中经常采用按划线装夹工件铣削斜面的方法。先在工件上划出斜面的加工线,然后在机床用平口钳上装夹工件,用划线盘校正工件上的加工线与工作台面平行,再将工件夹紧后即可对工件进行斜面的铣削　此法操作简单,仅适合于加工精度要求不高的单件小型工件的生产
采用倾斜垫铁铣削斜面	 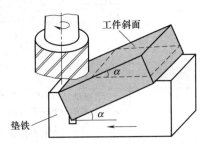　所采用的倾斜垫铁的宽度应小于工件的宽度,垫铁斜面的斜度应与工件相同。将倾斜垫铁垫在机床用平口钳钳体导轨面上,再装夹工件　采用倾斜垫铁可以一次完成对工件的校正和夹紧。在铣削一批工件时,铣刀的高度位置不需要因工件的更换而重新调整。故可以大大提高批量工件的生产效率
利用靠铁铣削斜面	 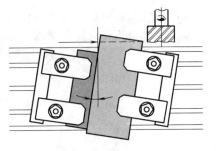　外形尺寸较大的工件常在工作台上用压板进行装夹。应先在工作台面上安装一块倾斜的靠铁,用百分表校正其斜度,使其倾斜度符合规定要求。然后将工件的基准面靠向靠铁的定位表面,再用压板将工件压紧后进行铣削

偏转机床用平口钳钳体铣削斜面	先校正机床用平口钳的固定钳口与铣床主轴轴线垂直或平行后，松开回转式平口钳钳体的紧固螺栓，将钳身上的零线相对于回转盘底座上的刻线扳转一个角度，使其倾斜度符合规定要求，如图（a）所示。然后将钳体固定，装夹工件，铣出所要求的斜面，如图（b）所示 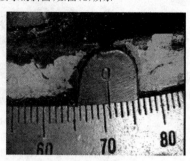 (a) 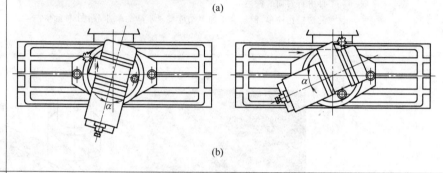 (b)
铣削斜度很小的斜面	当要铣削倾斜程度较小且用斜度的比值表示的工件时，可采用按斜度计算出相应长度间的高度差δ，然后在相应长度间反向垫不等高垫铁的方法来加工 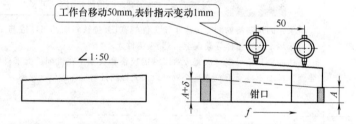

2. 倾斜铣刀铣削斜面

在主轴可扳转角度的立式铣床或安装了万能立铣头的卧式铣床上，将铣床的主轴倾斜一个角度，就可以按要求铣削斜面，如图 2-75 所示。

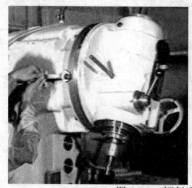

图 2-75　倾斜主轴铣削斜面

常用的方法见表 2-22。

表 2-22 倾斜主轴铣削斜面

采用立铣刀圆周刃铣削斜面	当标注角度(α)为锐角,工件基准面与工作台面垂直时,主轴所扳转的角度(β)与标注角度相同。即 β=α	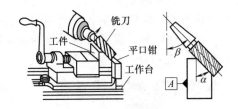
	当标注角度(α)为锐角,工件基准面与工作台面平行时,主轴所扳转的角度(β)等于标注角度的余角。即 β=90°−α	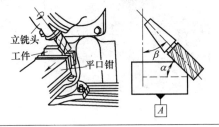
采用端铣刀端面刃铣削斜面	当标注角度(α)为锐角,工件基准面与工作台面平行时,主轴所扳转的角度(β)与标注角度相同。即 β=α	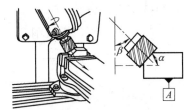
	当标注角度(α)为锐角,工件基准面与工作台面垂直时,主轴所扳转的角度(β)等于标注角度的余角。即 β=90°−α	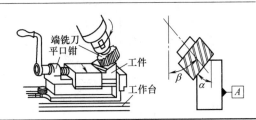

3. 用角度铣刀铣削斜面

角度铣刀就是切削刃与轴线倾斜成某一角度的铣刀,所以可选择合适的角度铣刀铣削相应的斜面和刀具齿槽。为了提高角度铣刀刀尖处的强度,角度铣刀齿顶处均制成一定的小圆角。角度铣刀一般均用高速钢制成,可分为单角铣刀、对称双角铣刀和不对称双角铣刀三种,如图 2-76 所示。

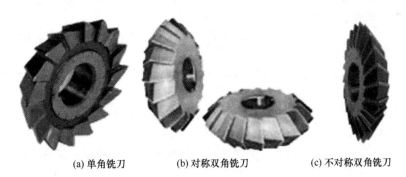

(a) 单角铣刀　　　　(b) 对称双角铣刀　　　　(c) 不对称双角铣刀

图 2-76 角度铣刀

对于批量生产的窄长的斜面工件，比较适合使用角度铣刀进行铣削，如图 2-77 所示。

铣削时，根据工件斜面的角度选择相应角度的角度铣刀，并注意角度铣刀切削刃的长度要大于工件斜面的宽度。铣削双斜面时，可选用一对规格相同、刀齿刃口相反的角度铣刀，将两把铣刀的刀齿错开半齿，可以有效地减小铣削力和振动。由于角度铣刀的刀齿强度较低，刀齿排列较密，铣削时排屑较困难。因此，使用角度铣刀铣削时采用的铣削用量应比圆周铣低 20％ 左右，并应施以充足的切削液。

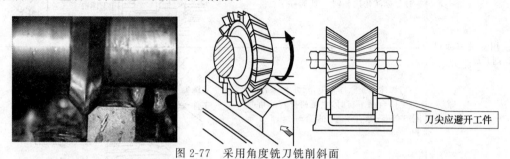

图 2-77　采用角度铣刀铣削斜面

二、斜面的铣削工艺分析

以图 2-78 为例进行斜面铣削工艺分析。

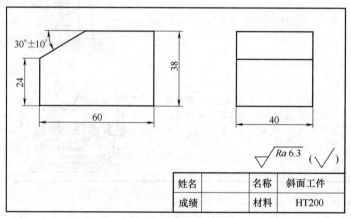

图 2-78　斜面工件

1. 工件图样分析

（1）加工基准和精度分析

① 斜面工件外形的尺寸为 60mm×40mm×38mm，斜面与端面的夹角为 30°±10′。

② 预制件为的矩形工件为 70mm×50mm×50mm。

③ 在加工中，基准面尽可能用作定位面。而在图 2-78 加工斜面时，以同侧端面为基准；铣削斜面时，以底面为准。

（2）材料分析　预制件材料为 HT200，切削性能较好，可选用高速钢铣刀或硬质合金铣刀加工。

（3）形体分析　对于矩形工件，宜采用机用平口钳装夹工件。

2. 拟定加工工艺与工艺装备

（1）拟定加工工序过程根据图样精度要求，本例是在立式铣床上调整主轴角度铣削加工斜面，工件加工的工序过程为：预制件检验——安装、找正机用平口钳——装夹工件——安装端铣刀——粗、精铣各面——检验合格——重新装夹工件——换装立铣刀——调整立铣头角度——铣斜面——工序检验。

（2）选择工件装夹方式。选用 Q12160 型平口钳。

（3）选择刀具。选用 $\phi125$mm 的硬质合金端铣刀或 $\phi16$mm 的立铣刀铣削斜面。

（4）选择检验和测量方法。

3．加工准备

（1）检测预制件。

（2）安装、找正机用平口钳。

（3）装夹工件。

（4）安装端铣刀，选择铣削用量。端铣刀取主轴转速 $n=95$r/min，进给量 $v_f=47.5$mm/min。

（5）加工工件尺寸为 60mm$\times40$mm$\times38$mm。

（6）安装铣刀，调整立铣头倾斜角。

（7）选择铣削用量。立铣刀取主轴转速 $n=190$r/min，进给量 $v_f=37.5$mm/min。

4．斜面工件的加工

对刀时，调整工作台并目测使铣刀处于斜面的中间，紧固工作台纵向，垂直对刀，使铣刀圆周刃恰好擦到工件尖角最高点。按斜面的铣削用量分两次调整铣削层深度。

5．检测

（1）万能角度尺　万能角度尺是用来测量精密零件内外角度或进行角度划线的角度量具，它有以下几种，如游标量角器、万能角度尺等。万能角度尺的读数机构，如图 2-79 所示，是由刻有基本角度刻线的尺座 1 和固定在扇形板 6 上的游标 3 组成。扇形板可在尺座上回转移动（有制动器 5），形成了和游标卡尺相似的游标读数机构。万能角度尺尺座上的刻度线每格 $1°$。由于游标上刻有 30 格，所占的总角度为 $29°$，因此，两者每格刻线的度数差是

$$1°-\frac{29°}{30}=\frac{1°}{30}=2'$$

即万能角度尺的精度为 $2'$。

万能角度尺的读数方法和游标卡尺相同，先读出游标零线前的角度是几度，再从游标上读出角度"分"的数值，两者相加就是被测零件的角度数值。

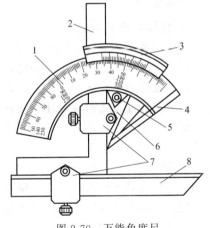

在万能角度尺上，基尺 4 是固定在尺座上的，角尺 2 是用卡块 7 固定在扇形板上，可移动直尺 8 是用卡块固定在角尺上。若把角尺 2 拆下，也可把直尺 8 固定在扇形板上。由于角尺 2 和直尺 8 可以移动和拆换，使万能角度尺可以测量 $0°\sim320°$ 的任何角度，如图2-80所示。

图 2-79　万能角度尺

（2）万能量角尺的应用　由图 2-80 可见，角尺和直尺全装上时，可测量 $0°\sim50°$ 的外角度，仅装上直尺时，可测量 $50°\sim140°$ 的角度，仅装上角尺时，可测量 $140°\sim230°$ 的角度，把角尺和直尺全拆下时，可测量 $230°\sim320°$ 的角度（即可测量 $40°\sim130°$ 的内角）。

万能量角尺的尺座上，基本角度的刻线只有 $0°\sim90°$，如果测量的零件角度大于 $90°$，则在读数时，应加上一个基数（$90°$、$180°$、$270°$）。当零件角度在 $90°\sim180°$ 范围内，被测角度$=90°+$量角尺读数；被测角度在 $180°\sim270°$ 范围内，被测角度$=180°+$量角尺读数；被测角度在 $270°\sim320°$ 范围内，被测角度$=270°+$量角尺读数。

学习情境二　平面类零件的铣削

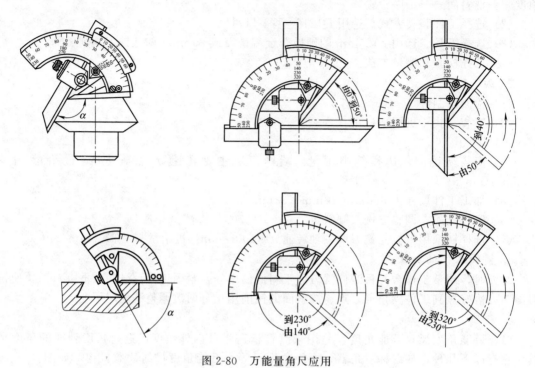

图 2-80　万能量角尺应用

　　用万能角度尺测量零件角度时，应使基尺与零件角度的母线方向一致，且零件应与量角尺的两个测量面的全长上接触良好，以免产生测量误差。

三、质量分析

　　1. 保证斜面倾斜角度
　　(1) 周铣时，要注意铣刀本身的形状误差。
　　(2) 采用角度铣刀加工斜面时，要注意铣刀角度的准确性。
　　(3) 在装夹工件时，要注意钳口、钳体导轨和工件表面的清洁。
　　(4) 扳转立铣头时，要注意扳转角度的准确。
　　(5) 采用划线装夹工件铣斜面时，要注意划线的准确性或在加工过程中工件是否发生位移。
　　2. 保证斜面尺寸
　　(1) 在扳转角度值、操作手柄和测量工件时，一定要仔细，保证其准确性。
　　(2) 在加工过程中要注意工件是否有松动。
　　3. 保证表面粗糙度
　　(1) 在铣削过程中，尽量减少加工中产生的振动，增强铣床及夹具的刚度。
　　(2) 合理选择切削液，在铣削中切削液的浇注要充分。
　　(3) 保证铣刀切削刃的锋利，注意选择适当的进给量。
　　(4) 铣削过程中，工作台进给或主轴回转时，不能突然停止，否则会啃伤工件表面，影响表面粗糙度。

计划决策

　　以图 2-81 的压板为例，编写铣斜面的工艺过程，具体情况见表 2-23。

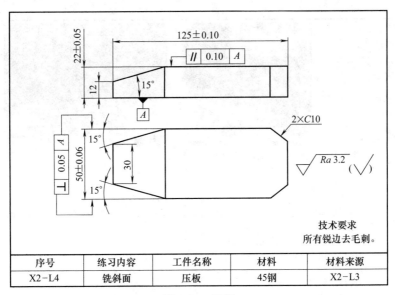

图 2-81　压板

序号	练习内容	工件名称	材料	材料来源
X2—L4	铣斜面	压板	45钢	X2—L3

表 2-23　计划决策参考表

学习情境	平面类零件的铣削				
学习任务	斜面的铣削加工			完成时间	
任务完成人	学习小组		组长		成员
需要学习的 知识和技能	知识：1. 掌握斜面铣削的方法 　　　2. 掌握旋转立铣头的角度 　　　3. 掌握斜面质量分析 技能：合理选用铣削用量，斜面的铣削				
小组任务分配	小组任务	任务实施准备工作	任务实施过程管理	学习纪律及出勤	卫生管理
	个人职责	设备、工具、量具、刀具等前期工作准备	记录每个小组成员的任务实施过程和结果	记录考勤并管理小组成员学习纪律	组织值日并管理卫生
	小组成员				
安全要求 及注意事项	1. 进入车间要求听指挥，不得擅自行动 2. 不得在车间内大声喧哗、嬉戏打闹 3. 安装工件时，应将钳口、钳底、工件、垫铁擦净 4. 加工时工件必须夹紧 5. 铣床运转中不得变换主轴转速 6. 切削过程中不准测量工件，不准用手触摸工件				
完成工作 任务的方案	1. 分析图样：加工尺寸有压板前端15°保证尺寸12mm，前端两侧面15°保证尺寸30mm，压板后端两倒角 2×C10 2. 钳工划线：根据零件图划出底面与侧面的斜面的位置线，并打上样冲眼 3. 装夹工件：按划线倾斜工件装夹铣削压板前端15°的斜面，以毛坯工件两侧面为夹紧面，在平口钳上装夹按侧面划线校正				

完成工作 任务的方案	4. 装夹刀具:选择 $\phi125mm$ 的硬质合金端铣刀 5. 选择铣削参数: $n=190r/min$, $v_f=190mm/min$ 6. 铣削 15°斜面 (1)铣床上铣出前端与底面成 15°的斜面,并保证尺寸 12mm (2)将底面紧贴固定钳口,以底面划线校正装夹,分别铣出前端两侧 15°的斜面,并保证尺寸 30mm 7. 铣削压板后端 $2\times C10$ 斜面 (1)采用 $\phi16mm$ 立铣刀铣削斜面 (2)扳转立铣头 45° (3)装夹工件 (4)选择铣削参数: $n=300r/min$, $v_f=95mm/min$ (5)对刀,铣削 $2\times C10$ 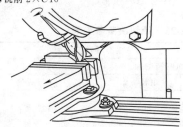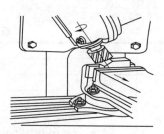 8. 去毛刺,检验 9. 铣床的保养和量具的归还

参照表 2-24,编写任务书中给定图形的工作方案。

表 2-24　计划决策表

情境	平面类零件的铣削			
学习任务	斜面的铣削加工		完成时间	
任务完成人	学习小组	组长	成员	
需要学习的 知识和技能	知识:1. 掌握斜面铣削的方法 　　　2. 掌握旋转立铣头的角度 　　　3. 掌握斜面质量分析 技能:合理选用铣削用量,斜面的铣削			
小组任务分配	小组任务	任务实施准备工作	任务实施过程管理	学习纪律及出勤	卫生管理
	个人职责	设备、工具、量具、 刀具等前期工作准备	记录每个小组成员 的任务实施过程和 结果	记录考勤并管理小 组成员学习纪律	组织值日并管 理卫生
	小组成员				
安全要求 及注意事项	1. 进入车间要求听指挥,不得擅自行动 2. 不得在车间内大声喧哗、嬉戏打闹 3. 安装工件时,应将钳口、钳底、工件、垫铁擦净 4. 加工时工件必须夹紧 5. 铣床运转中不得变换主轴转速 6. 切削过程中不准测量工件,不准用手触摸工件			
完成工作 任务的方案				

组织学生在铣斜面前进行图纸分析，并按照工艺要求和尺寸精度进行加工。

表2-25　任务实施表

学习情境	平面类零件的铣削			
学习任务	斜面的铣削加工		完成时间	
任务完成人	学习小组	组长	成员	

任务实施步骤及具体内容

步骤	操作内容
图样分析	1. 斜面工件外形的尺寸精度为_____ mm、_____ mm、_____ mm。斜面1与端面的夹角为_____，斜面2与底面的夹角为_____ 2. 相对面的平行度公差为_____ mm 3. 预加工件为 65mm×40mm×30mm 的矩形工件，材料分析_____，可选用_____和_____ 4. 表面粗糙度分析，工件各表面粗糙度值为 $Ra=$ _____ μm，精度较高，铣削加工能达到要求
拟定加工工艺与工艺准备	工艺准备： 1. 加工斜面的设备选择_____铣床 2. 矩形工件宜选用_____装夹工件 3. 在本次加工中所用到的量具有_____、_____、_____和粗糙度样块对比 4. 本次加工中可选用的刀具是_____ 加工准备： 1. 安装平口虎钳应注意 (1)擦净工作台面和平口虎钳底座 (2)校正_____ 2. 装夹工件时应将钳口擦净，在工件的下面放置_____。夹紧工件后，用锤子轻敲工件，并拉动_____检查_____ 确定加工工艺路线： 坯件检验→安装平口虎钳→装夹工件→安装铣刀→调整立铣头→粗、精铣斜面1→重新装夹工件→换立铣刀→调整立铣头角度→粗、精铣斜面2→质量检验
加工步骤	端面铣削加工 15°斜面 1. 铣刀安装 φ125mm 的硬质合金端铣刀 2. 调整主轴转速 $n=$ _____ r/min，进给量 $v_f=$ _____ mm/r 3. 调整主轴角度：铣削工件时，主轴应_____方向转动 15° 4. 对刀 5. 粗铣可分两次进刀，第一次垂向工作台升高_____ mm，第二次垂向工作台升高_____ mm，横向机动进给粗铣斜面 6. 精铣：留有加工余量约_____ mm，铣至斜面与工件相交 7. 检测：用_____测量角度 15°±20′ 周铣削加工 70°斜面 1. 铣刀安装：选择 φ16mm 的立铣刀 2. 调整主轴转速 $n=$ _____ r/min，进给量 $v_f=$ _____ mm/r 3. 调整主轴角度：铣削工件时，主轴应_____方向转动 20° 4. 对刀 5. 粗铣可分三次进刀，第一次垂向工作台升高_____ mm，第二次垂向工作台升高_____ mm，第三次为 3mm，紧固纵向工作台，横向机动进给，粗铣斜面 6. 精铣：留有加工余量约_____ mm，铣至斜面与工件相交 7. 检测：用_____测量角度 15°±20′
质量分析	

 分析评价

表 2-26 斜面的铣削加工分析评价表

检测内容	检测项目及评分标准			自查结果	教师检测	存在的质量问题及原因分析
	检测项目	分值	评分标准			
1. 准备工作	准备刀具、量具、工具、夹具	5	缺每项扣 2 分			
2. 技术准备工作	(1)刀具的安装 (2)工件装夹及校正	5	每项未完成扣 3 分			
3. 方案合理性	工艺安排方案	10	合理 10 分；较合理 8 分；不合理，有严重错误 0 分			
4. 尺寸精度	65mm±0.1mm	20	超差 0.02mm 扣 3 分			
	15°mm±20′	20	超差 5′扣 3 分			
	70°mm±20′	20	超差 5′扣 3 分			
5. 表面质量	$Ra6.3\mu m$(6 处)	10	不符合要求每处扣 1 分			
6. 安全操作文明生产	无人身、机具事故，文明操作，工具和量具摆放整齐，着装及动作规范	10	损坏机具扣 5 分，发生事故不给分。不文明操作，未清洁，打扫机床等，每项扣 1 分			
总分						
指导教师的意见和建议						

思考与训练

一、填空题

1. 常用的夹具有_____、_____、_____和_____。

2. 铣床上用的分度头和平口钳都是_____夹具。

3. 目前铣刀常用_____制造。

4. 平面铣削方法主要有_____和_____两种。

5. 端面铣削时，根据铣刀与工件之间的相对位置不同可分为_____和_____。

6. 铣床种类很多，常用的有升降台式、龙门铣床和_____。

7. 精铣时，限制进给量提高的主要因素_____。

8. 工艺基准分为_____、_____和_____。

9. 铣削用量包括_____、_____、_____。

10. 切削液的作用有_____、_____、_____、_____和_____。

11. 切削液的种类有_____和_____两种。

12. 常用的硬质合金有_____、_____和_____三类。

13. 合金牌号中_____是钨钴类硬质合金。

14. 铣床的润滑对于其加工精度和_____影响极大。

15. 采用切削液能将已产生的切削热从切削区域迅速带走，这主要是切削液具有_____作用。

16. 粗铣时，限制进给量提高的主要因素是_____。

17. 铣削硬度较低的材料，尤其是非金属材料时可选用_____铣刀。

二、判断题

1. 铣刀的切削部分材料必须具有高硬度和耐磨性及好的耐热性。　（　　）
2. 根据夹具的应用范围，可将铣床夹具分为万能夹具和专用夹具。　（　　）
3. 铣削平面时，要求铣出的平面与基面平行，还要求平面具有较好的直线度。　（　　）
4. 矩形工件除要检验平面度和表面粗糙度外，还需检验直线度、平行度、垂直度和尺寸精度。　（　　）
5. 平口钳钳口与工作台面不垂直或基准面与固定钳口未贴合均可造成工件垂直度超差。
　（　　）
6. 在铣床上铣削的方法有两种，即用端铣刀做端面铣削和用圆柱铣刀做周边铣削。
　（　　）
7. 用端面铣削的方法铣出的平面，其平面度主要决定于铣床主轴轴线与进给方向的垂直度。　（　　）
8. 粗铣时，首先选用被切金属层较大的宽度，其次是选用被切金属层较大的深度，再选用较大的每齿进给量，最后根据铣刀寿命确定铣削速度。　（　　）
9. 铣削平面，尤其是大平面和较大平面时，一般选用端铣刀，最好采用可转位端铣刀。
　（　　）
10. 合理的铣削速度是在保证加工质量和铣刀寿命的条件下确定的。　（　　）

三、选择题

1. 用压板装夹已加工的表面时，工件与压板之间（　　），以免压伤工件的已加工表面。
A. 垫垫铁　　　　B. 垫上铜皮　　　　C. 直接压紧　　　　D. 垫上斜铁
2. 在矩形工件铣削过程中，应（　　）定位基准面。
A. 先加工　　　　B. 最后加工　　　　C. 先加工非　　　　D. 每铣一个面变换一次
3. 在铣刀与工件已加工面的切点处，铣刀切削刃的旋转方向与工件进给方向相同的铣削称为（　　）。
A. 周铣时逆铣　　B. 周铣时顺铣　　　C. 升降台　　　　D. 机场内部
4. 切削液应浇注到刀齿与工件接触处，即尽量浇注到靠近（　　）的地方。
A. 温度最高　　　B. 切削刃工作　　　C. 端铣时对称铣　　D. 端铣时不对称铣削
5. 矩形工件两平面间的垂直度大多用（　　）检验。
A. 直角尺　　　　B. 刀口尺　　　　C. 游标卡尺　　　　D. 游标深度尺

四、简答题

1. 写出铣刀的基本分类。
2. 写出铣刀标记为 75mm×20mm×27mm×600 的含义是什么。

五、计算题

1. 在 X6132 型铣床上应一直径为 63mm、齿数为 6 的高速钢圆柱铣刀粗铣平面，拟选取铣削速度为 20m/min，每齿进给量为 0.2mm/齿，求此时铣床主轴转速应为多少？铣床进给速度应调至多少？
2. 在 X5032 型铣床上用硬质合金端铣刀铣削宽度为 67mm 的工件，一次切除全部余量 4mm，若选择直径为 100mm、齿数为 8 的铣刀，每齿进给量为 0.2mm/齿，铣削速度为 80m/min，求此时的铣削深度和铣削宽度各为多少？并确定铣床主轴转速和进给速度。

六、实操题

1. 铣削如图 2-82 所示的长方体

学习情境二　平面类零件的铣削

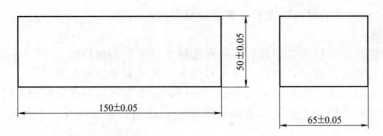

技术要求

1. 相邻两垂直面的垂直度不大于0.1mm
2. 相邻两平行面间的平行度不大于0.1mm
3. 各平面的平面度不大于0.05mm

图 2-82　实操题 1

2. 铣削如图 2-83 所示的斜面

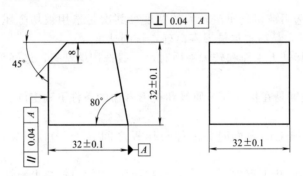

技术要求

1. 要求立方体各面的平面度不大于0.2mm。
2. 要求加工中各面去毛刺。

图 2-83　实操题 2

学习情境三　台阶及沟槽的铣削

学习目标

知识目标：

1. 掌握在立式铣床上用端面铣完成长方体零件的铣削；
2. 掌握用立铣刀铣台阶时对刀调整的方法；
3. 掌握铣削直角沟槽的工艺方法；
4. 完成压板上直角沟槽的铣削，掌握铣削直角沟槽的加工步骤和操作要领；
5. 掌握直角沟槽的检测方法；
6. 掌握封闭键槽的铣削方法；
7. 掌握加工封闭键槽的对刀方法；
8. 掌握 V 形槽的铣削方法、铣削工艺；
9. 掌握 T 形槽的刀具、铣削方法、铣削工艺；
10. 掌握燕尾槽的刀具、铣削方法、铣削工艺；
11. 学生具有分析加工工艺过程的能力；
12. 对检测结果进行质量分析并提出改进措施。

情境导入

在铣削加工中，经常利用压板和阶梯形垫铁作为铣床夹具，如图 3-1 所示。这种形状也是机械加工常见的类型。本学习任务是在立式铣床上用端铣刀或立铣刀进行台阶面的铣削加工。

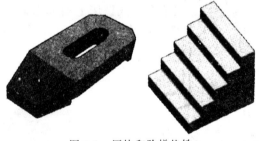

图 3-1　压块和阶梯垫铁

任务一　台阶的铣削

　任务描述

在立式铣床上用端铣刀完成台阶垫铁坯料的铣削和用立铣刀完成台阶垫铁台阶面的铣削，如图 3-2 所示。

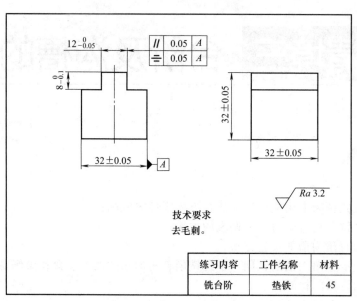

12$-_{0.05}^{0}$

8$-_{0.1}^{0}$

32±0.05

∥	0.05	A
⟂	0.05	A

32±0.05

32±0.05

$\sqrt{}$ Ra 3.2

技术要求
去毛刺。

练习内容	工件名称	材料
铣台阶	垫铁	45

图 3-2　台阶面的铣削用图

知识链接

一、铣削台阶的方法

铣削台阶可分别在卧式铣床和立式铣床上进行，在卧式铣床上铣削台阶时通常采用三面刃铣刀；而在立式铣床上则可用端铣刀、立铣刀进行铣削。

1. 用端铣刀铣削台阶

对于宽而浅的台阶工件，常用端铣刀在立式铣床上进行加工，见图 3-3。端铣刀刀杆刚度高，切削平稳，加工质量好，生产效率高。端铣刀的直径 D 应按台阶宽度尺寸 B 选取，要求 $D \approx 1.5B$。

2. 用立铣刀铣削台阶

对于窄而深的台阶工件，常用立铣刀在立式铣床上加工，见图 3-4。由于立铣刀的刚度低，铣削时的铣刀容易产生"让刀"现象，甚至造成铣刀折断。为此，一般采取分层法粗铣，最后将台阶的宽度和深度精铣至要求。在条件许可的情况下，应选用直径较大的立铣刀铣削台阶，以提高铣削效率。

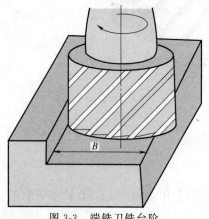

图 3-3　端铣刀铣台阶

图 3-4　立铣刀铣削台阶

二、台阶面的铣削工艺分析

现以如图 3-5 所示的台阶键为例，来进一步介绍台阶面的铣削过程。

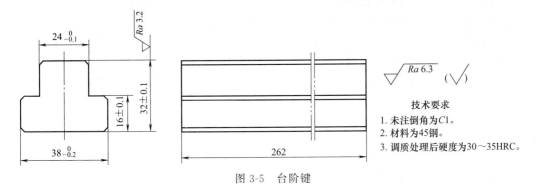

技术要求
1. 未注倒角为C1。
2. 材料为45钢。
3. 调质处理后硬度为30～35HRC。

图 3-5　台阶键

1. 工件的装夹

铣削台阶键时通常采用机床用平口虎钳来装夹工件，若在卧式铣床上用三面刃铣刀铣削，应检查并校正其固定钳口面与主轴轴线垂直，同时也要与工作台纵向进给方向平行（工作台零位要准确）；否则，就会影响所铣台阶的加工质量。若在立式铣床上用端铣刀、立铣刀或键槽铣刀铣削台阶，在装夹工件时，可将固定钳口面校正成与工作台进给方向平行或垂直，如图3-6所示；若铣削倾斜的台阶时，则按其倾斜角度校正固定钳口面与工作台进给方向倾斜。

装夹工件时，应使工件的侧面（基准面）靠向固定钳口面，工件的底面靠向钳体导轨面，并通过垫铁调整装夹高度，使要铣削的台阶的底面略高出钳口上平面一些，以免钳口被铣伤。如图 3-7 所示为用钢直尺检查工件的装夹高度。

图 3-6　固定钳口面的校正

2. 刀具选择

如图 3-8 所示为用三面刃铣刀铣削台阶。铣削前主要需选择铣刀的宽度 L 及其直径 D，并尽量选用错齿三面刃铣刀。铣刀的宽度应大于工件的台阶宽度 B，即 $L>B$。为保证在铣削过程中台阶的上平面能在直径为 d 的铣刀杆下通过（见图3-8），三面刃铣刀的直径 D 应根据台阶高度 t 来确定，即：

$$D>d+2t$$

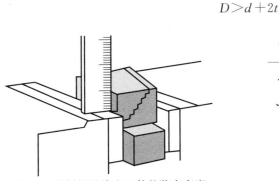

图 3-7　用钢板尺检查工件的装夹高度

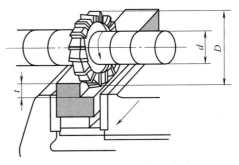

图 3-8　三面刃铣刀铣削台阶

3．台阶面的加工

（1）修铣长方体坯料外形至尺寸

按图样要求，将坯料外形精铣至尺寸 38mm×32mm×262mm，确保尺寸（32±0.1）mm，$38_{-0.1}^{0}$mm 及相邻表面间的垂直度要求，基本方法参见长方体工件的铣削。

（2）确定铣削方案，选择和安装铣刀

根据图 3-5 所示零件图的尺寸可知：台阶宽度为 7mm、深度为 16mm，属于宽度较小的台阶，因此拟采用三面刃铣刀进行铣削。根据公式 $D>d+2t$ 及 $L>B$ 的原则，现可选取 100mm×10mm×32mm（20 齿）的三面刃铣刀。

铣刀安装时在刀杆上的位置应保证工作台横向有足够的调整距离，为防止铣刀松动，可在铣刀与刀杆间安装平键，如图 3-9 所示。

（3）工件的装夹与校正

先将机床平口虎钳的固定钳口校正成与工作台纵向进给方向平行；在平口虎钳的导轨上垫一块宽度小于 32 mm（工件宽度）的平行垫铁，使工件底面与垫铁接触后高出钳口 17mm 左右。将工件的侧面（基准面）靠向固定钳口，底面紧贴垫铁，以保证工件的顶面与工作台面平行。装夹工件时在两侧钳口铁上垫铜皮，以防止夹伤工件两侧面，如图 3-10 所示。

图 3-9　铣刀的安装

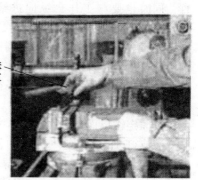

在钳口铁上垫铜皮

图 3-10　工件的装夹

操作时需注意：

① 铣刀安装后，要认真检测铣刀的径向跳动量，跳动量不宜超过 0.03mm。

② 铣削之前，必须严格检测及校正铣床零位、夹具的定位基准和工作台进给方向的垂直度或平行度。

③ 应注意合理选用铣削用量和切削液。

④ 为避免工作台产生窜动现象，铣削时应紧固不使用的进给机构。

（4）选择铣削用量，对刀、调整，进行铣削

根据工件的质量要求，考虑到混合铣削时侧面齿（端面齿）的铣削条件较差，现采用 $f_z=0.03$mm/齿，$v_c=30$m/min，则：

$$n=\frac{1000v_c}{\pi d}=\frac{1000×30}{3.14×100}≈96\text{r/min}$$

$$v_f=fn=f_z zn=0.03×20×95=57\text{mm/min}$$

按铣床铭牌上最接近的数值，实际选取主轴转速为 95r/min，进给速度为 60mm/min。

对刀时，让旋转的铣刀侧刃轻轻擦着工件侧面，垂直降下工件。按台阶宽度 B（7mm）横向移动工作台，并将工作台横向进给机构锁紧。让旋转的铣刀圆周刃擦着工件上表面，进行正面对刀，纵向退出工件，并将工件上升一个台阶深度 t（16mm）。

铣削时，纵向进给铣出一侧台阶，保证规定的尺寸要求。然后纵向退刀，将工作台横向移动一个距离 A，紧固横向进给机构，再铣出另一侧台阶。工作台横移距离 A 由铣刀宽度 B 以及两台阶的距离 C 确定，即：

$$A=B+C=10+24=34$$

由于该台阶键的两侧台阶相互对称，也可在一侧台阶铣好后，将工件掉转 180° 重新装夹，再铣其另一侧面。这样可使台阶的对称性较好，但两台阶间的距离 C 需由台阶的宽度尺寸间接保证。

操作时需注意：

用圆柱形铣刀铣削台阶时只有圆柱面切削刃一侧面参加铣削，铣刀的一个侧面受力，就会使铣刀向不受力一侧偏让而产生"让刀"现象。尤其是铣削较深的窄台阶时，发生的"让刀"现象更为严重，甚至造成打刀。因此，可采用分层法铣削，即将台阶的侧面留 0.5～1mm 的余量，分次进给铣至台阶深度。最后一次进给时，将其底面和侧面同时铣削完成，如图 3-11 所示。

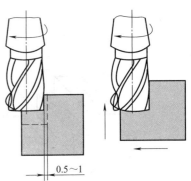

图 3-11　分层铣削法

（5）铣各棱边倒角 C1mm

利用 45° 的单角铣刀铣出各处棱边倒角 C1mm。

4. 检测

（1）宽度的检测

台阶的检测较为简单，其宽度和深度一般可用游标卡尺、游标深度尺或千分尺、深度千分尺进行检测。若台阶深度较浅不便使用千分尺检测时，可用极限量规进行检测。如图 3-12 所示为台阶凸台宽度的检测方法。

(a) 用游标卡尺检测

(b) 用千分尺检测

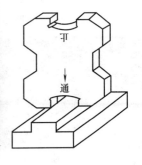

(c) 用极限量规检测

图 3-12　台阶凸台宽度的检测

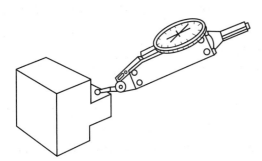

图 3-13　用杠杆百分表检测台阶面的对称度

使用极限量规检测工件时，以其能进入通端而止于止端（即通端通，止端止）为原则，确定工件是否合格。

（2）对称度的检测

台阶面的对称度和平行度可用游标卡尺或杠杆百分表进行检测。检测时以工件的两侧为基准面靠在检测平板上，百分表的触头接触被测部位，移动工件，两次检测百分表的度数差即为对称度或平行度的误差值，如图 3-13 所示。

学习情境三　台阶及沟槽的铣削

三、台阶铣削的质量分析

铣削台阶面时常见的质量问题如图 3-14 所示。

铣削台阶面时，若垫铁不平或装夹工件时工件、机床用平口虎钳及垫铁没有擦拭干净，均会导致台阶平面与下平面不平行，台阶高度尺寸不一致，如图 3-14（a）所示。

若工件的定位基准（固定钳口）与铣床的进给方向不平行，则铣出的台阶两端便会宽窄不一致。如图 3-14（b）所示。

铣削台阶键时，无论是用三面刃铣刀铣削，还是用立铣刀或端铣刀铣削，都是混合铣削，所以，当铣床的零位不准时，用端面刃（或侧面刃）铣削出的平面就会变成一个凹面，如图 3-14（c）所示；同时，用端面刃加工出的表面的表面质量往往要比用周刃铣削出的差。

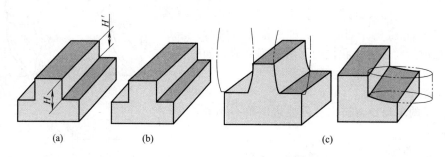

图 3-14　铣削台阶面时常见的质量问题

知识拓展

1. 用三面刃铣刀铣削台阶

图 3-15　三面刃铣刀铣削台阶

在铣削台阶时，三面刃铣刀的圆柱面切削刃起主要的铣削作用，两侧面切削刃起着修光的作用。由于三面刃铣刀的直径、刀齿和容屑槽都比较大，所以刀齿的强度高，冷却和排屑效果好，生产效率高，如图 3-15 所示。因此，在铣削宽度不太大（受三面刃铣刀规格限制，一般刀齿宽度 $B<25\text{mm}$）的台阶时，基本上都采用三面刃铣刀进行铣削。

2. 用组合铣刀铣削双面台阶

成批生产双面台阶键时，常采用两把铣刀组合起来铣削的方法。不仅可以提高生产效率，而且操作简单，并能保证加工质量要求。

用组合铣刀铣削台阶时，应注意仔细调整两把铣刀之间的距离，使其符合台阶凸台宽度尺寸的要求。同时，也要调整好铣刀与工件的铣削位置。

选择铣刀时，两把铣刀必须规格一致，直径相同（必要时将两把铣刀一起装夹，同时在磨床上刃磨其外圆柱面上的切削刃）。

两把铣刀内侧切削刃间的距离由多个铣刀杆垫圈进行间隔调整。通过不同厚度垫圈的换装，使其符合台阶凸台宽度尺寸的铣削要求，如图 3-16 所示。在正式铣削之前，应使用废料进行试铣削，以确定组合铣刀符合工件的加工要求。装刀时，两把铣刀应错开半个刀齿，以减轻铣削中的振动。

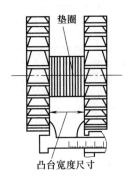

图 3-16　组合铣刀铣削双面台阶

垫圈

凸台宽度尺寸

以图 3-17 的阶梯垫铁为例，编写铣台阶面的工艺过程，具体情况见表 3-1。

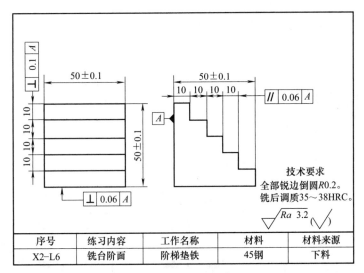

技术要求
全部锐边倒圆R0.2。
铣后调质35～38HRC。
$\sqrt{Ra\ 3.2}$ $\sqrt{}$

序号	练习内容	工作名称	材料	材料来源
X2–L6	铣台阶面	阶梯垫铁	45钢	下料

图 3-17　阶梯垫铁

表 3-1　计划和决策参考表

学习情境	台阶及沟槽的铣削				
学习任务	台阶的铣削			完成时间	
任务完成人	学习小组		组长		成员	
需要学习的 知识和技能	知识：1. 选用铣削台阶的方法 　　　2. 掌握台阶铣削加工过程 　　　3. 掌握零件的检验及质量分析 技能：具备铣削台阶的能力				
小组任务分配	小组任务	任务准备	管理学习	管理出勤、纪律	管理卫生
	个人职责	准备任务的所需物品——立铣刀、量具、工具	认真努力学习并热情辅导小组成员	记录考勤并管理小组成员纪律	组织值日并管理卫生
	小组成员				

安全要求 及注意事项	1. 进入车间要求听指挥,不得擅自行动 2. 不得在车间内大声喧哗、嬉戏打闹 3. 安装工件时,应将钳口、钳底、工件、垫铁擦净 4. 加工时工件必须夹紧 5. 铣床运转中不得变换主轴转速 6. 切削过程中不准测量工件,不准用手触摸工件
完成工作 任务的方案	1. 在立式铣床上用端铣刀铣削垫铁坯料 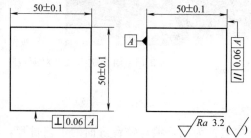 (1)装夹工件,用划线盘校正毛坯待加工的上平面 (2)选择直径100mm左右的端铣刀进行铣削 (3)根据余量情况,采用机动进给分粗精铣铣出基准面 (4)观察加工表面粗糙度,并用刀口尺检测平面度,合格后卸下工件 (5)将刚铣好的平面作定位基准面紧贴固定钳口,按铣削长方体工件的方法步骤完成坯料其他各面的铣削加工 2. 铣削台阶面 (1)平口钳装夹 若在立式铣床上用端铣刀、立铣刀或键槽铣刀铣削台阶,在工件装夹时,可将固定钳口面校正成与工作台进给方向平行或垂直 (2)确定铣削方案,选择铣刀 先铣出上面两级台阶,完成后将工件调转90°重新装夹,再铣出另外两级。选取ϕ36mm的立铣刀进行铣削 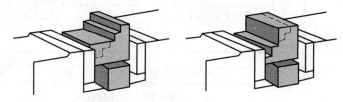 (3)选择切削用量,对刀、调整,进行铣削 粗铣时采用$v_c=20$m/min,进给速度为60mm/min 粗铣时实际主轴转速取190r/min,进给速度取60mm/min 精铣时转速取300r/min,进给速度取37.5mm/min 铣削时对刀调整的方法步骤: 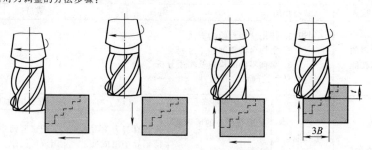 3. 检验 台阶宽度和深度一般可用游标卡尺、深度游标卡尺,或千分尺、深度千分尺进行检测。平行度和对称度用杠杆百分表检测

参照表 3-1，编写任务书中给定图形的工作方案。

表 3-2 计划决策表

学习情境	台阶及沟槽的铣削				
学习任务	台阶的铣削			完成时间	
任务完成人	学习小组		组长	成员	
需要学习的 知识和技能	知识：1. 选用铣削台阶的方法 　　　2. 掌握台阶铣削加工过程 　　　3. 掌握零件的检验及质量分析 技能：具备铣削台阶的能力				
小组任务分配	小组任务	任务准备	管理学习	管理出勤、纪律	管理卫生
	个人职责	准备任务的所需物品——立铣刀、量具、工具	认真努力学习并热情辅导小组成员	记录考勤并管理小组成员纪律	组织值日并管理卫生
	小组成员				
安全要求 及注意事项	1. 进入车间要求听指挥，不得擅自行动 2. 不得在车间内大声喧哗、嬉戏打闹 3. 安装工件时，应将钳口、钳底、工件、垫铁擦净 4. 加工时工件必须夹紧 5. 铣床运转中不得变换主轴转速 6. 切削过程中不准测量工件，不准用手触摸工件				
完成工作 任务的方案					

任务实施

表 3-3 任务实施表

学习情境	台阶及沟槽的铣削				
学习任务	台阶的铣削			完成时间	
任务完成人	学习小组		组长	成员	
	任务实施步骤及具体内容				
步骤	操作内容				
图样分析	加工精度：台阶宽度尺寸为 _____，台阶高度尺寸为 _____；平行度和对称度公差均为_____；加工表面粗糙度为 _____；材料为 _____，切削性能较好，加工时可选用 _____ 铣刀				
拟定加工工艺 与工艺准备	工艺准备： (1) 选择铣床：_____ 铣床 (2) 选择刀具：_____ 均可 (3) 装夹：_____，加装平行垫铁使工件底面略高于 _____ (4) 选择检验测量方法：台阶尺寸用 _____ 尺测量；台阶侧面对工件宽度的对称度用 _____ 进行测量 加工准备： (1) 检验毛坯，形状、尺寸应符合要求 (2) 安装平口钳并校验；安装 _____ 铣刀 (3) 调整铣削用量取 $n=$ _____，进给量 $v_f=$ _____				

零件加工步骤	(1)铣削_____面 (2)以_____面为定位基准,铣出其他各面达到尺寸及位置度要求 (3)换装_____铣刀,并调整铣削用量,取 $n=$_____, $v_f=$_____ (4)校正平口钳与_____平行 (5)以_____面为定位基准,装夹工件;对刀,铣出台阶达到尺寸及对称度要求
检验	用千分尺或游标卡尺检查尺寸公差是否在规定范围内,用百分表检测对称度

 分析评价

表 3-4　台阶的铣削分析评价表

检测内容	检测项目及评分标准			自查结果	教师检测	存在的质量问题及原因分析
	检测项目	分值	评分标准			
1. 准备工作	准备刀具、量具、工具、夹具	6	缺每项扣2分			
2. 技术准备工作	(1)刀具的安装 (2)工件装夹及校正	6	每项未完成扣3分			
3. 方案合理性	工艺安排方案	10	合理10分;较合理8分;不合理,有严重错误0分			
4. 尺寸精度	32mm±0.05mm(3处)	3×6	超差0.02mm扣2分			
	$8_{-0.1}^{0}$mm(2处)	20×10	超差0.02mm扣2分			
	$12_{-0.05}^{0}$mm	10	超差0.02mm扣2分			
5. 位置精度	∥ 0.05 A	5	超差0.02mm扣2分			
	≡ 0.05 A	5	超差0.02mm扣2分			
6. 表面质量	$Ra3.2\mu m$(10处)	10×1	不符合要求扣1分			
7. 安全操作文明生产	无人身、机具事故,文明操作,清洁工、量具等	10	损坏机具扣5分,发生事故不给分。不文明操作,未清洁,打扫机床等,每项扣1分			
总分						
指导教师的意见和建议						

任务二　直角沟槽的铣削

 任务描述

在机械产品中带有直角沟槽的零件有很多。在铣床上铣削直角沟槽的工作量仅次于铣削平面。按照零件图的要求在正方体上铣削直角沟槽,具体尺寸如图3-18所示。

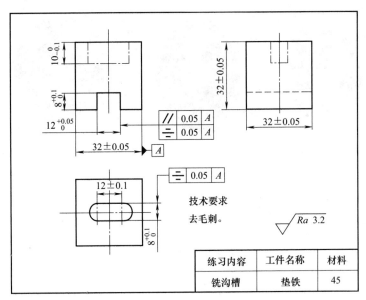

图 3-18 垫铁

练习内容	工件名称	材料
铣沟槽	垫铁	45

技术要求
去毛刺。

$\sqrt{}$ Ra 3.2

知识链接

一、直角沟槽的种类

通常直角沟槽有通槽、半通槽（也称半封闭槽）和封闭槽三种形式，如图 3-19 所示。

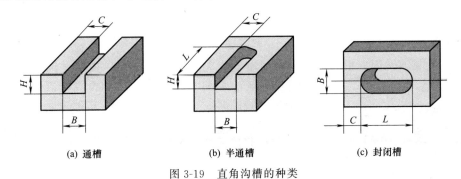

(a) 通槽   (b) 半通槽   (c) 封闭槽

图 3-19 直角沟槽的种类

二、铣削直角沟槽的方法

1. 铣削直角沟槽的铣刀

铣削直角沟槽常用的铣刀有三面刃铣刀、立铣刀和键槽铣刀等，此外，还有合成铣刀和盘形槽铣刀。

（1）三面刃铣刀 三面刃铣刀有直齿三面刃铣刀和错齿三面刃铣刀两种类型，如图3-20所示。直齿三面刃铣刀的刀齿在圆柱面上与铣刀轴线平行，铣削时振动较大。错齿三面刃铣刀的刀齿在圆柱面上向两个相反的方向倾斜，具有螺旋齿铣刀铣削平稳的优点。大直径的错齿三面刃铣刀多为镶齿式结构，当某一刀齿损坏或用钝时，可随时对刀齿进行更换。

（2）合成铣刀 合成铣刀是由两半部分镶合而成的。当铣刀刀齿因刃磨后宽度变窄时，在其中间加垫圈或垫片即可保证铣削宽度，如图3-21（a）所示。合成铣刀的切削性能较好，生产效率也较高，但是这种铣刀的制造很复杂，所以限制了其使用的广泛性。

(a) 直齿三面刃铣刀

(b) 错齿三面刃铣刀

(c) 镶齿式三面刃铣刀

图 3-20　三面刃铣刀

（3）盘形槽铣刀　盘形槽铣刀简称槽铣刀，如图 3-21（b）所示，其切削刃分布在圆柱面上，在其刀齿两侧没有切削刃。因此，槽铣刀的切削效果不如三面刃铣。其优点是：槽铣刀刀齿的背部做成铲齿形状。当刀齿需要刃磨时，只需刃磨其前面即可使用，刃磨后的刀齿形状和宽度都不会改变。这种铣刀适用于大批量加工尺寸相同的直角沟槽。

(a) 合成铣刀

(b) 盘形槽铣刀

图 3-21　合成铣刀与盘形槽铣刀

2. 用立铣刀铣削直角沟槽

（1）用立铣刀铣削直角通槽

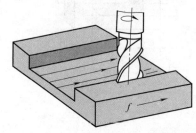

图 3-22　用立铣刀扩铣直通槽

当直通槽宽度大于 25mm 时，一般用立铣刀采用扩铣法进行加工，如图 3-22 所示；或用合成铣刀铣削，当用合成铣刀铣削时，工件的装夹与对刀的方法与三面刃铣刀铣削方法基本相同。

（2）用立铣刀铣削半通槽　半通槽多采用立铣刀进行铣削，如图 3-23 所示。用立铣刀铣削半通槽时，所选择的立铣刀直径应等于或小于槽的宽度。由于立铣刀的刚度较低，铣削时易产生"偏让"现象，甚至使铣刀折断。在铣削较深的槽时，可采用分层铣削的方法，先粗铣至槽的深度尺寸，再扩铣至槽的宽度尺寸。扩铣时，

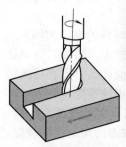

图 3-23　用立铣刀铣削半通槽

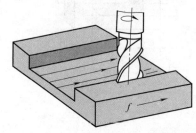

铣削加工技术

应尽量避免顺铣。

（3）用立铣刀铣削封闭槽　用立铣刀铣削封闭槽时，由于立铣刀的端面刃的中心部分有中心孔，不能垂直进给铣削工件。在加工封闭槽之前，应先在槽的一端预钻一个落刀孔（落刀孔的直径应小于铣刀直径），并由此落刀孔落下铣刀进行铣削。在铣削较深的槽时，可用分层铣削的方法完成，待铣透后，再扩铣至长度尺寸。用立铣刀铣削封闭槽的方法如图 3-24 所示，其铣削过程如图 3-25 所示。

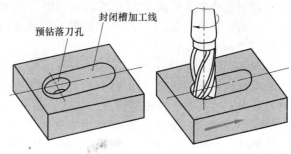

(a) 划加工位置线预钻落刀孔　　　　(b) 在落刀孔位置开始铣削

图 3-24　用立铣刀铣削封闭槽的方法

(a) 预钻落刀孔　　　(b) 初铣　　　(c) 扩铣　　　(d) 铣削完成

图 3-25　用立铣刀铣削封闭槽的过程

三、直角沟槽的铣削工艺分析

现以如图 3-26 所示的压板为例，来介绍直角沟槽铣削过程。

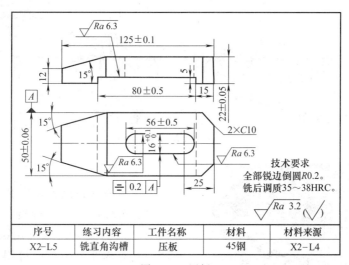

序号	练习内容	工件名称	材料	材料来源
X2-L5	铣直角沟槽	压板	45钢	X2-L4

图 3-26　压板

1. 分析、选择适当的铣削方案

由于如图 3-26 所示的压板上包含了直角沟槽和封闭槽两部分加工内容，所以选择在立式铣床上用立铣刀加工较为合理。因为立铣刀既可用来铣削直通槽，又可用来铣削封闭槽，这样可在一台铣床上完成全部加工内容，可以大大简化铣削时装夹、调整、换刀的操作过程。加工前，先按图3-26上的尺寸要求在工件表面划出沟槽的位置和轮廓线，并打上样冲眼，如图3-27所示。

2. 铣削 (80±0.5)mm ×5mm 的直通槽

校准机床用平口虎钳的固定钳口，使其与纵向进给方向平行。用压板的侧面紧贴固定钳口进行装夹，装夹时选择适当高度的垫铁，使工件底面高出钳口6～7mm；再选择一把直径为30mm的立铣刀，如图3-28所示为在立式铣床上扩铣直通槽。

铣削时利用侧面及顶面擦刀法对刀，将铣刀调整至要铣削的位置（15mm）和深度（5mm）。调整好铣削用量（$n=235$r/min，$v_f=60$mm/min）。

采用扩刀法铣出 (80±0.5)mm×5mm 的直通槽。扩刀铣削时，每次纵向扩移量通常取铣刀直径的1/2～2/3，以保证铣出的刀纹均匀、美观，并确保槽宽尺寸为 (80±0.5)mm。

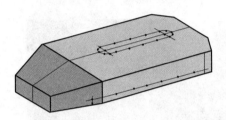

图 3-27　划沟槽的位置、轮廓线并打样冲眼

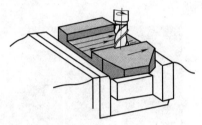

图 3-28　在立铣床上扩铣直角通槽

3. 铣削 (56± 0.5)mm ×$16^{+0.1}_{0}$mm 的封闭槽

选用$\phi12$～14mm的麻花钻，在封闭槽圆弧中心处钻好落刀孔。然后换上$\phi14$mm的立铣刀，调整好铣刀位置，锁紧横向进给机构。顺着落刀孔落下铣刀，采用手动进给进行粗铣，再换上$\phi16$mm的立铣刀进行精铣，如图3-29所示。完成铣削后，清理毛刺，卸下工件并对其进行检测。

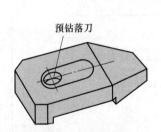

预钻落刀

在落刀孔位置开始铣削

图 3-29　在立式铣床上铣削封闭槽

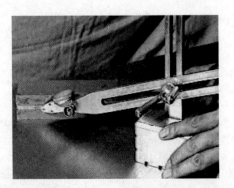

图 3-30　用杠杆百分表检测直角沟槽的对称度

4. 检测

直角沟槽的长度、宽度和深度一般使用游标卡尺、游标深度尺进行检测。工件尺寸精度较高时，槽的宽度尺寸可用极限量规（塞规）检测。其对称度或平行度可用游标卡尺或杠杆百分表进行检测。检测时，分别以工件两侧面为基准面靠在平板上，然后使杠杆百分表的测头触到工件的槽侧面上，平移工件进行检测，两次检测所得百分表的读数差值就是其对称度

（或平行度）误差值，如图 3-30 所示。

尺寸检测合格后，转热处理工序进行调质处理。

操作时需注意：在采用直柄立铣刀或键槽铣刀铣削直角沟槽时，铣刀是采用弹簧夹头来装夹的，若装夹得不够紧固，则铣削过程中铣刀在轴向铣削抗力的作用下会被逐渐从夹头中拔出，这一现象俗称"扎刀"。这样就使得沟槽越铣越深，甚至造成铣刀折断和工件报废。所以，用直柄铣刀加工直角沟槽时一定要注意铣刀安装得是否牢固。

四、直角沟槽铣削质量分析

1. 影响沟槽尺寸精度的因素

（1）铣刀尺寸选择不正确或扩刀铣削时尺寸进给不准确。

（2）铣刀的径向跳动量及端面跳动量过大，使槽宽尺寸增大。

（3）采用直柄立铣刀或键槽铣刀铣削直角沟槽时，铣刀"让刀"或"扎刀"。

2. 影响沟槽形状精度和位置精度的因素

（1）机床用平口虎钳的固定钳口未校正，工件及垫铁未擦拭干净，致使铣削出的沟槽歪斜（与侧面不平行或两端深浅不一致）。

（2）工作台零位不准，使用三面刃铣刀铣出的沟槽侧面成凹面，不平行。

（3）对刀不准确，扩铣时铣偏，测量不准确等原因都可能使铣出的沟槽两侧与工件中心不对称。

 **知识拓展**

1. 用三面刃铣刀铣削直角沟槽

所选择的三面刃铣刀的宽度 L 应等于或小于所加工工件的槽宽 B，即 $L \leqslant B$；三面刃铣刀的直径应大于刀杆垫圈直径 d 与两倍的沟槽深度 H 之和，即 $D > d + 2H$，如图 3-31 所示。对于槽宽 B 的尺寸精度要求较高的沟槽，通常选择宽度小于槽宽的三面刃铣刀，采用扩刀法分两次或两次以上铣削至要求。

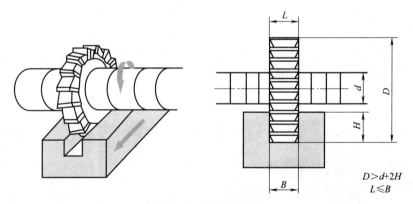

图 3-31　铣刀的选择

工件的装夹与对刀的方法如下。

（1）工件的装夹　一般情况下采用机床用平口钳装夹工件。铣削窄长的直通槽时，平口钳的固定钳口面应与铣床主轴轴线垂直；在窄长工件上铣削垂直于工件长度方向的直通槽时，平口钳的固定钳口面应与铣床主轴轴线平行。见图 3-32、图 3-33，这样可以保证铣出的直通槽两侧面与工件的基准面平行或垂直。

（2）对刀方法　工件上的直通槽平行于其侧面，在装夹及校正工件之后，采用侧擦法进

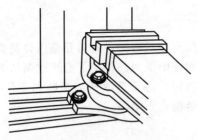

图 3-32　固定钳口面与主轴轴线垂直

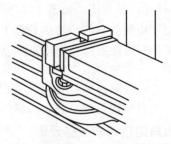

图 3-33　固定钳口面与主轴轴线平行

行对刀。对刀时先让侧面切削刃轻擦工件侧面，然后垂直降落工作台。使工作台横向移动一个等于铣刀宽度 L 加槽侧面距离 C 的位移量 A，即 $A = L + C$。将横向进给机构紧固后，按槽的铣削深度上升工作台，即可对工件进行铣削。见图 3-34。

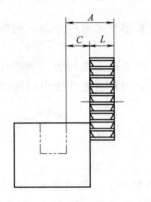

图 3-34　对刀方法

2. 用键槽铣刀铣削封闭槽

由于键槽铣刀的整个端面刃能在垂直进给时铣削工件。所以，用键槽铣刀铣削封闭槽时无须预钻落刀孔，即可直接落刀对工件进行铣削。常用于加工高精度的、较浅的半通槽和不穿通的封闭槽。在铣削较深的沟槽时，若一次铣到深度，同样在铣削时也易产生"偏让"现象，甚至使铣刀折断。这时可采用对深度尺寸递进进给、分层铣削的方法完成。其铣削过程如图 3-35 所示。

(a) 直接落刀　　　　(b) 进刀初铣　　　　(c) 分层进刀铣削　　　　(d) 扩铣端部完成铣削

图 3-35　键槽铣刀铣削封闭槽

计划决策

现以如图 3-26 所示的压板为例，来编写直角沟槽铣削加工工艺过程。

表 3-5　计划决策参考表

学习情境	台阶及沟槽的铣削			
学习任务	直角沟槽的铣削		完成时间	
任务完成人	学习小组	组长	成员	
需要学习的知识和技能	知识:1. 选用铣削沟槽的方法 　　　2. 掌握沟槽铣削加工过程 　　　3. 掌握零件的检验及质量分析 技能:具备铣削沟槽的能力			
小组任务分配	小组任务	任务准备	管理学习	管理出勤、纪律	管理卫生
	个人职责	准备任务的所需物品——立铣刀、量具、工具	认真努力学习并热情辅导小组成员	记录考勤并管理小组成员纪律	组织值日并管理卫生
	小组成员				
安全要求及注意事项	1. 进入车间要求听指挥,不得擅自行动 2. 不得在车间内大声喧哗、嬉戏打闹 3. 安装工件时,应将钳口、钳底、工件、垫铁擦净 4. 加工时工件必须夹紧 5. 铣床运转中不得变换主轴转速 6. 切削过程中不准测量工件,不准用手触摸工件			
完成工作任务的方案	1. 图样分析 2. 钳工划线 加工前,先按尺寸要求在工件表面划出沟槽的位置、轮廓线,并打上样冲眼 3. 在平口钳上装夹工件 4. 安装 $\phi 30$mm 立铣刀 5. 选择铣削用量 $n = 235$r/min, $v_\mathrm{f} = 60$mm/min 6. 铣削 80mm×5mm 的直角通槽 7. 铣削 56mm×16mm 的封闭槽 (1) $\phi 12 \sim 14$mm 麻花钻,在封闭槽圆弧中心处钻好落刀孔 (2) $\phi 16$mm 的立铣刀,调整好铣刀位置,锁紧横向进给 (3) 顺落刀孔落下铣刀,采用手动进给完成铣削 8. 清理毛刺 9. 检验 10. 合格后,转热处理			

参照表 3-5,编写任务书中给定图形的工作方案。

表 3-6　直角沟槽的铣削计划决策表

学习情境	台阶及沟槽的铣削			
学习任务	直角沟槽的铣削		完成时间	
任务完成人	学习小组	组长	成员	
需要学习的知识和技能	知识:1. 选用铣削沟槽的方法 　　　2. 掌握沟槽铣削加工过程 　　　3. 掌握零件的检验及质量分析 技能:具备铣削沟槽的能力			

95

小组任务分配	小组任务	任务准备	管理学习	管理出勤、纪律	管理卫生
	个人职责	准备任务的所需物品——立铣刀、量具、工具	认真努力学习并热情辅导小组成员	记录考勤并管理小组成员纪律	组织值日并管理卫生
	小组成员				

安全要求及注意事项	1. 进入车间要求听指挥,不得擅自行动 2. 不得在车间内大声喧哗、嬉戏打闹 3. 安装工件时,应将钳口、钳底、工件、垫铁擦净 4. 加工时工件必须夹紧 5. 铣床运转中不得变换主轴转速 6. 切削过程中不准测量工件,不准用手触摸工件
完成工作任务的方案	

任务实施

表 3-7　任务实施表

学习情境	台阶及沟槽的铣削			
学习任务	直角沟槽的铣削		完成时间	
任务完成人	学习小组	组长	成员	
任务实施步骤及具体内容				
步骤	操作内容			
图样分析	加工精度分析: 直角沟槽的宽度为_____,深度为_____;直角沟槽对外形尺寸 50mm 的对称度为_____ 表面粗糙度分析:工件的表面粗糙度均为_____ 材料分析:材料为_____,切削性能较好,可选用_____铣刀 形体分析:宜采用_____装夹			
加工工艺与工艺准备	工艺准备: (1)选择铣床:选_____铣床 (2)选择刀具:根据直角沟槽的宽度、深度、材料选用_____铣刀 (3)选择装夹方式:选用_____装夹工件 (4)质量检验的量具有_____			
	加工准备: (1)检验毛坯 (2)安装、找正机用平口钳 (3)在工件表面划线 (4)装夹和找正工件 (5)安装铣刀 (6)选择铣削用量:按工件材料及精度要求选转速_____,进给量_____			
加工步骤	直角沟槽铣削加工: (1)移动工作台到切削位置,使工件与铣刀齿刚刚接触,不要转动铣刀,然后用游标卡尺测量工件基准面至铣刀侧面的距离_____,调整工作台位置,直到测量距离达到图样要求为止 (2)粗铣可在工件上划出_____,加工中直接按照_____对刀 (3)加工中,切削位置确定后,要拧紧_____手柄,以免切削中工作台位置移动			
检验	直角沟槽的宽度尺寸可用_____测量,深度用游标卡尺或_____测量 直角沟槽对工件宽度的对称度测量与台阶对称度测量采用同样方式			

 分析评价

表 3-8　直角沟槽的铣削分析评价表

检测内容	检测项目及评分标准			自查结果	教师检测	存在的质量问题及原因分析
	检测项目	分值	评分标准			
1. 准备工作	准备刀具、量具、工具、夹具	5	缺每项扣 2 分			
2. 技术准备工作	(1)刀具的安装 (2)工件装夹及校正	5	每项未完成扣 3 分			
3. 方案合理性	工艺安排方案	10	合理 10 分；较合理 8 分；不合理，有严重错误 0 分			
4. 尺寸精度	$8^{+0.1}_{0}$(2 处)	2×5	超差 0.02mm 扣 2 分			
	$12^{+0.05}_{0}$	10	超差 0.02mm 扣 2 分			
	12±0.1	10	超差 0.02mm 扣 2 分			
	$10^{0}_{-0.1}$	10	超差 0.02mm 扣 2 分			
5. 位置精度	⌀ 0.05 A	5	超差 0.02mm 扣 1 分			
	≡ 0.05 A	2×5	超差 0.02mm 扣 1 分			
6. 表面质量	$Ra3.2\mu m$(15 处)	15×1	不符合要求扣 1 分			
7. 安全操作文明生产	无人身、机具事故，文明操作，清洁工、量具等	10	损坏机具扣 5 分，发生事故不给分。不文明操作，未清洁、打扫机床等，每项扣 1 分			
总分						
指导教师的意见和建议						

任务三　平键槽的铣削

 任务描述

平键主要用来连接轴与轴上零件，以此来传递运动和动力。本任务将学习各种平键槽的铣削方法，并采用键槽铣刀完成一平键槽的铣削，如图 3-36 所示。

 知识链接

一、平键槽的类型

平键槽有多种形式，常见的形式有通槽、半通槽和封闭槽，如图 3-37 所示。

无论哪种形式，平键槽的两侧面均有较高的表面质量要求，以及极高的宽度尺寸精度要求和对称度要求。一般通键槽大都用盘形铣刀铣削，封闭键槽多采用键槽铣刀铣削。

二、平键槽的铣削

1. **轴类零件的装夹方法**

轴类零件的装夹不但要保证工件在加工中稳定、可靠，还要保证工件的轴线位置不变，保证键槽的中心平面通过其轴线。生产中常用的装夹方法有机床平口钳装夹、V 形垫铁装

97

学习情境三　台阶及沟槽的铣削

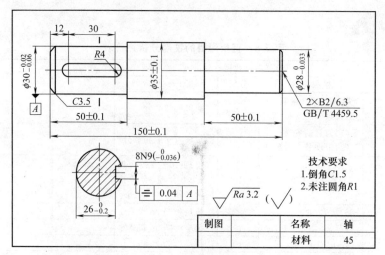

图 3-36 轴类零件

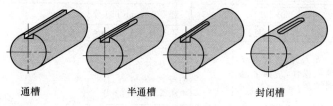

图 3-37 平键槽的形式

夹、分度头定心装夹等，具体方法如下：

（1）用机床用平口钳装夹轴类零件　用机床用平口钳装夹轴类零件（见图 3-38）的方法简便、稳固，但当工件直径发生变化时，工件轴线在左右（水平位置）和上下方向都会产生移动。在采用定距切削时，会影响键槽的深度尺寸和对称度。此法常用于单件生产。

若想成批地在平口虎钳上装夹工件铣削键槽，必须是直径公差很小的、经过精加工的工件。

在平口钳上装夹工件铣削键槽时需要校正钳体的定位基准，以保证工件的轴线与工作台进给方向平行，同时也与工作台面平行。

（2）用 V 形垫铁装夹轴类零件　把轴类零件置于 V 形垫铁（又称 V 形架、V 形铁）内，并用压板进行紧固的装夹方法是铣削平键槽常用的、比较精确的定位方法之一，如图 3-39 所示。

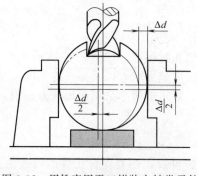

图 3-38　用铣床用平口钳装夹轴类零件

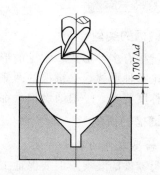

图 3-39　用 V 形垫铁装夹轴类零件

在 V 形垫铁上，当一批工件的直径因加工误差而发生变化时，工件的轴线只能沿 V 形槽的角平分面上下移动变化。虽然会影响槽的深度尺寸，但能保证其对称度不发生变化，且槽的深度变化量一般不会超过槽深的尺寸公差（$0.707\Delta d$）。因此适用于大批量加工。

若要装夹的轴类零件较长时，可用两个成对制造的同规格 V 形架来装夹，如图 3-40 所示。安装 V 形架时可用定位键定位，其方法如图 3-41 所示。

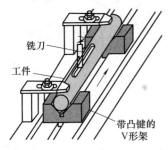

图 3-40 用一对 V 形架来装夹工件

图 3-41 安装 V 形架时用定位键定位

（3）在工作台上直接装夹轴类零件 对于直径为 $20\sim60$mm 的长轴工件，可将其直接放在工作台中间的 T 形槽上，用压板夹紧后铣削轴上的键槽，如图 3-42 所示。此时，T 形槽槽口的倒角斜面起着 V 形槽的定位作用。因此，只要工件的圆柱面与槽口倒角斜面相切即可。

铣削长轴上的通槽或半通槽时，其深度可一次铣成。铣削时，由工件端部先铣入一段长度后停车，将压板调整到已铣好的位置，并在工件和压板之间垫铜皮后夹紧。观察铣刀碰不着压板后再开车继续铣削。

（4）用分度头装夹 用分度头定中心装夹轴类零件如图 3-43 所示。这种装夹方法使工件的轴线位置不因其直径的变化而变动，因此，铣出平键槽的对称度也不受工件直径变化的影响。使用之前，要用标准量棒校正上素线和侧素线，保证标准量棒的上素线与工作台面平行；侧素线与纵向进给方向平行。

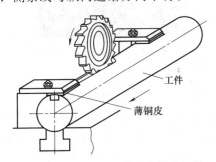

图 3-42 在工作台直接装夹轴类工件

图 3-43 用分度头定中心装夹轴类零件

2. 铣削键槽时铣刀对刀方法

为保证平键槽对称于工件轴线，必须调整好铣刀的铣削位置，使键槽铣刀的轴线或盘形铣刀的对称平面通过工件轴线（俗称铣刀对中心）。常采用按切痕调整对中心、擦侧面调整对中心、用测量法对中心以及用杠杆百分表调整对中心四种方法，具体方法如下：

（1）按切痕调整对中心 三面刃铣刀按切痕对中心时，先让旋转的铣刀接近工件的上表面，通过横向进给，铣刀在工件表面铣出一个椭圆形的切痕。然后横向移动工作台，将铣刀宽度目测调整到椭圆的中心位置，即完成铣刀对中心，如图 3-44 所示。这种方法使铣刀对中心的准确性不高。

学习情境三 台阶及沟槽的铣削

用键槽铣刀按切痕对中心的原理和方法与盘形铣刀按切痕对中心相同，只是键槽铣刀铣出的切痕是一个矩形小平面。铣刀对中心时，将旋转的铣刀调整到小平面的中间位置即可，如图 3-45 所示。

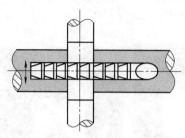

图 3-44　三面刃铣刀按切痕对中心

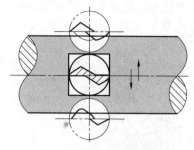

图 3-45　键槽铣刀按切痕对中心

（2）擦侧面调整对中心　擦侧面调整对中心的方法精度较高。调整时，先在直径为 D 的轴上贴一张厚度为 δ 的薄纸，将宽度为 L 的盘形铣刀（或直径为 d 的键槽铣刀）逐渐靠向工件，当回转的铣刀切削刃擦到薄纸后，垂直降下工作台，将工作台横向移动一个距离 A，即可实现对中心，如图 3-46 所示。

使用盘形铣刀时，$A = \dfrac{D+L}{2} + \delta$；使用键槽铣刀时，$A = \dfrac{D+d}{2} + \delta$。

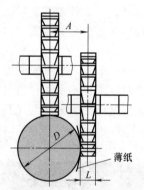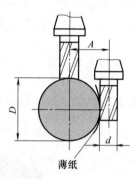

图 3-46　擦侧面调整对中心

图 3-47　测量法对中心

（3）测量法对中心　工件利用机床用平口钳装夹时，可在铣床主轴上先装夹一根与铣刀直径相近的量棒，通过用游标卡尺测量量棒与两侧钳口间的距离来进行调整，当两侧距离相等时，铣床主轴即位于工件的中心。卸下量棒，换上键槽铣刀即可进行铣削，如图 3-47 所示。

（4）用杠杆百分表调整对中心　用杠杆百分表调整对中心的方法精度最高，适于在立式铣床上采用。调整时，将杠杆百分表固定在铣床主轴上，用手转动主轴，参照百分表的读数可以精确地移动工作台，实现准确对中心，如图 3-48 所示。

若采用钟面式百分表进行调整，其校对方法如图 3-49 所示。将用十字表杆固定在主轴上的百分表的回转半径调整到小于工件半径的一半，调整工件位置，使工件端面大致处于百

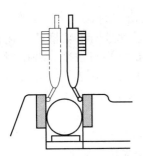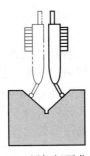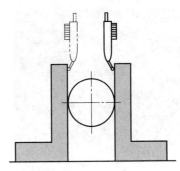

图 3-48　用杠杆百分表调整对中

分表回转圆三分之二直径的位置。扳动主轴，观察百分表在轴两侧最低处的读数是否相等；若不相等，通过调整工作台横向位置，使百分表在两侧最低点读数相等为止。此时机床主轴中心就对准了工件中心。

3. 平键槽的铣削方法

在铣削平键槽时，为避免铣削力使工件产生振动和弯曲，应在轴的铣削部位的下面用千斤顶进行支撑，如图 3-50 所示。为了进一步校准对中是否准确，在铣刀开始切削到工件时，不浇注切削液。手动进给缓慢移动工作台，若轴的一侧先出现台阶，则说明铣刀还未对准中心。应将工件出现台阶的一侧向着铣刀做横向微调，直至轴的两侧同时出现等高的小台阶（即铣刀对准中心）为止，如图 3-51 所示。

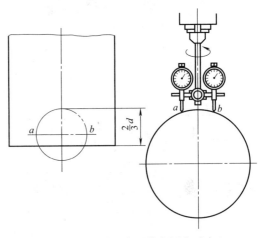

图 3-49　用钟面式百分表调整对中

图 3-50　用千斤顶支承铣削部位

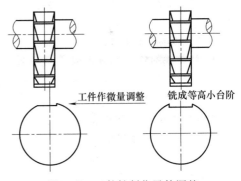

图 3-51　工件铣削位置的调整

（1）盘形铣刀铣削键槽　若平键槽为通槽或一端为圆弧形的半通槽，一般都采用三面刃铣刀或盘形铣刀进行铣削，如图 3-52 所示。若平键槽为封闭槽或一端为直角的半通槽，一般采用键槽铣刀进行铣削。使用盘形铣刀铣削平键槽时，应按照键槽的宽度尺寸选择盘形铣刀的宽度。工件装夹完毕并调整铣刀对中后进行铣削。将旋转的铣刀主切削刃与工件圆柱表面（上素线）接触时，纵向退出工件，按键槽深度将工作台上升；然后将横向进给机构锁紧，即可开始铣削键槽。

（2）用键槽铣刀铣削封闭键槽　用键槽铣刀铣削封闭键槽时，有分层铣削法和扩刀铣削

图 3-52　用盘形铣刀铣键槽

法两种方法。

分层铣削法是指在每次进刀时，铣削深度 a_p 取 0.5～1.0mm，手动进给由轴槽的一端铣向另一端。然后再吃刀，重复进行铣削。铣削时，应注意轴槽两端长度方向要各留 0.2～0.5mm 的余量。在逐次铣削达到轴槽深度后，最后铣去两端的余量，使其符合长度要求，如图 3-53 所示。此法主要适用于长度较短、生产数量不多的轴槽的铣削。

扩刀铣削法是指先用直径比槽宽尺寸略小的铣刀分层往复地粗铣至槽深，槽深留余量 0.1～0.3mm；槽长两端各留余量 0.2～0.5mm，再用符合轴槽宽度尺寸的键槽铣刀进行精铣，如图 3-54 所示。

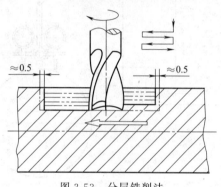

图 3-53　分层铣削法

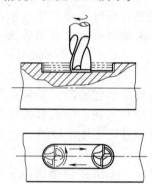

图 3-54　扩刀铣削法

由于键槽的铣削技术要求中不但槽宽有较高的尺寸精度要求，而且键槽的直线度、两侧面与轴线的对称度等形状和位置精度的要求也很高。这就要求在铣削过程中要尽量减少各种降低精度的因素对铣削过程的影响。所以，用分层铣削法或扩刀铣削法主要可以达到以下目的：

① 减小轴向铣削力，避免"扎刀"。

② 用来铣削键槽的键槽铣刀或立铣刀一般直径均较小，刚度低，加上齿数少，切削时受力不均匀。若切削过深，极易产生偏让和打刀，用分层铣削法可减少"让刀"。对主要参与切削的铣刀端面刃进行修磨时，可不改变铣刀的直径。

另外，一次切削到深度时，铣刀过大的径向偏让会影响键槽的直线度，而用扩刀法铣削时，可通过扩铣将粗铣时产生的误差消除或减少。

4. 键槽的检测方法

键槽的检测内容主要包括键槽宽度的检测、键槽深度的检测及两侧面相对轴线的对称度的检测。其检测的具体方法如下：

(1) 键槽宽度的检测　键槽的宽度可用游标卡尺测量或用塞规来检测。用塞规检测时，键槽以"通端通，止端止"为合格，如图 3-55 所示。

(2) 键槽深度的检测　键槽的深度可用千分尺直接进行检测。当槽宽较窄，用千分尺无法直接测量时，可用量

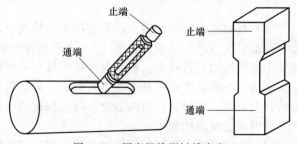

图 3-55　用塞规检测键槽宽度

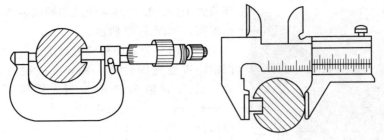

图 3-56 键槽深度的检测

块配合游标卡尺或千分尺间接检测键槽的深度，如图 3-56 所示。

（3）键槽对称度的检测　检测时，先将一块厚度与轴槽尺寸相同的平行量块塞入轴槽内，用百分表校正量块的 A 平面与平板或工作台面平行，并记下百分表的读数。工件转过180°，再用百分表校正量块的 B 平面与平板或工作台面平行，并记下百分表的读数。两次读数的差值就是轴槽的对称度误差，如图 3-57 所示。

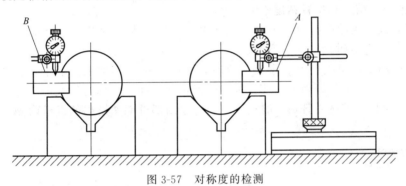

图 3-57　对称度的检测

三、键槽的铣削工艺过程

现以如图 3-58 所示的轴上平键槽的铣削为例介绍键槽的加工工艺过程。

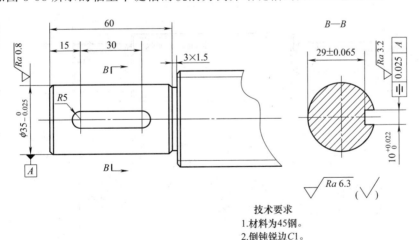

技术要求
1.材料为45钢。
2.倒钝锐边C1。

图 3-58　铣削轴上平键槽

其加工工艺过程如下：
（1）安装机床用平口钳，并将固定钳口校正成与工作台纵向进给方向一致。
（2）在机床用平口钳的导轨上放置一宽度小于 40mm 的、适当高度的平行垫铁，校正

图 3-59 在平口钳上装夹工件

并装夹工件。装夹时应注意用铜锤或木锤将工件与垫铁敲实，如图 3-59 所示。

（3）用百分表调整铣刀对准工件的中心，然后紧固横向进给机构。安装 $\phi 8mm$ 的键槽铣刀，再调整键槽铣刀的轴向铣削位置，使铣刀中心距端面 15mm。取 $n = 475r/min$，$a_p = 0.2\sim 0.3mm$ 进行分层粗铣。槽深留余量 $0.2\sim 0.3mm$；槽长两端各留 $0.2\sim 0.5mm$ 的余量；换装 $\phi 10mm$ 的键槽铣刀或立铣刀精铣键槽至尺寸。

四、键槽的质量分析

（1）键槽宽度尺寸精度不够的原因

① 选择铣刀后没有试铣，尺寸不正确或扩铣时尺寸进给不准确。

② 立铣刀的径向跳动量及盘形铣刀的端面跳动量过大，使槽宽尺寸增大。

（2）键槽形状精度和位置精度不够的原因

① 采用立铣刀或键槽铣刀铣削时，铣削深度过大，进给量过大，造成铣刀向受力小的一侧"让刀"，会造成键槽扩大、弯曲。

② 用机床用平口钳或 V 形架装夹工件时，平口钳或 V 形架未校正好，工件及垫铁未擦拭干净，或工件有大小头等因素，使铣削出的键槽两侧面及底面与轴线不平行。

③ 对刀不准确，扩铣时铣偏，测量不准确等原因都可能使铣出的键槽两侧与工件中心不对称。

计划决策

以图 3-60 的花键轴为例，编写键槽加工的工艺过程，具体情况见表 3-9。

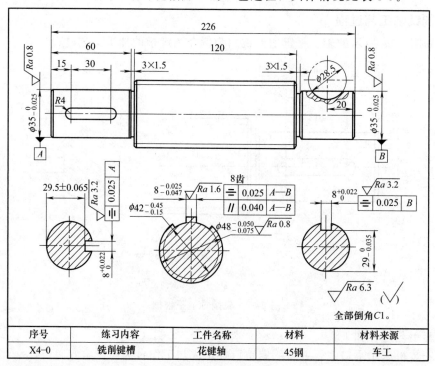

序号	练习内容	工件名称	材料	材料来源
X4-0	铣削键槽	花键轴	45钢	车工

图 3-60　花键轴

表 3-9　计划决策参考表

学习情境	台阶及沟槽的铣削				
学习任务	平键槽的铣削			完成时间	
任务完成人	学习小组		组长		成员
需要学习的 知识和技能	知识:1. 选用铣削键槽的对刀方法 　　2. 掌握轴类零件的装夹方法 　　3. 掌握键槽的铣削方法 　　4. 掌握零件的检验及质量分析 技能:具备铣削键槽的能力				
小组任务分配	小组任务	任务准备	管理学习	管理出勤、纪律	管理卫生
	个人职责	准备任务的所需物品——键槽铣刀、量具、工具	认真努力学习并热情辅导小组成员	记录考勤并管理小组成员纪律	组织值日并管理卫生
	小组成员				
安全要求 及注意事项	1. 进入车间要求听指挥,不得擅自行动 2. 不得在车间内大声喧哗、嬉戏打闹 3. 安装工件时,应将钳口、钳底、工件、垫铁擦净 4. 加工时工件必须夹紧 5. 铣床运转中不得变换主轴转速 6. 切削过程中不准测量工件,不准用手触摸工件				
完成工作 任务的方案	1. 图样分析 2. 钳工划线打好样冲眼 3. 安装平口钳 要求平口钳的固定钳口应与工作台纵向进给方向平行 4. 装夹工件 装夹时应注意用铜锤或木榔头将工件与垫铁敲实 5. 调节立铣头的中心对准工件中心 6. 安装 $\phi6$mm 键槽铣刀 7. 选择铣削用量 取 $n=475$r/min, $a_p=1$mm 进行分层粗铣。槽深留余量 $0.1\sim0.3$mm;槽长两端各留 $0.2\sim0.5$mm余量 8. 换装 $\phi8$mm 键槽铣刀精铣 9. 去毛刺 10. 检验并质量分析				

参照表 3-9,编写任务书中给定图形的工作方案。

表 3-10　计划决策表

学习情境	台阶及沟槽的铣削				
学习任务	平键槽的铣削			完成时间	
任务完成人	学习小组		组长		成员
需要学习的 知识和技能	知识:1. 选用铣削键槽的对刀方法 　　2. 掌握轴类零件的装夹方法 　　3. 掌握键槽的铣削方法 　　4. 掌握零件的检验及质量分析 技能:具备铣削键槽的能力				
小组任务分配	小组任务	任务准备	管理学习	管理出勤、纪律	管理卫生
	个人职责	准备任务的所需物品——键槽铣刀、量具、工具	认真努力学习并热情辅导小组成员	记录考勤并管理小组成员纪律	组织值日并管理卫生
	小组成员				

安全要求 及注意事项	1. 进入车间要求听指挥,不得擅自行动 2. 不得在车间内大声喧哗、嬉戏打闹 3. 安装工件时,应将钳口、钳底、工件、垫铁擦净 4. 加工时工件必须夹紧 5. 铣床运转中不得变换主轴转速 6. 切削过程中不准测量工件,不准用手触摸工件
完成工作 任务的方案	

 **任务实施**

表 3-11 任务实施表

学习情境	台阶及沟槽的铣削			
学习任务	平键槽的铣削		完成时间	
任务完成人	学习小组	组长	成员	

任务实施步骤及具体内容

步骤	操作内容
图样分析	(1)键槽的宽度尺寸精度为_____mm,键槽的深度尺寸精度为_____mm,键槽的有效长度为_____mm (2)键槽对工件轴线的对称度公差为_____mm (3)毛坯尺寸为_____,材料分析_____,其切削性能良好,可选用刀具_____ (4)表面粗糙度分析:键槽侧面表面粗糙度值为 $Ra=$ _____μm,其余为 $Ra=$ _____μm,铣削加工能达到要求
加工工艺与准备	工艺准备: (1)加工工件设备:选择_____铣床 (2)本次加工中所用到的刀具有_____ (3)装夹方式:采用_____装夹工件 (4)质量检验的量具有_____ 加工准备: (1)检验毛坯件 (2)安装找正平口钳 (3)工件划线、装夹找正 装夹工件时应将钳口擦净,在工件的下面放置_____,夹紧工件后,用锤子轻敲工件,并拉动_____检查_____ (4)安装刀具并检验 (5)确定铣削参数,粗铣时选取主轴转速 $n=$ _____r/min,进给量 $v_f=$ _____mm/r 确定加工工艺路线: 检验预制件→工件表面划线→安装、找正机用平口钳→装夹和找正工件→安装、找正键槽铣刀→切痕对刀(对中、槽深、槽长)→铣削键槽→检验
加工步骤	(1)对刀 常用对刀的方法_____、_____ (2)调整铣削位置 控制键槽长度的方法_____、_____ (3)铣削键槽深度、长度 调整键槽深度_____mm,铣削键槽长度_____mm
质量分析	(1)检测 键槽的宽度采用_____或_____测量;键槽深度采用_____测量;键槽的有效长度采用_____测量。对称度的检测采用_____ (2)质量分析

表 3-12　平键槽的铣削分析评价表

检测内容	检测项目及评分标准			自查结果	教师检测	存在的质量问题及原因分析
	检测项目	分值	评分标准			
1. 准备工作	准备刀具、量具、工具、夹具	5	缺每项扣 2 分			
2. 技术准备工作	(1)刀具的安装 (2)工件装夹及校正	5	每项未完成扣 3 分			
3. 方案合理性	工艺安排方案	10	合理 10 分;较合理 8 分;不合理,有严重错误 0 分			
4. 尺寸精度	8N9($^{0}_{-0.036}$)	15	超差 0.02mm 扣 2 分			
	26$^{0}_{-0.2}$	15	超差 0.02mm 扣 2 分			
	12	5	超差扣 2 分			
	30	5	超差扣 2 分			
5. 位置精度	⟚ 0.04 A	10	超差 0.02mm 扣 1 分			
6. 表面质量	两侧面 Ra3.2μm	5×4	不符合要求每处扣 1 分			
7. 安全操作文明生产	无人身、机具事故,文明操作,清洁工、量具等	10	损坏机具扣 5 分,发生事故不给分。不文明操作,未清洁、打扫机床等,每项扣 1 分			
总　分						
指导教师的意见和建议						

任务四　特形沟槽的铣削

特形沟槽是机械设备中常见的结构形式。常用的有 V 形槽、T 形槽和燕尾槽等,如图 3-61 所示。本任务将学习各种特形沟槽的铣削方法,并采用铣刀完成一特形沟槽的铣削。

图 3-61　特形沟槽垫铁

项目 1　V 形槽的铣削

任务描述

V 形架广泛应用于机床夹具中,作轴类零件的定位和夹紧件,如图 3-62 所示,V 形槽是 V 形架的主要结构形式。机床的导轨也有采用 V 形槽的。常用的有 90°和 60°两种 V 形槽。本学习任务是在长方体毛坯件上加工 V 形槽，加工尺寸如图 3-63 所示。

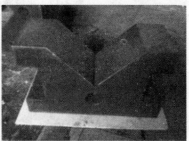

图 3-62　V 形架

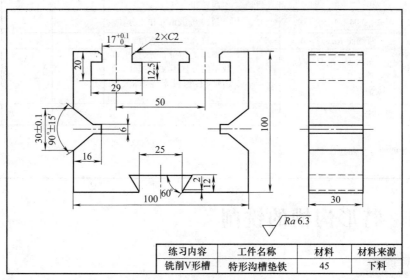

练习内容	工件名称	材料	材料来源
铣削V形槽	特形沟槽垫铁	45	下料

图 3-63　特形沟槽垫铁

知识链接

一、铣削 V 形槽常用的方法

1. 用角度铣刀铣削 V 形槽

夹角等于或小于 90°的 V 形槽，一般采用与其角度相同的对称双角铣刀在卧式铣床上铣削，铣削前应用锯片铣刀铣出窄槽，夹具或工件的基准面应与工作台纵向进给方向平行，如图 3-64（a）所示。

V 形槽也可用一把单角铣刀来铣削，单角铣刀的角度等于 V 形槽夹角的 1/2。铣削完一侧后将工件转 180°，再铣另一侧面。此方法虽然比较费时，但能获得较好的对称度，如图 3-64（b）所示。

2. 用立铣刀或端铣刀铣削 V 形槽

对于槽角大于或等于 90°、尺寸较大的 V 形槽，可以按槽角角度的二分之一（或其余角）倾斜铣头，用立铣刀或端铣刀对 V 形槽面进行铣削，如图 3-65 所示。

工件装夹并校正后，用立铣刀或端铣刀对 V 形槽面进行铣削。铣完一侧槽面后，将工件掉转 180°重新夹紧，再铣削另一槽侧面。铣好一侧后将工件掉转 180°的目的是保证铣出

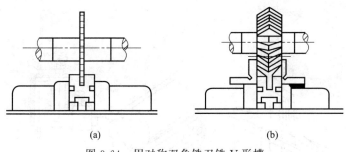

(a)   (b)

图 3-64   用对称双角铣刀铣 V 形槽

的 V 形槽槽角平分线与工件两侧面对称。当工件尺寸较小时，可将机床用平口钳的固定钳口校正至与工作台横向进给方向平行，将工件基准侧面与平口钳的固定钳口贴合，铣好一侧后将工件掉转 180°，只要不变动工件的定位高度及纵向位置，即可铣出对称的 V 形槽。应注意的是：当铣削工件时采用的是固定钳口与工作台纵向进给方向平行的装夹方法时，为了确保工件掉转 180°后的纵向位置不变，装夹时应采用测量或定位块定位的方法来加以保证。

3. 用三面刃铣刀铣削 V 形槽

对于工件外形尺寸较小、精度要求不高的 V 形槽，可在卧式铣床上用三面刃铣刀进行铣削。

铣削时，先按图样在工件表面划线，再按划线校正 V 形槽的待加工槽面与工作台面垂直，然后用三面刃铣刀（最好是错齿三面刃铣刀）对 V 形槽面进行铣削。铣削完一侧槽面后，重新校正另一侧槽面并夹紧工件，将槽面铣削成形，如图 3-66 所示。

图 3-65   用立铣刀铣削 V 形槽

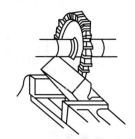

图 3-66   用三面刃铣刀铣削 V 形槽

对于槽角等于 90°且尺寸不大的 V 形槽，可通过一次装夹及校正后完成铣削。

二、V 形槽槽角的检测

1. 检测特形沟槽的量具

（1）游标深度尺和游标高度尺

游标深度尺主要用于测量孔、槽的深度和台阶的高度；游标高度尺主要用于测量工件的高度或进行划线，如图 3-67 所示。它们的刻线原理和读数方法与游标卡尺完全相同。应注意的是，这类游标量具往往带有微调装置，使用时可先将量爪大致调整到所需的尺寸，然后拧紧微调装置的紧固螺钉，再轻轻转动微调滚花螺母，使量爪慢慢接近被测表面或某一特定尺寸，最后拧紧游标上的紧固螺钉进行读数或划线，其操作方法如图 3-68 所示。

（2）深度千分尺

深度千分尺如图 3-69 所示，其主要结构与千分尺相似，只是多了一个基座而没有尺架。深度千分尺主要用于测量孔和沟槽的深度以及两平面之间的距离。在测微螺杆的下面连接着可换测量杆，测量杆有四种尺寸，其测量范围分别为 0～25mm，25～50mm，50～75mm 和

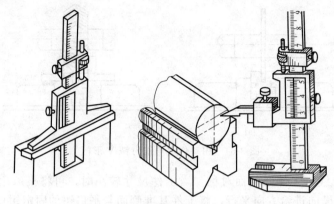

图 3-67　游标深度尺和游标高度尺

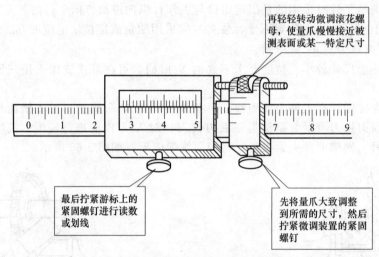

再轻轻转动微调滚花螺母，使量爪慢慢接近被测表面或某一特定尺寸

最后拧紧游标上的紧固螺钉进行读数或划线

先将量爪大致调整到所需的尺寸，然后拧紧微调装置的紧固螺钉

图 3-68　带有微调装置的游标卡尺的操作方法

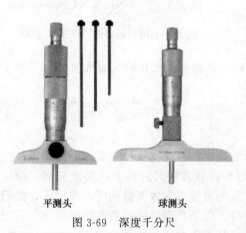

平测头　　　　　球测头

图 3-69　深度千分尺

75～100mm。

（3）内测千分尺

内测千分尺如图 3-70 所示，它主要用来测量槽宽、孔径等内尺寸，有 5～30mm 和 25～50mm 两种测量范围。其固定套筒上的刻线与千分尺的刻线方向相反，但读数方法与千分尺相同。

2. V 形槽槽角的检测

（1）V 形槽角度的检验　用角度样板测量。通过观察工件与样板间的缝隙大小来判断 V 形槽槽角 α 是否合格，如图 3-71 所示。

用游标万能角度尺测量。如图 3-72 所示，分别测量出角度 A 或 B，经计算间接测出 V 形槽的半槽角 $\alpha/2$。

用标准量棒间接测量槽角 α。此法测量精度较高，如图 3-73 所示，测量时，先后用两根不同直径的标准量棒进行测量，分别测得尺寸 H 和 h，然后根据公式计算，求出槽角 α 实际值：

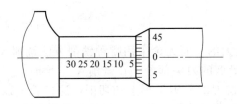

图 3-70 内测千分尺

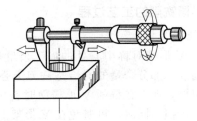

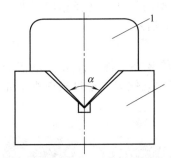

图 3-71 调整立铣头铣削 V 形槽

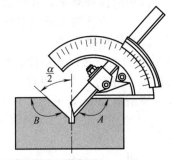

图 3-72 用游标万能角度尺测量 V 形槽的角度

$$\sin\frac{\alpha}{2}=\frac{R-r}{(H-R)-(h-r)}$$

式中　R——较大标准量棒的半径，mm；

　　　r——较小标准量棒的半径，mm；

　　　H——较大标准量棒上素线至 V 形架底面的距离，mm；

　　　h——较小标准量棒上素线至 V 形架底面的距离，mm。

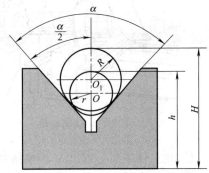

图 3-73 用标准量棒测量 V 形槽的角度

（2）V 形槽宽度的检验　V 形槽的宽度可用钢直尺或游标卡尺直接测量，检测方法简便，但检测精度较低。因此，精度较高的 V 形槽的宽度通常采用标准量棒间接测量的方法进行检测。

（3）V 形槽对称度的检验　测量时，V 形槽内放一标准量棒，分别以 V 形架两侧面为基准，放在平板平面上，用杠杆百分表测量量棒最高点，若两次测量的读数相同，则 V 形槽的中心平面与 V 形架中心平面重合（对称），两次测量读数之差，即为对称度误差，如图 3-74 所示。如用高度游标卡尺测量量棒最高点，则可求得 V 形槽中心平面至侧面的实际距离。

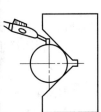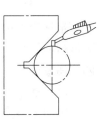

图 3-74 V 形槽对称度的检验

三、V 形槽铣削的工艺过程

1．铣削窄槽

由于 V 形槽对称中心处的加工余量是最大的。而无论采用哪种铣削方法铣削 V 形槽，用于切削这一部分余量的恰恰是铣刀上强度最低的刀尖部分。在铣削 V 形槽时，若先铣好中间的窄槽，那么在铣削 V 形槽面时就可使铣刀的刀尖不再参加切削，这样就可以避免铣刀刀尖的折损；同时，可避免在 V 形架上装夹带有棱角的零件时在 V 形槽底部发生干涉。

先在 X6132 型铣床上校正机床用平口钳的固定钳口与工作台纵向进给方向平行。按划线对中心，试切削检查对中心合格后，根据窄槽和 V 形槽的尺寸，选择相应厚度和直径的锯片铣刀，手动进给铣削窄槽至相应图样要求，如图 3-75 所示。

2．铣削 V 形槽槽面

铣削 V 形槽面前必须严格校正夹具的定位基准，才能装夹工件，开始 V 形槽槽面的铣削。现根据 V 形槽的尺寸采用直径大于 V 形槽斜面宽度的立铣刀，通过横向进给先按划线粗铣槽面（留余量 1mm，见图 3-76），具体方法如下：

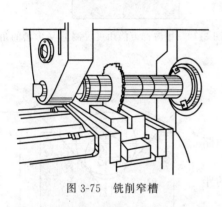

图 3-75　铣削窄槽

图 3-76　用立铣刀铣削 V 形槽

① 在工件端面上划出 V 形槽所在位置线。

② 将机床用平口钳的固定钳口校正至与工作台纵向进给方向平行，装夹工件时采用游标卡尺测量或用定位块定位的方法，确定工件一侧距钳口端面的准确距离。

③ 将立铣头倾斜 45°，铣削 90° V 形槽，铣好一侧后，松开钳口将工件掉转 180°，用游标卡尺测量或用定位块确定，掉转 180° 后另一侧距钳口端面的距离一致，再夹紧工件铣出 V 形槽的另一侧面。

④ 粗铣后，通过检测对称度、角度是否准确，并根据测得的槽宽尺寸推算出精铣时工件沿垂直方向的实际进刀量。

⑤ 根据检测情况进行调整，以同样的方法精铣 V 形槽面至尺寸。

3．V 形槽的检测

精铣后再按前面所述检测 V 形槽的方法，检测各 V 形槽的宽度以及 V 形槽的对称度、V 形槽的槽角，看是否符合图样上的各项技术要求。

四、质量分析

（1）槽宽不一致的原因

① 工件上平面与工作台面不平行；

② 工件装夹不牢固，铣削时产生位移。

（2）对称度超差的原因

① 对刀不准确；

② 测量有误差。

（3）V 形槽角度不准确或角度不对称的原因

① 刀具角度不准确；

② 工件上平面未校正。

（4）V 形槽与工件两侧面不平行的原因

① 固定钳口与纵向进给方向不平行；

② 工件装夹时有毛刺或脏物。

计划决策

以图 3-77 为例编写用立铣刀加工 V 形槽的工作计划。

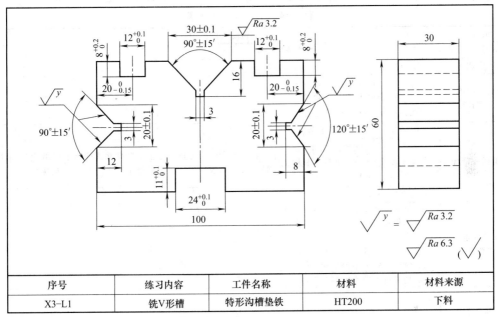

序号	练习内容	工件名称	材料	材料来源
X3–L1	铣V形槽	特形沟槽垫铁	HT200	下料

图 3-77　铣 V 形槽

表 3-13　工作计划决策参考表

学习情境	台阶及沟槽的铣削				
学习任务	V 形槽的铣削			完成时间	
任务完成人	学习小组		组长		成员
需要学习的知识和技能	知识：1. 掌握 V 形槽的铣削方法 　　　2. 掌握 V 形槽的检验方法 技能：具备铣削 V 形槽的能力				
小组任务分配	小组任务	任务准备	管理学习	管理出勤、纪律	管理卫生
	个人职责	准备任务的所需物品——立铣刀、量具、工具	认真努力学习并热情辅导小组成员	记录考勤并管理小组成员纪律	组织值日并管理卫生
	小组成员				
安全要求及注意事项	1. 进入车间要求听指挥,不得擅自行动 2. 不得在车间内大声喧哗、嬉戏打闹 3. 安装工件时,应将钳口、钳底、工件、垫铁擦净 4. 加工时工件必须夹紧 5. 铣床运转中不得变换主轴转速 6. 切削过程中不准测量工件,不准用手触摸工件				

113

学习情境三　台阶及沟槽的铣削

完成工作 任务的方案	1. 图样分析 2. 铣削特形沟槽垫铁坯料——长方体 铣削过程(略) 3. 钳工划线 4. 铣 V 形槽 (1)铣窄槽 校正固定钳口与工作台纵向进给方向平行。按划线对中心。试切削检查对中心合格后,手动进给铣削三个窄槽至图样要求 (2)铣 V 形槽 铣削 V 形槽面前必须严格校正夹具的定位基准,才能装夹工件开始 V 形槽面的铣削 5. 检验 V 形槽 检测 V 形槽的宽度 B、V 形槽的对称度和 V 形槽的槽角 α,看是否符合图纸上的各项技术要求

参照表 3-13 中 V 形槽的工作方案编写任务书中 V 形槽的加工方案。

表 3-14　工作计划决策表

情境	台阶及沟槽的铣削				
学习任务	V 形槽的铣削			完成时间	
任务完成人	学习小组		组长		成员
需要学习的 知识和技能	知识:1. 掌握 V 形槽的铣削方法 　　　2. 掌握 V 形槽的检验方法 技能:具备铣削 V 形槽的能力				
小组任务分配	小组任务	任务准备	管理学习	管理出勤、纪律	管理卫生
	个人职责	准备任务的所需物品——立铣刀、量具、工具	认真努力学习并热情辅导小组成员	记录考勤并管理小组成员纪律	组织值日并管理卫生
	小组成员				
安全要求 及注意事项	1. 进入车间要求听指挥,不得擅自行动 2. 不得在车间内大声喧哗、嬉戏打闹 3. 安装工件时,应将钳口、钳底、工件、垫铁擦净 4. 加工时工件必须夹紧 5. 铣床运转中不得变换主轴转速 6. 切削过程中不准测量工件,不准用手触摸工件				
完成工作 任务的方案					

任务实施

表 3-15　任务实施表

学习情境	台阶及沟槽的铣削				
学习任务	V 形槽的铣削			完成时间	
任务完成人	学习小组		组长	成员	
任务实施步骤及具体内容					
步骤	操作内容				
图样分析	(1)工件的尺寸精度为_____mm、_____mm、_____mm、_____mm (2)毛坯尺寸为_____,材料分析_____,可选用刀具 (3)表面粗糙度分析,工件各表面粗糙度值为 $Ra =$ _____μm,精度较高,铣削加工能达到要求				
加工工艺与准备	工艺准备: (1)加工工件设备:选择_____铣床 (2)本次加工中所用到的刀具有_____ (3)装夹方式:采用_____装夹工件 (4)质量检验的量具有_____				

加工工艺与准备	加工准备： (1)检验毛坯件 (2)安装找正平口钳 (3)工件划线、装夹找正 (4)安装刀具并检验 (5)确定铣削参数。铣窄槽时选取主轴转速 $n=$ _____ r/min，进给量 $v_f=$ _____ mm/r，铣削 V 形槽时选取主轴转速 $n=$ _____ r/min，进给量 $v_f=$ _____ mm/r
	确定加工工艺路线： 检验预制件→工件表面划出窄槽对刀线→安装、找正机用平口钳→装夹和找正工件→安装、找正立铣刀→对刀→铣窄槽→转动立铣头调整角度→铣削 V 形槽→检验
加工步骤	铣窄槽： (1)选择 _____ mm 立铣刀，通常用对刀的方法 _____ 、_____ (2)调整铣削层深度，对刀后紧固 _____ 工作台，垂向工作台上升 _____ mm (3)手动进给铣窄槽 铣 V 形槽： (1)调整立铣头的角度为 _____ (2)对刀 (3)铣削深度，粗铣后，留 _____ 精铣余量，使一边尺寸为 _____ ，_____ (4)调整工件铣削另一边 (5)铣削后的尺寸 _____ ，_____ ，_____
质量分析	(1)检验 V 形槽的尺寸 槽宽采用 _____ 检测，槽形角采用 _____ 检测，对称度采用 _____ 检测 (2)分析出现偏差的原因：

分析评价

表 3-16 V 形槽的铣削分析评价表

检测内容	检测项目及评分标准			自查结果	教师检测	存在的质量问题及原因分析
	检测项目	分值	评分标准			
1. 准备工作	准备刀具、量具、工具、夹具	5	缺每项扣 2 分			
2. 技术准备工作	(1)刀具的安装 (2)工件装夹及校正	5	每项未完成扣 3 分			
3. 方案合理性	工艺安排方案	10	合理 10 分；较合理 8 分；不合理，有严重错误 0 分			
4. 尺寸精度	30±0.1(2 处)	2×10	超差 0.02mm 扣 2 分			
	90°±15′(2 处)	2×10	超差扣 2 分			
	16mm、6mm	2×10	超差扣 2 分			
5. 表面质量	$Ra6.3\mu m$(10 处)	10×1	不符合要求每处扣 1 分			
6. 安全操作文明生产	无人身、机具事故，文明操作，清洁工、量具等	10	损坏机具扣 5 分，发生事故不给分。不文明操作，未清洁、打扫机床等，每项扣 1 分			
总　　分						
指导教师的意见和建议						

项目2 T形槽的铣削

 **任务描述**

T形槽是特形沟槽中的一种形式，机床（如铣床、钻床、刨床、磨床等）的工作台面多采用这种结构形式，如图 3-78 所示。T形槽用以与机床附件、夹具配套时定位和固定。T形槽已标准化。

 **知识链接**

一、T形槽铣刀的结构尺寸

国家标准规定 T形槽直槽的宽度尺寸 A 为 T形槽的基本尺寸。所以 T形槽铣刀的尺寸规格也是与尺寸 A 相配套的，国家标准《T形槽铣刀形式和尺寸》（GB/T 6124—2007）中对加工《机床工作台 T形槽和相应螺栓》（GB/T 158—1996）中规定的尺寸 A 为 5～36mm 的 T形槽所用的普通直柄 T形槽铣刀和削平直柄 T形槽铣刀进行了标准化。直柄 T形槽铣刀的结构如图 3-79 所示，其尺寸规格见表 3-17。

图 3-78 T形槽

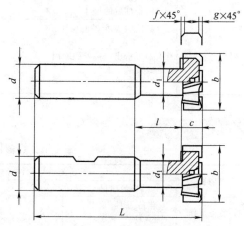

图 3-79 直柄 T形槽铣刀的结构

表 3-17 T形槽铣刀的尺寸规格　　　　　　　　　　　mm

b h12	c h12	d_1 max	l $^{+1}_{0}$	d	L Js18	f max	g max	A
11	4.5	4	10		53.5			5
12.5	6	5	11	10	57		1.0	6
16	8	7	14		62	0.6		8
18		8	17	12	70			10
21	9	10	20		74			12
25	11	12	23	16	82		1.6	14
32	14	15	28		90			18
40	18	19	34	25	108	1.0		22
50	22	25	32	32	124		2.5	28
60	28	30	51		139			36

二、铣削 T形槽常用的方法

1. 铣削普通 T形槽的方法

铣削普通 T形槽时，通常先用立铣刀或三面刃铣刀铣削直角沟槽，再用 T形槽铣刀铣削 T 形槽，最后用倒角铣刀铣削槽口倒角，其过程如图 3-80 所示。

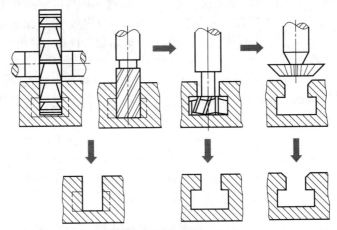

图 3-80　T 形槽的铣削过程

2. 铣削不穿通 T 形槽的方法

铣削不穿通的 T 形槽时，可在直槽铣成后，先在 T 形槽的端部钻落刀孔。孔的直径略大于 T 形槽铣刀的直径，深度应大于 T 形槽的深度，以便使 T 形槽铣刀能够方便地进入或退出。然后再铣削 T 形槽的底槽，并为槽口倒角，如图 3-81 所示。

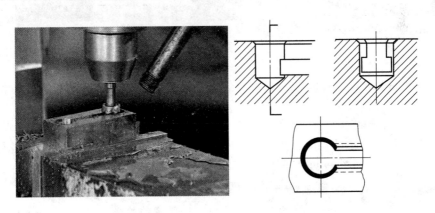

图 3-81　铣削不穿通 T 形槽

三、T 形槽铣削的工艺过程

下面以如图 3-82 所示的 T 形槽板的铣削为例，来介绍 T 形槽铣削的工艺过程。

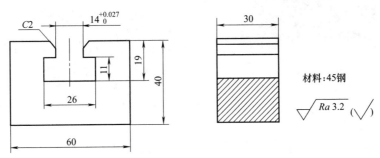

图 3-82　T 形槽板

1. 铣削直通槽

T 形槽上的直通槽为 T 形槽的基准槽，应在加工底槽前将其用三面刃铣刀或立铣刀铣出。由于图 3-82 所示的 T 形槽直通槽的宽度为 $14^{+0.027}_{0}$mm，故现可用 ϕ12mm 的立铣刀通过扩刀法将其铣出（见图 3-83），直槽的深度可约留 0.5mm 的余量，待加工底槽时一并铣出。

2. 铣削 T 形槽的底槽

如图 3-84 所示，T 形槽的底槽需用专用的 T 形槽铣刀铣削。铣削底槽时，要按图样上的要求来选用适当规格的 T 形槽铣刀（柄部直径要小于直槽宽度，切削部分直径和厚度应与底槽尺寸相符合）。

由图 3-82 可知，要加工的 T 形槽公称尺寸为 14mm。由表 3-17 查得，应选择柄部直径为 12mm、切削部分厚度为 11mm、直径为 25mm 的 T 形槽铣刀进行铣削。

铣削底槽时要经常退刀，并及时清除切屑，选用的铣削用量不宜过大，以防止铣刀折断。若是铣削钢件时，应充分浇注切削液，使热量及时散发。

图 3-83　用立铣刀扩铣直通槽

图 3-84　铣削 T 形槽的底槽

3. 铣削槽口倒角

底槽铣削完毕，可用角度铣刀或用旧的立铣刀修磨的专用倒角铣刀为槽口倒角，如图 3-85 所示。

4. T 形槽的检测

检测 T 形槽时，槽的宽度、槽深以及底槽与直槽的对称度可用游标卡尺进行测量，其直槽对工件基准面的平行度可在平板上用杠杆百分表进行检测。

图 3-85　铣削槽口倒角

四、质量分析

1. T 形槽的检验

T 形槽检测比较简单，要求不高的 T 形槽用游标卡尺可以测量全部项目，要求较高的基准槽需用内测千分尺或塞规检测。

2. T 形槽的质量分析

（1）直角槽的宽度超差的原因

① 对刀不准；

② 横向工作台未固紧，铣削时工件位移。

（2）底槽与基面不平行的原因

① 工件上平面未找正；

② 铣刀未夹紧，铣削时被铣削力拉下。

（3）表面粗糙的原因

① 产生的切屑未及时清除；

② 切削时的进给量过大。

以图 3-86 为例编写加工 T 形槽的工作计划。

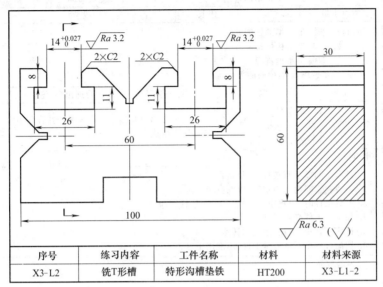

序号	练习内容	工件名称	材料	材料来源
X3-L2	铣T形槽	特形沟槽垫铁	HT200	X3-L1-2

图 3-86   铣 T 形槽

表 3-18   计划决策参考表

学习情境	台阶及沟槽的铣削			
学习任务	T 形槽的铣削		完成时间	
任务完成人	学习小组	组长	成员	
需要学习的 知识和技能	知识:1. 掌握 T 形槽的铣削方法 　　　2. 掌握 T 形槽的检验方法 　　　3. 掌握 T 形槽铣刀 技能:具备铣削 T 形槽的能力			
小组任务分配	小组任务	任务准备	管理学习	管理出勤、纪律	管理卫生
	个人职责	准备任务的所需物品——立铣刀、T 形铣刀、量具、工具	认真努力学习并热情辅导小组成员	记录考勤并管理小组成员纪律	组织值日并管理卫生
	小组成员				
安全要求 及注意事项	1. 进入车间要求听指挥,不得擅自行动 2. 不得在车间内大声喧哗、嬉戏打闹 3. 安装工件时,应将钳口、钳底、工件、垫铁擦净 4. 加工时工件必须夹紧 5. 铣床运转中不得变换主轴转速 6. 切削过程中不准测量工件,不准用手触摸工件			
完成工作 任务的方案	1. 图样分析 2. 铣削特形沟槽垫铁坯料——长方体 铣削过程(略) 3. 扩铣直通槽 T 形槽上的直通槽为 T 形槽的基准槽,应在加工底槽前将其用三面刃铣刀或立铣刀铣出 4. 铣削 T 形槽的底槽 T 形槽的底槽需用专用的 T 形槽铣刀铣削。铣底槽时,要按图样上的要求来选用适当规格的 T 形槽铣刀 选择柄部直径 d_1 为 12mm、切削部分厚度为 11mm、直径为 25mm 的 T 形槽铣刀铣削 5. 铣削槽口倒角 底槽铣削完毕,可用角度铣刀或用旧的立铣刀修磨的专用倒角铣刀为槽口倒角 6. 检测			

参照表 3-18 中 T 形槽的工作方案编写任务书图 3-62 中 T 形槽的加工方案。

表 3-19　计划决策表

学习情境	台阶及沟槽的铣削			
学习任务	T 形槽的铣削		完成时间	
任务完成人	学习小组	组长		成员
需要学习的知识和技能	知识：1. 掌握 T 形槽的铣削方法　　2. 掌握 T 形槽的检验方法　　3. 掌握 T 形槽铣刀　技能：具备铣削 T 形槽的能力			
小组任务分配	小组任务	任务准备	管理学习	管理出勤、纪律	管理卫生
	个人职责	准备任务的所需物品——立铣刀、T 形铣刀、量具、工具	认真努力学习并热情辅导小组成员	记录考勤并管理小组成员纪律	组织值日并管理卫生
	小组成员				
安全要求及注意事项	1. 进入车间要求听指挥，不得擅自行动　2. 不得在车间内大声喧哗、嬉戏打闹　3. 安装工件时，应将钳口、钳底、工件、垫铁擦净　4. 加工时工件必须夹紧　5. 铣床运转中不得变换主轴转速　6. 切削过程中不准测量工件，不准用手触摸工件			
完成工作任务的方案				

※ 任务实施

表 3-20　任务实施表

情境	台阶及沟槽的铣削			
学习任务	T 形槽的铣削		完成时间	
任务完成人	学习小组	组长		成员
任务实施步骤及具体内容				
步骤	操作内容			
图样分析	(1) 工件的尺寸精度为 _____mm、_____mm、_____mm、_____mm、_____mm　(2) 毛坯尺寸为 _____，材料分析 _____，可选用刀具 _____　(3) 表面粗糙度分析，工件各表面粗糙度值为 $Ra=$ _____μm，精度较高，铣削加工能达到要求			
加工工艺与准备	工艺准备：　(1) 加工工件设备：选择 _____铣床　(2) 本次加工中所用到的刀具有 _____　(3) 装夹方式：采用 _____装夹工件，工件以 _____、_____为基准　(4) 质量检验的量具有 _____			
	加工准备：　(1) 检验毛坯件　(2) 安装找正平口钳　(3) 工件划线、装夹找正　(4) 安装刀具并检验　(5) 确定铣削参数：铣削直槽时选取主轴转速 $n=$ _____r/min，进给量 $v_f=$ _____mm/r，铣削 T 形槽时选取主轴转速 $n=$ _____r/min，进给量 $v_f=$ _____mm/r			
	确定加工工艺路线：　检验预制件→工件表面划出直槽对刀线→安装、找正机用平口钳→装夹和找正工件→安装、找正立铣刀→对刀→铣直槽→换 T 形槽铣刀→对刀→铣削底槽→铣槽口倒角→检验			

加工步骤	铣削直槽： (1)选择_____mm立铣刀,通常用对刀的方法_____、_____ (2)调整铣削层深度,加工余量分两次铣去 (3)铣削
	铣T形槽： (1)对刀:直槽铣削后,因工作台未移动,改装T形槽铣刀后_____重新对刀 (2)调整铣削层深度,试切的方法有_____,_____ (3)铣削时,要及时清除切屑,以免_____折断
	铣削倒角： (1)对刀 (2)铣削:垂向工作台上升_____mm,机动进给铣削
质量分析	(1)检测 T形槽精度不高时,采用_____测量全部项目。精度要求较高时需用_____或_____检测 (2)质量分析

 分析评价

表 3-21　T形槽的铣削分析评价表

检测内容	检测项目及评分标准			自查结果	教师检测	存在的质量问题及原因分析
	检测项目	分值	评分标准			
1. 准备工作	准备刀具、量具、工具、夹具	5	缺每项扣2分			
2. 技术准备工作	(1)刀具的安装 (2)工件装夹及校正	5	每项未完成扣3分			
3. 方案合理性	工艺安排方案	10	合理10分;较合理8分;不合理,有严重错误0分			
4. 尺寸精度	$17^{+0.1}_{0}$(2处)	2×10	超差0.02mm扣2分			
	2×C2(2处)	2×10	超差扣2分			
	20mm、29mm、12.5mm、50mm	20	超差扣2分			
5. 表面质量	$Ra6.3\mu m$(10处)	10×1	不符合要求每处扣1分			
6. 安全操作文明生产	无人身、机具事故,文明操作,清洁工、量具等。	10	损坏机具扣5分,发生事故不给分。不文明操作,未清洁,打扫机床等,每项扣1分			
总　　分						
指导教师的意见和建议						

项目 3　燕尾槽的铣削

　　燕尾槽常与燕尾块配合使用，如图 3-87 所示。用做导轨配合时，燕尾槽带有 1∶50 的斜度，以便安放塞铁。燕尾槽的角度、深度、宽度等尺寸精度和位置精度要求较高，通常在铣完后要进行磨削、刮削等精密加工。燕尾槽的表面质量要求较高，Ra 一般值在 $0.8\sim0.4\mu m$。

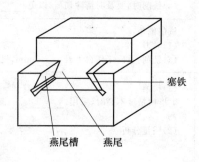

图 3-87　燕尾槽与燕尾块

一、燕尾槽铣刀的结构尺寸

　　用来加工燕尾槽的铣刀有燕尾槽铣刀和反燕尾槽铣刀两种，在国家标准 GB/T 6338—2004 中对这两种铣刀的结构及规格尺寸均做了详细的规定，直柄燕尾槽铣刀和反燕尾槽铣刀的结构如图 3-88 所示，燕尾槽铣刀的尺寸规格见表 3-22。

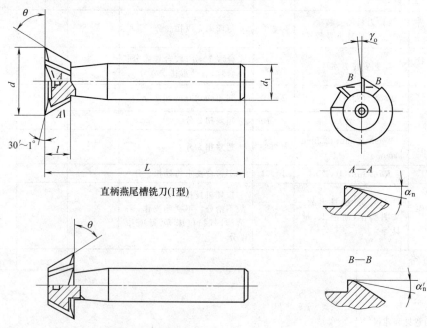

直柄燕尾槽铣刀(I型)

直柄反燕尾槽铣刀(II型)

图 3-88　直柄燕尾槽铣刀和反燕尾槽铣刀的结构

表 3-22 燕尾槽铣刀的尺寸规格   mm

d 基本尺寸	d 极限偏差 js16	θ 基本角度	θ 极限偏差	l 基本尺寸	l 极限偏差 js16	L 基本尺寸	L 极限偏差 js16	d₁ 基本尺寸	d₁ 极限偏差 h8	形式	γ₀	αₙ	α'ₙ	齿数
16	±0.55	45°		4	±0.375	60				Ⅰ和Ⅱ				6~8
20	±0.65			5		63		12						8~10
25				6.3	±0.45	67								10~12
32	±0.80			8		71		16						12~14
16	±0.55	50°		5	±0.375	60				Ⅰ				6~8
20	±0.65			6.3		63		12						8~10
25				8	±0.45	67								10~12
32	±0.80		±30′	10		71	±0.95	16	0 −0.027		0°~3°	10°	5°	12~14
16	±0.55	55°		6.3		60								6~8
20	±0.65			8	±0.45	63		12						8~10
25				10		67								10~12
32	±0.80			12.5	±0.55	71		16						12~14
16	±0.551	60°		6.3		60				Ⅰ和Ⅱ				6~8
20	±0.65			8	±0.45	63		12						8~10
25				10		67								10~12
32	±0.80			12	±0.55	71		16						12~14

二、铣削燕尾槽的方法

1. 铣削燕尾槽和燕尾块的方法

燕尾槽和燕尾块的铣削方法分两个步骤，先在立式铣床上用立铣刀或端铣刀铣直角槽或阶台，然后用燕尾槽铣刀铣出燕尾槽或燕尾块，如图 3-89 所示。燕尾槽铣刀应根据燕尾的角度选择相同角度的铣刀，铣刀锥面的宽度应大于燕尾槽斜面的宽度。

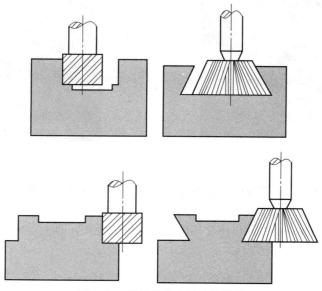

图 3-89 燕尾槽和燕尾块的铣削

2. 用单角铣刀铣削燕尾槽和燕尾块

单件生产时，若没有合适的燕尾槽铣刀，可用与燕尾角度相等的单角铣刀来铣削燕尾槽、燕尾块，如图 3-90 所示。铣削时，立铣头应倾斜一个燕尾角度，因铣刀偏转角度较大，安装单角铣刀的刀杆长度也应适当增加。

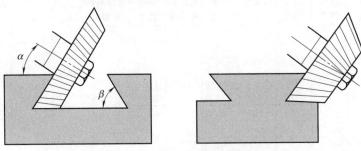

图 3-90　用单角铣刀铣削燕尾槽和燕尾块

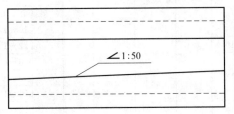

图 3-91　带有斜度的燕尾槽

3. 铣削带有斜度的燕尾槽

铣削带有斜度的燕尾槽时，在铣削完直槽后，先用燕尾槽铣刀铣削无斜度的一侧，铣好后松开压板将工件按规定斜度调整到与进给方向成一斜角，并将工件紧固，然后铣削带有斜度的一侧，如图 3-91 所示。

4. 燕尾槽的精度检验

（1）燕尾槽的槽角 α 可以用万能角度尺或样板进行检测，如图 3-92 所示。

（2）燕尾槽的深度可用游标深度尺或游标高度尺进行检测，如图 3-93 所示。

图 3-92　用万能角度尺检测燕尾槽的槽角

图 3-93　用深度游标卡尺检测燕尾槽的深度

（3）由于燕尾槽有空刀槽或倒角，其宽度尺寸无法直接进行检测，通常采用标准量棒进行间接检测，如图 3-94 所示。

检测燕尾槽的宽度时，先测出两个标准量棒之间的距离，再通过公式计算出实际的燕尾槽宽度尺寸。

$$A = M = d\left(1 + \cot\frac{\alpha}{2}\right) - 2H\cot\alpha$$

$$B = M + d\left(1 + \cot\frac{\alpha}{2}\right)$$

式中　A——燕尾槽最小宽度，mm；

　　　B——燕尾槽最大宽度，mm；

H——燕尾槽的深度，mm；

M——两标准量棒内侧的距离，mm；

d——标准量棒的直径，mm；

α—— 燕尾槽槽角或燕尾角度，(°)。

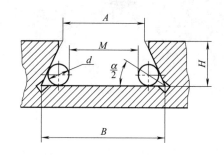

图 3-94　采用标准量棒间接检测燕尾槽的宽度

三、燕尾槽铣削的工艺过程

下面通过对如图 3-95 所示的燕尾槽的铣削来学习燕尾槽的铣削加工工艺过程。

1. 铣削直通槽

找正机床用平口虎钳的固定钳口与纵向进给方向平行，夹紧工件。由于该工件上燕尾槽的槽口有一段宽1.5mm 的直角边，故应选择直径略小于槽宽尺寸的立铣刀，分粗铣、精铣将槽深铣至 11.5mm，再将槽口尺寸扩铣至 25mm。

2. 粗铣燕尾槽

选择一把直径为 32mm（直径一定要小于 37mm）、角度为 60°、刃口宽度大于 15mm（大于燕尾槽斜面的宽度）的燕尾槽铣刀进行铣削。

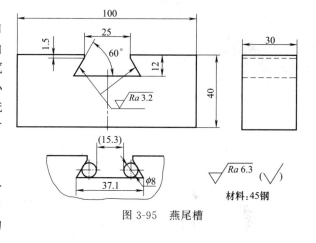

图 3-95　燕尾槽

安装好铣刀后将主轴转速调到 235r/min，开动铣床让主轴旋转，调整工作台，使铣刀底齿与原直通槽的底面相切，按划线调整纵向位置，留 0.5mm 左右的余量，横向进给先铣出一侧燕尾，再调整位置铣出另一侧，如图 3-96 所示，燕尾槽刚切入工件时，进给速度一定要慢，以防铣刀刀齿折断。

3. 检测燕尾槽

图 3-95 所示的燕尾槽槽底宽度为 37.1mm，按要求应采用两根直径为 8mm 的标准量棒进行检测，测量时的内侧尺寸应为 15.3mm。

4. 精铣燕尾槽

检测后，根据采用量棒间接测得的实际尺寸，调整工件精铣时的铣削用量，通过向两侧扩铣，精铣燕尾槽至尺寸即可。

四、质量分析

（1）槽宽两端尺寸不一致的原因

① 工件上平面未找正；

图 3-96　燕尾槽的铣削

② 用换面法铣削时，工件两面的平行度较差。

（2）燕尾槽宽度超差的原因

① 测量时产生误差或出错；

② 移动横向工作台时，摇错刻度盘及未消除传动间隙。

（3）燕尾槽槽形角超差的原因

主要是刀具角度选错或铣刀角度误差较大。

计划决策

以图 3-97 为例编写加工燕尾槽的工作计划。

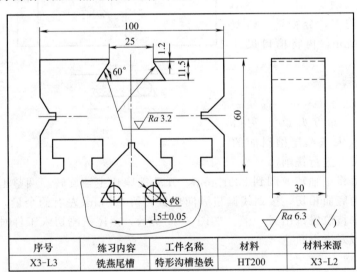

序号	练习内容	工件名称	材料	材料来源
X3-L3	铣燕尾槽	特形沟槽垫铁	HT200	X3-L2

图 3-97　铣燕尾槽

表 3-23　计划决策参考表

学习情境	台阶及沟槽的铣削			
学习任务	燕尾槽的铣削		完成时间	
任务完成人	学习小组	组长	成员	
需要学习的 知识和技能	知识:1. 掌握燕尾槽的铣削方法 　　　2. 掌握燕尾槽的检验方法 　　　3. 掌握燕尾槽铣刀 技能:具备铣削燕尾槽的能力			

小组任务分配	小组任务	任务准备	管理学习	管理出勤、纪律	管理卫生
	个人职责	准备任务的所需物品——立铣刀、燕尾槽铣刀、量具、工具	认真努力学习并热情辅导小组成员	记录考勤并管理小组成员纪律	组织值日并管理卫生
	小组成员				
安全要求及注意事项	1. 进入车间要求听指挥，不得擅自行动 2. 不得在车间内大声喧哗、嬉戏打闹 3. 安装工件时，应将钳口、钳底、工件、垫铁擦净 4. 加工时工件必须夹紧 5. 铣床运转中不得变换主轴转速 6. 切削过程中不准测量工件，不准用手触摸工件				
完成工作任务的方案	1. 图样分析 2. 铣削特形沟槽垫铁坯料——长方体 铣削过程（略） 3、扩铣直通槽 找正固定钳口与纵向进给平行，夹紧工件 选择直径为 20mm 的立铣刀对原有的 24mm×11mm 的直通槽进行对称扩铣，保证尺寸 25mm 4、粗铣燕尾槽 (1)选择安装一直径为 32mm、角度为 60°、刃口宽度大于 14mm 的燕尾槽铣刀 (2)开动主轴，调整工作台使铣刀底齿与原直通槽底面相切 (3)按划线调整纵向位置留 0.5mm 左右余量，横向进给先铣出一侧燕尾 (4)再调整位置铣出另一侧 5. 检测燕尾槽 (1)燕尾槽的槽角 α 可以用万能角度尺或样板进行检测 (2)燕尾槽的深度可用深度游标卡尺或高度游标卡尺检测 (3)由于燕尾槽有空刀槽或有倒角，其宽度尺寸无法直接进行检测。通常采用标准量棒进行间接检测 6. 精铣燕尾槽 检测后，根据通过量棒间接测得的实际尺寸，调整工件的精加工铣削用量，精铣燕尾槽至尺寸				

参照表 3-23 中燕尾槽的工作方案编写任务书图 3-63 中燕尾槽的加工方案。

表 3-24　计划决策表

学习情境	台阶及沟槽的铣削				
学习任务	燕尾槽的铣削			完成时间	
任务完成人	学习小组		组长		成员
需要学习的知识和技能	知识:1. 掌握燕尾槽的铣削方法 　　2. 掌握燕尾槽的检验方法 　　3. 掌握燕尾槽铣刀 技能:具备铣削燕尾槽的能力				
小组任务分配	小组任务	任务准备	管理学习	管理出勤及纪律	管理卫生
	个人职责	准备任务的所需物品——立铣刀、燕尾槽铣刀、量具、工具	认真努力学习并热情辅导小组成员	记录考勤并管理小组成员纪律	组织值日并管理卫生
	小组成员				
安全要求及注意事项	1. 进入车间要求听指挥，不得擅自行动 2. 不得在车间内大声喧哗、嬉戏打闹 3. 安装工件时，应将钳口、钳底、工件、垫铁擦净 4. 加工时工件必须夹紧 5. 铣床运转中不得变换主轴转速 6. 切削过程中不准测量工件，不准用手触摸工件				
完成工作任务的方案					

任务实施

表 3-25 任务实施表

学习情境	台阶及沟槽的铣削				
学习任务	燕尾槽的铣削			完成时间	
任务完成人	学习小组		组长		成员

<table>
<tr><td colspan="2">任务实施步骤及具体内容</td></tr>
<tr><td>步骤</td><td>操作内容</td></tr>
<tr><td>图样分析</td><td>(1)工件的尺寸精度为_____mm、_____mm、_____mm、_____mm
(2)毛坯尺寸为_____，材料分析_____，可选用刀具_____
(3)表面粗糙度分析,工件各表面粗糙度值为 $Ra=$ _____μm,精度较高,铣削加工能达到要求</td></tr>
<tr><td rowspan="3">加工工艺与准备</td><td>工艺准备:
(1)加工工件设备:选择_____铣床
(2)本次加工中所用到的刀具有_____
(3)装夹方式:采用_____装夹工件,工件以_____、_____为基准
(4)质量检验的量具有_____</td></tr>
<tr><td>加工准备:
(1)检验毛坯件
(2)安装找正平口钳
(3)工件划线、装夹找正
(4)安装刀具并检验
(5)确定铣削参数;铣削直槽时选取主轴转速 $n=$ _____r/min,进给量 $v_f=$ _____mm/r,铣削 T 形槽时选取主轴转速 $n=$ _____r/min,进给量 $v_f=$ _____mm/r</td></tr>
<tr><td>确定加工工艺路线:
　检验预制件→工件表面划出直槽对刀线→安装、找正机用平虎钳→装夹和找正工件→安装、找正立铣刀→对刀→铣直槽→换燕尾槽铣刀→垂向深度对刀→铣削燕尾槽一侧并检验→铣削燕尾槽另一侧并检验→燕尾槽工序完成后总检验</td></tr>
<tr><td rowspan="4">加工步骤</td><td>铣削直槽:
(1)选择_____mm立铣刀,通常用对刀的方法_____、_____
(2)调整铣削层深度,加工余量分两次铣去
(3)铣削</td></tr>
<tr><td>粗铣燕尾槽:
(1)选择安装一直径为 32mm、角度为 60°、刃口宽度大于 14mm 的燕尾槽铣刀
(2)对刀:开动主轴,调整工作台使_____与_____相切
(3)按划线调整纵向位置留 0.5mm 左右余量,横向进给先铣出一侧燕尾
(4)再调整位置铣出另一侧</td></tr>
<tr><td>检测燕尾槽:
(1)燕尾槽的槽角 α 可以用_____或_____进行检测
(2)燕尾槽的深度可用_____或_____检测
(3)由于燕尾槽有空刀槽或有倒角,其宽度尺寸无法直接进行检测。通常采用标准量棒进行间接检测</td></tr>
<tr><td>精铣燕尾槽:
　检测后,根据通过量棒间接测得的实际尺寸,调整工件的精加工铣削用量,精铣燕尾槽至尺寸</td></tr>
<tr><td>质量分析</td><td>(1)检测
燕尾槽的角度可用_____测量;燕尾槽的槽深可用_____测量;燕尾槽的宽度需用_____间接测量
(2)质量分析</td></tr>
</table>

表 3-26　燕尾槽的铣削分析评价表

检测内容	检测项目及评分标准			自查结果	教师检测	存在的质量问题及原因分析
	检测项目	分值	评分标准			
1. 准备工作	准备刀具、量具、工具、夹具	5	缺每项扣 2 分			
2. 技术准备工作	(1)刀具的安装 (2)工件装夹及校正	5	每项未完成扣 3 分			
3. 方案合理性	工艺安排方案	10	合理 10 分;较合理 8 分;不合理,有严重错误 0 分			
4. 尺寸精度	25	2×10	超差扣 2 分			
	2、12	2×10	超差扣 2 分			
	60°	20	超差扣 2 分			
5. 表面质量	$Ra6.3\mu m$(10 处)	10×1	不符合要求每处扣 1 分			
6. 安全操作文明生产	无人身、机具事故,文明操作,清洁工、量具等	10	损坏机具扣 5 分,发生事故不给分。不文明操作,未清洁,打扫机床等,每项扣 1 分			
总分						
指导教师的意见和建议						

思考与训练

一、填空题

1. 用立铣刀铣削 V 形槽的方法有_____和_____。

2. 阶台的宽度和深度一般可用_____和_____测量。

3. 直角沟槽有_____、_____和_____等三种形式。

4. V 形槽的宽度可用_____和_____直接测量。

5. T 形槽由_____和_____组成。

6. 铣削阶台或直角沟槽时,常用_____铣刀。

7. 封闭槽则采用_____铣削。

8. 键连接是通过键将_____与_____(如齿轮、带轮、凸轮)连接在一起,实现____,并传递_____的连接。

9. 铣削台阶时,铣刀容易向_____的一侧偏让,通常称为_____。

10. 常见的特形沟槽有_____槽、_____槽、_____槽和_____槽等。

11. 铣削 T 形槽的步骤是:在加工底槽前,用_____铣刀或_____铣刀铣出_____,然后用_____铣刀铣出_____,最后用_____铣刀或用_____铣刀修磨的_____铣刀为槽口倒角。

12. 燕尾槽和燕尾的铣削都分为两个步骤,先铣出_____或_____,再铣出燕尾槽或燕尾;燕尾最常用的角度为_____和_____两种;铣削燕尾槽或燕尾时应选用廓形角度与燕尾角度_____,_____宽度大于工件燕尾槽斜面的宽度,端面直径_____槽底宽度的燕尾槽铣刀进行铣削。

二、判断题

1. 在立式铣床上用立铣刀铣削台阶，若立铣头零位不准，当采用纵向进给铣削时，对台阶侧面无影响，台阶底面会产生凹面。　　　　　　　　　　　　　　　（　　）

2. 沟槽深度和长度一般用游标卡尺测量，精度要求高时用深度千分尺测量。（　　）

3. 台阶和沟槽与零件其他表面的相对位置一般用游标卡尺、百分表或千分尺来测量。　　　　　　　　　　　　　　　　　　　　　　　　　　　　　　（　　）

4. V形槽的尺寸和V形槽的精度一般用游标卡尺、万能角度尺及角度样板来检测。　　　　　　　　　　　　　　　　　　　　　　　　　　　　　　（　　）

5. 加工尺寸精度和位置精度要求较高的键槽时，最好采用粗铣和精铣两道工序。　　　　　　　　　　　　　　　　　　　　　　　　　　　　　　（　　）

6. 为了使加工出的键槽与轴线对称，必须使键槽铣刀的中心线或盘铣刀的对称线，通过工件的轴线。　　　　　　　　　　　　　　　　　　　　　　　　（　　）

7. 常用的铣削键槽方法有分层铣削法和一次铣削法。　　　　　　　　　（　　）

8. 铣削燕尾块时，首先应铣削直槽或阶台，然后用燕尾槽铣刀进行铣削。（　　）

9. 铣削较深的台阶时，台阶侧面应留0.5～1mm的余量，台阶的深度尺寸可分几次铣削。　　　　　　　　　　　　　　　　　　　　　　　　　　　　　（　　）

10. 所有的V形槽都可以在立式铣床上通过倾斜主轴进行铣削。　　　　（　　）

11. 铣削T形槽时，应先铣T形槽底，再铣直角槽。　　　　　　　　　　（　　）

12. 加工直角沟槽的铣刀有两大类，一类是盘形铣刀，一类是指形铣刀。（　　）

三、选择题

1. 键槽宽度通常用塞规来检验，对称度要求较高时，可用（　　）来检验对称度。
A. 垫垫铁　　　　B. 垫上铜皮　　　　C. 直接压紧　　　　D. 垫上斜铁

2. 阶台、直角沟槽的（　　），一般可采用不同加工痕迹的标准样板来检测。
A. 表面粗糙度　　B. 宽度　　　　　　C. 位置度　　　　　D. 深度

3. 加工键槽时，为了使键槽对称于轴线的精度较高，要采用（　　）。
A. 擦侧面对刀法　B. 划线对刀法　　　C. 切痕对刀法　　　D. 环表对刀法

4. 当台阶和沟槽与其他零件的相应部位配合，其（　　）要求较高。
A. 形状精度　　　B. 位置精度　　　　C. 尺寸精度　　　　D. 表面粗糙度

5. 在轴上铣键槽时，不论用何种夹具进行装夹，都必须将工件的轴线找正到与机床（　　）一致。
A. 铣刀轴线　　　B. 机床轴线　　　　C. 进给方向　　　　D. 夹具轴线

6. 铣键槽时，键槽产生歪斜的原因是（　　）。
A. 对刀不准　　　　　　　　　　　　B. 轴的侧素线与纵向进给方向不平行
C. 铣刀偏让　　　　　　　　　　　　D. 进给量太大或用钝铣刀铣削

7. 在立式铣床上用立铣刀铣削V形槽，当铣好一侧后，应把（　　），再铣另一侧。
A. 铣刀翻身　　　　　　　　　　　　B. 立铣头反向转过一定角度
C. 工件转过180°　　　　　　　　　　D. 工作台转过180°

8. 铣削T形槽时，应（　　）。
A. 先用立铣头铣出槽底，再用T形槽铣刀铣出直角沟槽
B. 直接用T形槽铣刀铣出直角沟槽和槽底
C. 先用立铣刀铣出直角沟槽，再用T形槽铣刀铣出槽底
D. 先用T形槽铣刀铣出直角沟槽，再用T形槽铣刀铣出槽底

9. T形槽铣刀铣削时，由于（　　）切削热量不易散发，甚至发生退火，使铣刀失去

切削能力而折断。

    A. 受到过大的冲击力   B. 切削用量较大

    C. 排屑困难   D. 同时铣削 4 个平面

10. 燕尾槽的宽度通常用（   ）来测量。

    A. 内径千分尺   B. 标准圆棒和量具配合

    C. 样板比较   D. 百分表与量块

四、简答题

1. 铣削 T 形槽时应注意哪些事项？

2. 影响直角沟槽形状、位置精度的因素有哪些？

3. 轴上键槽槽宽的对称度如何检验？

4. V 形槽的铣削方法有哪几种？

5. 铣削 T 形槽的加工步骤是什么？

6. 铣削键槽的工艺有哪些要求？

7. 如何铣削燕尾槽？

五、实操题

1. 铣削如图 3-98 所示的直角沟槽。

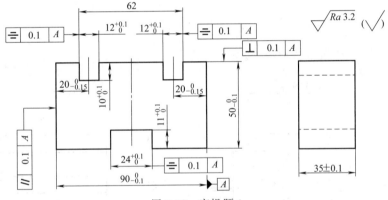

图 3-98　实操题 1

2. 铣削如图 3-99 所示的凸台、直角沟槽、键槽。

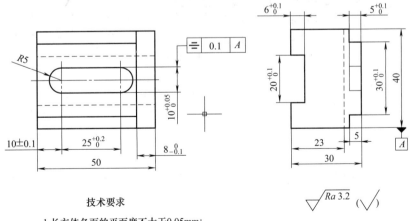

技术要求

1. 长方体各面的平面度不大于 0.05mm；

2. 两面的平行度、垂直度不大于 0.1mm；

3. 去毛刺。

材料：45

图 3-99　实操题 2

3. 铣削如图 3-100 所示的键槽。

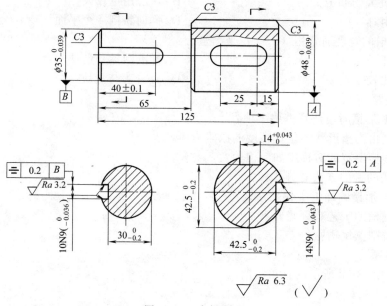

图 3-100　实操题 3

4. 铣削如图 3-101 所示特形沟槽。

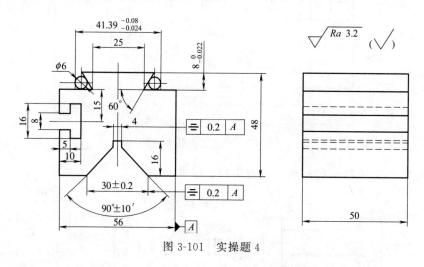

图 3-101　实操题 4

学习情境四 万能分度头及应用

 学习目标

知识目标

1. 了解分度头的基本结构和功能；
2. 掌握分度头的常用分度方法；
3. 掌握正多边形的相关计算；
4. 掌握多边形铣削方法。

情境导入

万能分度头是安装在铣床上用于将分成任意等份的机床附件，如图 4-1 所示。利用分度刻度环和游标，定位销和分度盘以及交换齿轮，将装夹在顶尖间或卡盘上的工件分成任意角度，可将圆周分成任意等份，辅助机床利用各种不同形状的刀具进行各种沟槽、正齿轮、螺旋正齿轮、阿基米德螺线凸轮等加工工作。万能分度头还备有圆工作台，工件可直接紧固在工作台上，也可利用装在工作台上的夹具紧固，完成工件多方位加工。

图 4-1　万能分度头及附件

任务一　万能分度头的使用及分度方法

任务描述

万能分度头作为铣床上的重要附件和夹具，它可以满足不同工件的装夹要求，故分度头在铣削加工中得到了广泛的应用。本任务要带领同学们认识和学习使用分度头以及利用分度头进行分度。

知识链接

一、万能分度头的介绍

铣床中分度头的种类较多，有直接分度头、简单分度头和万能分度头等。按是否具有差动挂轮装置，分度头可分为万能型（FW 型）和半万能型（FB 型）两种，其中，万能分度头使用最为广泛。铣床上使用的主要是万能型分度头。万能分度头的型号由大写汉语拼音字母和阿拉伯数字组成。常用的有 FW63、FW80、FW100、FW125、FW200 和 FW250 等，FW250 型分度头是铣床上最常用的一种。代号中 F 代表分度头，W 代表万能型，250 代表分度头夹持工件的最大直径，单位为 mm（如图 4-2 所示）。

图 4-2　FW250 万能分度头

二、分度头的结构

万能分度头是铣床的重要附件，主要用于圆周分度，也广泛应用于其他机床的分度加工，图 4-3 为万能分度头的外形图。

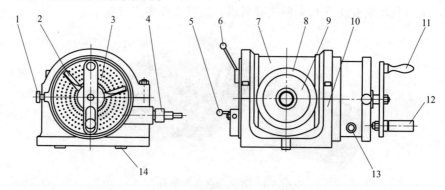

图 4-3　万能分度头外形图

1—分度盘紧固螺钉；2—分度叉；3—分度盘；4—传动轴；5—蜗杆脱落手柄；
6—主轴锁紧手柄；7—转动体；8—刻度盘；9—主轴；10—底座；
11—分度手柄；12—插销；13—油面视镜；14—定位键

（1）分度盘紧固螺钉　当分度盘需要转动或固定时，可以松开或紧固分度盘紧固螺钉来实现。

（2）分度叉　分度叉的作用是方便分度和防止分度出错。它由两个叉脚构成，根据分度手柄所转过的孔距数来调整开合角度的大小，并加以固定。

（3）分度盘　分度盘是主要分度部件，安装在分度手柄轴上。其上均匀分布有数个同心圆，各个同心圆上分布着不同数目的小孔，作为各种分度计算和实施分度的依据。由于型号不同，分度头配备的分度盘数量也不等。

（4）传动轴　用于连接挂轮和机床，可以实现机床和分度头同步运行。

（5）蜗杆脱落手柄　蜗杆脱落手柄用来控制蜗杆和蜗轮间的啮合和脱开。

（6）主轴锁紧手柄　主轴锁紧手柄的作用是分度后固定主轴位置，减少蜗杆和蜗轮承受的切削力，减小振动，以保证分度头的分度精度。

（7）转动体　转动体安放在底座中，它可以绕主轴轴线回转，以实现其在水平线6°以上和90°以下的范围内调整角度的目的。

（8）刻度盘　直接分度时，刻度盘用来确定主轴转过的角度。其安装在主轴前端，与主轴一同转动，圆周上有0°～360°的等分刻度线。

（9）主轴　分度头主轴可绕轴线旋转，它是一根空心轴，前后两端均有莫氏4号的锥孔。前锥孔用来安装顶尖，其外部有一段定位锥体，用来安装三爪自定心卡盘的连接盘；后锥孔用来安装挂轮轴，以便用来安装交换齿轮。

（10）底座　底座是分度头的本体，大部分零件都装在底座上。底座下面凹槽内装有定位键，用于安装时保证与铣床工作台的定位精度。

（11）分度手柄　分度时摇动手柄，根据分度头传动系统的传动比，手柄转一整圈，主轴转过相应的圈数。

（12）插销　插销在分度手柄的长槽中沿分度盘半径方向调整位置，以便插入不同孔数的分度盘内，与分度叉配合准确分度。

（13）油面视镜　通过油面视镜可以看到分度头内油量的多少。

（14）定位键　通过定位键将分度头固定在铣床上，起到校正固定的作用。

三、分度头分度方法及原理

万能分度头的分度方法是转动分度手柄，驱动圆柱齿轮副和蜗轮副转动来实现主轴的转动分度动作。具体方法有直接分度法、简单分度法和差动分度法三种。

1. 直接分度法

应用场合：工件的等分精度要求不高，且分度数较少时。

操作：直接转动分度头主轴即可，所转过的角度可以从固定在主轴上的刻度盘上读出。

在分度前需做：

① 扳动主轴锁紧手柄松开主轴；

② 扳动蜗杆脱落手柄，脱开蜗轮和蜗杆，否则转不动分度头主轴。

在分度后需做：应扳动主轴锁紧手柄将主轴锁紧，以防止在加工中主轴转动。

2. 简单分度法

应用场合：简单分度法是最常用的分度方法。

分度原理：在万能分度头内部，蜗杆是单线，蜗轮为40齿。分度中，当手柄转动，蜗杆和蜗轮就旋转。当手柄（蜗杆）转40周，蜗轮（工件）转1周，即传动比为40∶1，"40"称为分度头的定数（见图4-4）。如果已知工件的分度数z时，则每次分度一次，工件应转$1/z$转，这时分度手柄应转过的n转。其传动关系为：

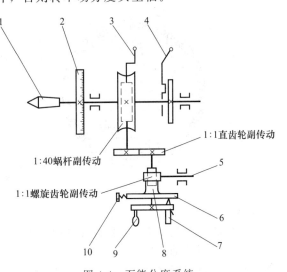

图 4-4　万能分度系统

1—主轴；2—刻度盘；3—蜗杆脱落手柄；
4—主轴锁紧手柄；5—传动轴；6—分度盘；
7—插销；8—套筒；9—分度手柄；10—分度盘紧固螺钉

$$n \times \frac{1}{1} \times \frac{1}{40} = \frac{1}{z}$$

即
$$n = \frac{40}{z}$$

式中　n——分度手柄应转的转数；

　　　z——工件的等分数；

　　　40——分度头的传动定数。

具体操作：它是用分度盘紧固螺钉将分度盘固定，拔出插销，转动分度手柄，带动分度传动轴，通过一对直齿圆柱齿轮及蜗轮、蜗杆使主轴旋转带动工件分度。

在分度前先做：松开主轴；使蜗轮、蜗杆啮合；拧紧分度盘紧固螺钉紧固分度盘，避免分度盘转动，出现分度误差，分度后锁紧主轴。

[例1]　铣削等分数为 $z=36$ 正多面体，每铣一个面，即分度一次，分度手柄的转数是：

$$n = 40 \times \frac{1}{z} = \frac{40}{z}$$

$$n = \frac{40}{36} = 1\frac{4}{36} = 1\frac{1}{9}$$

$$n = 1\frac{6}{54}(\text{转})$$

常备有两块分度盘其孔数为

第一块：

正面：24　25　28　30　34　37　　　反面：38　39　41　42　43

第二块：

正面：46　47　49　51　53　54　　　反面：57　58　59　62　66

根据分度盘中的孔数，被选中 54

具体操作如下：

分度手柄在 54 孔圈上转过一圈后再转过 6 个孔距为一等分，如图 4-5 所示。

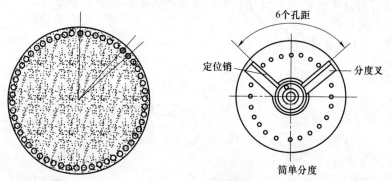

图 4-5　54 孔分度盘

3. 差动分度法

当工件的等分数 z 和 40 不能相约或工件的等分数和 40 相约后，分度盘上没有所需的孔圈数时，可采用差动分度法。差动分度法就是在分度中，分度手柄和分度盘同时顺时针或逆时针转动，通过它们之间的转数差来实现分度。

为了使分度手柄和分度盘同时转动，需要在分度头主轴后锥孔处和侧轴上都安装交换齿轮 Z_1、Z_2、Z_3、Z_4，如图 4-6 所示。差动分度传动系统如图 4-7 所示。

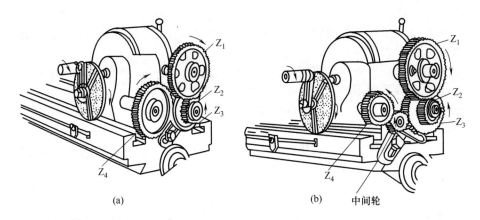

(a)   (b) 中间轮

图 4-6　交换齿轮

[例 2]　在 FW250 型万能分度头上分度，加工齿轮 $z=67$ 的链轮，试进行调整计算。

解： 因 $z=67$ 不能与 40 化简，且选不到孔圈数，故确定用差动分度法进行分度。

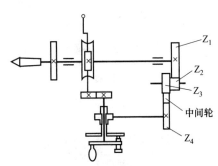

图 4-7　差动分度传动系统

（1）选取 $z_0=70$（$z_0>z$）

① 计算分度盘孔圈数及插销应转过的孔数。

$$n=\frac{40}{z_0}=\frac{40}{70}=\frac{4}{7}=\frac{16}{28}$$

即选用第一块分度盘的 28 孔孔圈为依据进行分度，每次分度手柄应转过 16 个孔距。

② 计算交换齿轮数。

$$\frac{z_1}{z_2}\times\frac{z_3}{z_4}=\frac{40(z_0-z)}{z_0}=\frac{40\times(70-67)}{70}=\frac{12}{7}=\frac{2\times 6}{1\times 7}=\frac{80}{40}\times\frac{48}{56}$$

即 $z_1=80$、$z_2=40$、$z_3=48$、$z_4=56$。因 $z_0>z$，所以交换齿轮应加一个中间轮。

（2）选取 $z_0=60$（$z_0<z$）

① 计算分度盘孔圈数及插销应转过的孔数。

$$n=\frac{40}{z_0}=\frac{40}{60}=\frac{2}{3}=\frac{16}{24}$$

即选用第一块分度盘的 24 孔孔圈为依据进行分度，每次分度手柄应转过 16 个孔距。

② 计算交换齿轮数。

$$\frac{z_1}{z_2}\times\frac{z_3}{z_4}=\frac{40(z_0-z)}{z_0}=\frac{40\times(60-67)}{60}=\frac{14}{3}=\frac{2\times 7}{1\times 3}=\frac{80}{40}\times\frac{56}{24}$$

即 $z_1=56$、$z_2=24$、$z_3=80$、$z_4=40$。因 $z_0<z$，所以交换齿轮不加中间轮。

四、分度头的正确使用和维护

万能分度头是铣床上较精密的附件，在使用中必须注意维护。使用时应注意以下几个方面：

（1）经常擦洗干净，按照要求，定期加油润滑。

（2）万能分度头内的蜗轮和蜗杆间应该有一定的间隙，这个间隙保持在 0.02～0.04mm 范围内。

（3）在万能分度头装夹工件时，要先锁紧分度头主轴，但在分度前，要把主轴锁紧手柄松开。

（4）调整分度头主轴的角度时，应先检查基座上部靠近主轴前端的两个内六角螺钉是否紧固，不然会使主轴的"零位"位置变动。

（5）分度时，手柄上的插销应对正孔眼，慢慢地插入孔中，不能让插销自动弹入孔中，否则，久而久之，孔眼周围会产生磨损，而加大分度中的误差。

（6）分度中，当手柄转过预定孔的位置时，必须把手柄向回多摇些，消除蜗轮和蜗杆间的配合间隙后，再使插销准确地落入预定孔中。

（7）分度头的转动体需要扳转角度时，要松开紧固螺钉，严禁任何情况下的敲击。

计划决策

表 4-1　计划决策表

学习情境	万能分度头及应用				
学习任务	万能分度头的使用及分度方法			完成时间	
任务完成人	学习小组		组长	成员	
需要学习的知识和技能	知识：1. 分度头的结构分度原理 　　　2. 分度方法 技能：利用分度头进行等分分度				
小组任务分配	小组任务	任务准备	管理学习	管理出勤、纪律	管理卫生
	个人职责	准备任务的设备、工具、量具、刀具	认真努力学习并热情辅导小组成员	记录考勤并管理小组成员纪律	组织值日并管理卫生
	小组成员				
安全要求及注意事项	1. 进入车间要求听指挥，不得擅自行动 2. 不得擅自触摸转动机床设备和正在加工的工件 3. 不得在车间内大声喧哗、嬉戏打闹				
完成工作任务的方案	叙述采用分度头进行分度的分法				

任务实施

表 4-2　任务实施表

学习情境	万能分度头及应用				
学习任务	万能分度头的使用及分度方法			完成时间	
任务完成人	学习小组		组长	成员	
用简单分度法铣削正六面体					
步骤	操作内容				
计算分度手柄转数					
选取分度盘					

分析评价

表 4-3　指导教师评估表

学习情境	万能分度头及应用			
学习任务	万能分度头的使用及分度方法		完成时间	
任务完成人	学习小组	组长	成员	
评价项目	评价内容	评价标准		得分
专业能力 (55%)	知识的理解和 掌握能力	对知识的理解、掌握及接受新知识的能力 □优(12)　□良(9)　□中(6)　□差(4)		
	知识的综合应 用能力	根据工作任务,应用相关知识进行分析解决问题 □优(13)　□良(10)　□中(7)　□差(5)		
	方案制定与实 施能力	在教师的指导下,能够制定工作方案并能够进行优化实施,完成工作 任务单、计划决策表、实施表、检查表的填写 □优(15)　□良(12)　□中(9)　□差(7)		
	实践动手操作 能力	根据任务要求完成任务载体 □优(15)　□良(12)　□中(9)　□差(7)		
方法能力 (25%)	独立学习能力	在教师的指导下,借助学习资料,能够独立学习新知识和新技能,完成 工作任务 □优(8)　□良(7)　□中(5)　□差(3)		
	分析解决问题的能力	在教师的指导下,独立解决工作中出现的各种问题,顺利完成工作 任务 □优(7)　□良(5)　□中(3)　□差(2)		
	获取信息能力	通过教材、网络、期刊、专业书籍、技术手册等获取信息,整理资料,获 取所需知识 □优(5)　□良(3)　□中(2)　□差(1)		
	整体工作能力	根据工作任务,制定、实施工作计划 □优(5)　□良(3)　□中(2)　□差(1)		
社会能力 (20%)	团队协作和 沟通能力	工作过程中,团队成员之间相互沟通、交流、协作、互帮互学,具备良好 的群体意识 □优(5)　□良(3)　□中(2)　□差(1)		
	工作任务的 组织管理能力	具有批评、自我管理和工作任务的组织管理能力 □优(5)　□良(3)　□中(2)　□差(1)		
	工作责任心与 职业道德	具有良好的工作责任心、社会责任心、团队责任心(学习、纪律、出勤、 卫生)、职业道德和吃苦能力 □优(10)　□良(8)　□中(6)　□差(4)		
总　　分				

任务二　多边形的铣削

任务描述

　　正多边形的特点,决定正多边形在加工时必须等分毛坯。为等分准确,采用万能分度头进行等分加工。利用分度头进行六边形的铣削,具体图形如图 4-8 所示。

知识链接

一、正多边形的相关计算

　　如图 4-9 所示,正多边形的中心角、边长、内切圆的大小都与其外切圆直径和边数有关,计算公式如下:

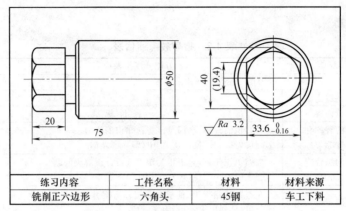

练习内容	工件名称	材料	材料来源
铣削正六边形	六角头	45钢	车工下料

图 4-8　铣削正六边形

中心角　　　　　　$\alpha = \dfrac{360°}{z}$

内角　　　　　　　$\theta = \dfrac{180°}{z}(z-2)$

边长　　　　　　　$S = D\sin\dfrac{\alpha}{2}$

内切圆直径　　　　$d = D\cos\dfrac{\alpha}{2}$

式中　D——外切圆直径，mm；
　　　Z——正多边形的边数。

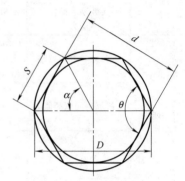

图 4-9　正多边形的计算

二、正多边形工件的铣削方法

铣削较短的正多边形工件时一般采用分度头上的三爪自定心卡盘装夹，用三面刃铣刀或立铣刀进行铣削，如图 4-10 所示。对工件的螺纹部分，要采用衬套或垫铜皮，以防止夹伤螺纹。露出卡盘部分应尽量短些，以防止铣削中工件松动。

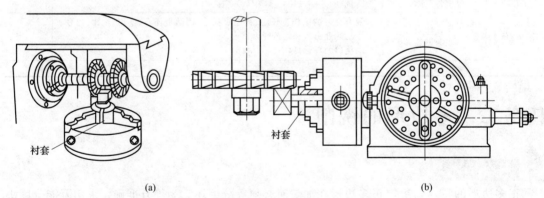

　　　　　(a)　　　　　　　　　　　　　　　　　　　　(b)

图 4-10　铣削较短的正多边形工件

铣削较长的工件时，可用分度头配合尾座装夹工件，用立铣刀或端铣刀进行铣削，如图 4-11 所示。

对于批量较大、边数为偶数的正多边形工件，可采用组合法铣削。采用组合法铣削时，一般用试切法对中。先将两把铣刀的内侧距离调整为正多边形对边的尺寸 L（即 $L = d$）用目测法将试件中心对正两铣刀中间，在试件端面上适量铣去一些后，退出试件，旋转

$180°$。再铣一刀，若其中只有一把铣刀切下了切屑，则说明对刀不准。这时可测量第二次铣后试件的尺寸 S'，将试件未铣到的一侧向同侧铣刀移动一个距离 $e=\dfrac{S-S'}{2}$ 即可，如图 4-12 所示。对刀结束，锁紧工作台，换上工件，即可开始正式铣削。

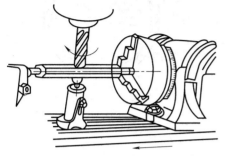

图 4-11　铣削较长的正多边形工件

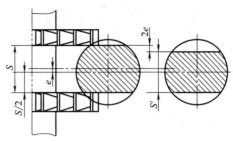

图 4-12　试切对中

现以如图 4-13 所示的六方头短轴的铣削为例，介绍铣削正多边形的工艺过程。

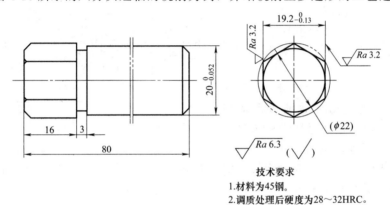

技术要求
1.材料为45钢。
2.调质处理后硬度为28～32HRC。

图 4-13　六方头短轴

由于图 4-13 中的六方头短轴端部的正六边形各边是沿其外切圆的圆周均匀分布的，其每边的铣削实际上只是在一个圆柱表面铣削一个平面。但这些平面的铣削沿圆周等分且均布，具有重复性，所以一般将工件在万能分度头上装夹及校正后，通过简单分度法进行铣削。

1．工件的装夹

工件可直接在分度头上用三爪自定心卡盘装夹，如图 4-14 所示。用百分表校正短轴上要铣削六方头的外圆，当该外圆跳动量超差时，可在卡爪上通过垫铜皮来加以调整，直到工件的径向圆跳动符合要求方能进行下一步的操作。

2．六角头的铣削

（1）选刀与对刀　根据图 4-13 的要求，六角头的长度为 16mm，现选用直径为 22mm（大于 16mm）的立铣刀进行铣削。铣削时，先让立铣刀端面刃轻轻与工件上素线相切，调整好纵向位置（使铣刀的直径覆盖六角头的长度），然后将纵向进给机构锁紧，横向退出工件，再将工作台上升一个距离 e，$e=\dfrac{D-d}{2}=1.4$mm，如图 4-15 所示，利用横向进给铣出第一个侧面检测合格后，依次分度铣削其他各边。这种对刀方法适用于加工任何边数的正多边形。

（2）加工与分度　若所加工的工件为正六边形，故在第一面铣削完并经检测合格后，可通过分度头将工件转过 $180°$（分度手柄转过 20r），铣出工件上与第一个面相对的表面，检测对边尺寸合格后，再进行其他各边的铣削。每铣削完一边应先横向退出工件。

141

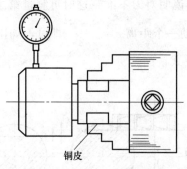

图 4-14　用三爪自定心卡盘装夹工件

铜皮

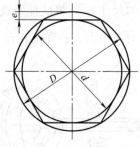

图 4-15　铣削正多边形时的对刀及调整

因工件等分数为 6，由简单分度公式可得：

$$n = \frac{40}{z} = \frac{40}{6} = 6\frac{2}{3} = 6\frac{44}{66}r$$

即每铣削完一边将分度手柄在 66 的孔圈上转过 6r 又转过 44 个孔距（两分度叉之间为 45 孔）后铣削下一侧面，如图 4-16 所示。

（3）检测　由于该六方头对边的尺寸精度不高（$19.2_{-0.13}^{0}$ mm），所以直接用游标卡尺测量即可。可通过用游标卡尺检测各边尺寸是否相等来检测其等分性。若

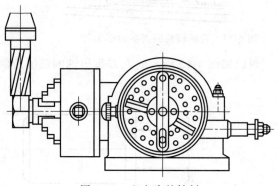

图 4-16　六方头的铣削

各边相等，则说明该六方头等分均匀，中心对称；若不相等，则可能出现了偏心或分度不准。角度检测采用万能角度尺。

计划决策

表 4-4　计划和决策表

学习情境	万能分度头及应用			
学习任务	正多边形的铣削		完成时间	
任务完成人	学习小组	组长	成员	
需要学习的知识和技能	知识：1. 多边形铣削原理　　　2. 铣削方法　技能：学会铣削正多边形			
小组任务分配	小组任务	任务准备	管理学习	管理出勤、纪律	管理卫生
	个人职责	准备任务的设备、工具、量具、刀具	认真努力学习并热情辅导小组成员	记录考勤并管理小组成员纪律	组织值日并管理卫生
	小组成员				
安全要求及注意事项	1. 进入车间要求听指挥，不得擅自行动　2. 不得在车间内大声喧哗、嬉戏打闹　3. 正确安装和校正万能分度头　4. 加工时工件必须夹紧　5. 铣床运转中不得变换主轴转速　6. 切削过程中不准测量工件，不准用手触摸工件			
完成工作任务的方案				

 **任务实施**

学习情境	万能分度头及其应用		
学习任务	正多边形的铣削		完成时间
任务完成人	学习小组	组长	成员

铣削正六面体	
步骤	操作内容
图样分析	正六面体中包含的尺寸有_____、_____、_____。加工表面粗糙度为_____;材料为_____,切削性能较好,加工时可选用_____铣刀
工艺准备	工艺准备: (1)选择铣床:_____铣床 (2)选择刀具:_____均可 (3)铣削正六面体的所需要的工具_____ (4)装夹:_____ (5)选择检验测量方法:_____和_____
	加工准备: (1)装夹工件:工件可直接在分度头上用_____装夹,用_____校正短轴上要铣削六方头的外圆 (2)调整铣削用量取 n _____,进给量 v_f _____
零件加工步骤	(1)对刀: 铣削时,先让立铣刀_____轻轻与工件上_____相切,调整好纵向位置,_____锁紧,退出工件,再将工作台上升一个距离_____ mm (2)切削: 利用_____进给铣出第一个侧面检测合格后,分度头应转过_____,依次_____铣削其他各边。这种对刀方法适用于加工任何边数的正多边形
检测分析	尺寸通过_____测量; 等分性通过_____测量。

 **分析评价**

表 4-6 正多边形的铣削分析评价表

检测内容	检测项目及评分标准			自查结果	教师检测	存在的质量问题及原因分析
	检测项目	分值	评分标准			
1. 准备工作	准备刀具、量具、工具、夹具	7	缺每项扣2分			
2. 技术准备工作	(1)刀具的安装 (2)工件装夹及校正	7	每项未完成扣3分			
3. 方案合理性	工艺安排方案	10	合理10分;较合理8分;不合理,有严重错误0分			
4. 尺寸精度	$33.6_{-0.16}^{0}$ mm(3处)	3×10	超差0.02mm扣2分			
	40mm(3处)	3×5	超差0.02mm扣2分			
	19.4mm(3处)	3×5	超差0.02mm扣2分			
5. 表面质量	$Ra3.2\mu m$(6处)	6×1	不符合要求扣1分			
6. 安全操作文明生产	无人身、机具事故,文明操作,清洁工、量具等	10	损坏机具扣5分,发生事故不给分。不文明操作,未清洁、打扫机床等,每项扣1分			
总 分						
指导教师的意见和建议						

143

学习情境四 万能分度头及应用

一、填空题

1. 常用的装夹方法有_____、_____和_____。

2. 万能分度头的型号由_____和_____两部组成。

3. 常用万能分度头有_____、_____和_____ 3 种，其中_____型万能分度头是铣床上最常用的一种。

二、简答题

1. 举例说明分度头型号由哪两部分组成，其含义是什么。

2. 使用分度头的注意事项有哪些？

3. 万能分度头的主要功用有哪些？

三、计算题

1. 用 FW250 型万能分度头分别铣削 6 等分、18 等分和 35 等分的工件，用简单分度法，试求分度手柄的转数。

2. 铣一等分数为 32 的正多面体，求每铣一面后分度手柄应转过的转数。

四、实操题

1. 铣削如图 4-17 所示六角头。

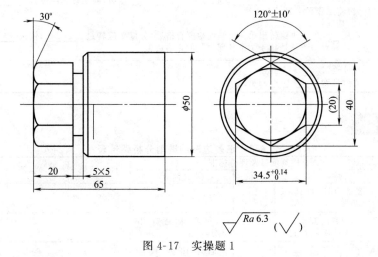

图 4-17 实操题 1

学习情境五　孔的加工

学习目标

知识目标：

1. 掌握钻头的相关知识，学会正确选择和刃磨钻头；
2. 掌握在铣床上钻孔的工艺方法；
3. 了解铰孔的相关知识，掌握铰孔的工艺方法；
4. 了解镗孔的工艺方法。

情境导入

钻孔、铰孔是铣工常见的工作，在铣床上加工坐标孔，比在钻床上加工坐标孔有更多的优点：铣床的刚性好，主轴的跳动量小，极易控制孔径；铣床的三坐标都可移动，极易控制孔距。

铣床与坐标镗床相比，价格便宜，加工范围广，在能达到要求的情况下尽量选用铣床加工。所以，在铣床上铣削孔是铣工必须掌握的基本技能之一。

任务一　钻孔

任务描述

本任务主要就是通过学习，完成图 5-1 所示的手柄盖板上的 8 个 $\phi 8^{+0.022}_{0}$ mm 小孔和 $\phi 16$mm 大孔的加工。

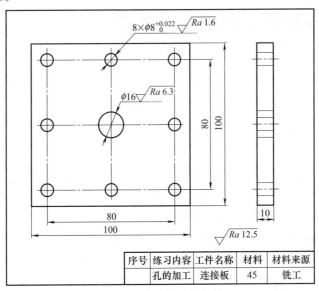

序号	练习内容	工件名称	材料	材料来源
	孔的加工	连接板	45	铣工

图 5-1　孔的加工任务图

用钻头在实体材料上加工孔的方法称为钻孔，如图 5-2 所示。在铣床上钻孔时，钻头的回转运动是主运动，工件（工作台）或钻头（主轴）沿钻头的轴向移动是进给运动。钻孔时大多采用麻花钻。为保证加工时孔与孔间的位置精度要求，钻孔前需要对各孔的位置进行确定。对于单件、小批量加工，通常是对各孔先进行划线、打样冲眼定位，再钻孔。批量生产可采用钻模套等专用夹具。

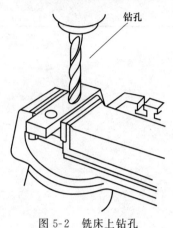

图 5-2 铣床上钻孔

一、麻花钻的结构及刃磨

1. 麻花钻头的结构

麻花钻头一般用高速钢（W18Cr4V 或 W9Cr4V2）制成，淬火后硬度能达到 62~68HRC。麻花钻头由柄部、颈部及工作部分组成，如图 5-3 所示。

（1）柄部是钻头的夹持部分，用以定心和传递动力，有直柄和锥柄两种。一般直径小于 13mm 的钻头做成直柄，直径大于 13mm 的钻头做成锥柄。

（2）颈部是连接工作部分和柄部的，是磨制钻头时供砂轮退刀用的，钻头的规格、材料和商标一般也刻印在颈部。

（3）工作部分又分切削部分和导向部分。导向部分是用来保持钻头工作时的正确方向，两条螺旋槽的作用是形成切削刃，便于容纳和排屑，切削液的输入。外缘有两条棱带，其直径略有倒锥，用以导向和减少钻头与孔壁的摩擦。切削部分的构成如图 5-4 所示，担任主要的切削工作，由五刃（两条主切削刃、两条副切削刃和一条横刃）、六面（两个前刀面，两个后刀面和两个副后刀面）组成。

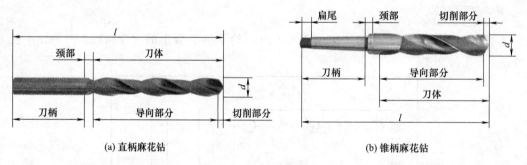

(a) 直柄麻花钻

(b) 锥柄麻花钻

图 5-3 麻花钻的结构

2. 麻花钻的主要几何角度

麻花钻的主要几何角度如图 5-5 所示。

（1）顶角 $2\kappa_r$ 顶角是指两主切削刃在与它们平行的轴平面上投影的夹角。顶角的大小影响麻花钻的尖端强度、前角和轴向抗力。顶角大，麻花钻的尖端强度高，并可加大前角，但钻削时轴向抗力大，且由于主切削刃短，定心较差，钻出的孔径容易扩大。加工钢与铸铁的标准麻花钻，其顶角 $2\kappa_r = 118° \pm 2°$。刃磨麻花钻时，可根据表 5-1 大致判断顶角的大小。

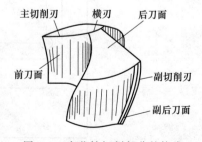

图 5-4 麻花钻切削部分的构成

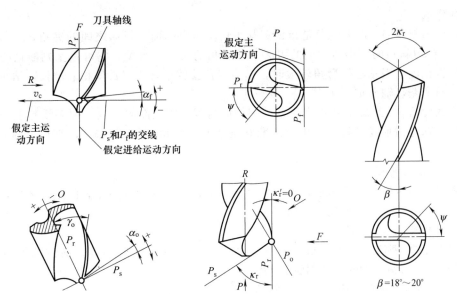

图 5-5　麻花钻的主要几何角度
P_r—基面；P_s—切削平面；P_f—假定工作平面；P_o—正交平面

表 5-1　麻花钻的顶角

顶角	$2\kappa_r > 118°$	$2\kappa_r = 118°$	$2\kappa_r < 118°$
图示	>118°　凹形切削刃	118°　直线形切削刃	<118°　凸形切削刃
两主切削刃的形状	凹曲线	直线	凸曲线
对钻孔的影响	顶角大,定心差,钻出的孔容易扩大,但前角也增大,使切削省力	适中	顶角小,定心准,钻出的孔不容易扩大,但前角也减小,使切削阻力增大
适用的材料	较硬的材料	中等硬度的材料	较软的材料

（2）前角 γ_o 与后角 α_o　前角是指前面与基面 p_r 的夹角,在正交平面 p_o 内测量。前角的大小与螺旋角 β、顶角和钻心直径有关,影响最大的是螺旋角。螺旋角越大,前角也越大。

主切削刃上各点处的前角大小是不同的,麻花钻外缘处前角最大,约为 $30°$；自外缘向中心逐渐减小,在钻心至 $d/3$ 范围内前角为负值,靠近横刃处的前角约为 $-30°$；横刃上的前角则小至 $-60° \sim -50°$。前角的大小影响切屑的形状和主切削刃的强度,决定切削的难易程度。前角越大,切削越省力,但刃口强度降低。

后角 α_o 是在正交平面 p_o 内测量的后面与切削平面 p_s 的夹角。

（3）侧后角 α_f　侧后角是指在假定工作平面 P_f 内测量的后面与切削平面的夹角。钻削过程中实际起作用的是侧后角 α_f。主切削刃上各点处的后角也不一样,在麻花钻外缘处的侧后角最小,为 $8° \sim 14°$；越靠近中心侧后角越大,靠近钻心处为 $20° \sim 25°$。后角的大小影响后面的摩擦和主切削刃的强度。后角越大,麻花钻后面与工件已加工面的摩擦越小,但刃口强度则降低。

（4）横刃斜角 ψ　横刃斜角是指横刃与主切削刃在端面上投影之间的夹角，一般取 $\psi=50°\sim55°$。横刃斜角的大小与后面的刃磨（即后角的大小）有关，它可用来判断钻心处的后角刃磨是否正确。当钻心处后角较大时，横刃斜角就较小，横刃长度相应增长，钻头的定心作用因此而变差，轴向抗力增大。

（5）螺旋角 β　螺旋角是指麻花钻外圆柱面与螺旋槽表面的交线（螺旋线）上任意一点处的切线与麻花钻轴线之间的夹角。标准麻花钻的螺旋角 $\beta=18°\sim30°$，直径大的麻花钻 β 取大值。

3. 麻花钻头的刃磨

钻头刃磨的质量会直接影响钻孔的精度。刃磨前，首先检查砂轮表面是否平整，若砂轮表面不平或有跳动现象，须先进行修正。

（1）刃磨麻花钻的要求

① 麻花钻的两条主切削刃应该对称，两主切削刃的长度要相等，两主切削刃的夹角（两主偏角 κ_r）与钻头的轴心线对称；

② 横刃必须通过钻头中心，横刃斜角应为 $50°\sim55°$；

③ 钻头必须锋利，主切削刃、刀尖与横刃不允许有钝口、崩刃或退火现象；

④ 横刃长度不宜过长；

（2）刃磨麻花钻的方法

① 右手捏住（左手也可）麻花钻前部起定位作用，左手握住麻花钻刀柄，使麻花钻轴心线与砂轮表面成 $59°$，如图 5-6 所示，柄部略向下倾斜 $12°\sim15°$。

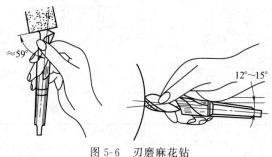

图 5-6　刃磨麻花钻

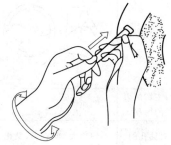

图 5-7　磨出主切削刃和后面

② 使麻花钻后面接触砂轮表面，右手使麻花钻绕轴线作微量转动，左手将麻花钻柄部作上下少量的摆动，如图 5-7 所示，就可同时磨出主切削刃和后面。

③ 将麻花钻转过 $180°$，用同样方法刃磨另一主切削刃。两切削刃也可交替地进行磨削。

④ 检查刃磨后的两主偏角 $2\kappa_r$（顶角）是否达到要求及与轴线是否对称、两主切削刃长度是否相等。检查时，左手拿麻花钻刀柄竖直放在面前，右手指放在钻头顶部，两眼平视，目测主偏角 κ_r 是否两边大小相等，主切削刃长度是否一致，如不符再进行修磨。

⑤ 检查横刃斜角应为 $55°$。检查时，将麻花钻竖直，两眼俯视，目测横刃斜角应为 $55°$，如图 5-8 所示。

⑥ 修磨横刃。把横刃磨短，将钻心处前角磨大。通常 5mm 以上的麻花钻都需修磨，使修磨后的横刃长度为原长的 $1/3\sim1/5$。修磨方法，如图 5-9 所示。

（3）刃磨麻花钻时的注意事项

① 刃磨时，用力要均匀，不能过猛，应经常目测磨削情况，随时修正；

② 当钻头将要磨好时，应由刃口向刃背方向磨，以免刃口退火；

③ 刃磨时，应经常将钻头浸入水中进行冷却，避免过热退火。

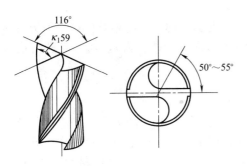

图 5-8　麻花钻的角度

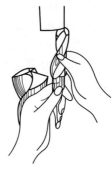

图 5-9　修磨横刃

4. 麻花钻头的安装

（1）安装直柄麻花钻。有以下两种方法。

① 直接安装在铣夹头及弹性套内，与安装直柄立铣刀的方法相同。

② 安装在钻夹头内，如图 5-10 所示。

（2）安装锥柄麻花钻。锥柄麻花钻可直接或用变径套连接安装在铣床用带有腰形槽锥孔的变径套内。安装及拆卸钻头的方法，如图 5-11 所示。

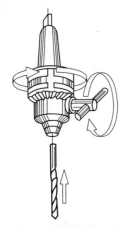

图 5-10　安装钻夹头

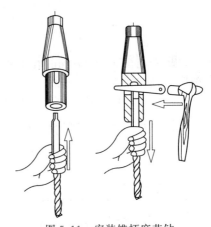

图 5-11　安装锥柄麻花钻

二、钻削用量的选择

1. 切削速度 v_c

麻花钻切削刃外缘处的线速度与其直径、主轴转速之间的计算公式为：

$$v_c = \frac{\pi d n}{1000} \quad (\text{m/min})$$

钻孔时，钻头切削速度 v_c 的选择主要根据钻头品质、被钻孔工件的材料以及所钻孔的表面粗糙度等要求来确定。一般在铣床上钻孔时，由工件做进给运动，因此钻削速度应选低一些。此外，当所钻直径较大时，也应在钻削速度范围内选择较小值。高速钢钻头钻削速度的选择可参见表 5-2。

表 5-2　高速钢钻头钻削速度 v_c

加工材料	钻削速度 v_c/(m/min)	加工材料	钻削速度 v_c/(m/min)
低碳钢	25～30	铸铁	20～25
中、高碳钢	20～25	铝合金	40～70
合金钢、不锈钢	15～20	铜合金	20～40

2. 进给量 f

麻花钻每回转一周，它与工件在进给方向（麻花钻轴向）上的相对位移量称为每转进给量 f，单位为 mm/r。麻花钻为多刃刀具，有两条切削刃（即刀齿），其每齿进给量（单位为 mm/齿）等于每转进给量的一半，即：

$$f_z = \frac{1}{2}f$$

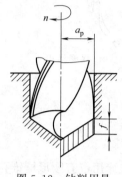

图 5-12　钻削用量

钻孔时进给量的选择也与所钻孔直径的大小、工件材料及孔的表面粗糙度要求等有关。在铣床上钻孔一般采用手动进给，但也可采用机动进给。每转进给量，在加工铸铁和有色金属材料时可取 0.15～0.50mm/r，加工钢件时可取 0.10～0.35mm/r。

3. 背吃刀量 a_p

背吃刀量，一般指已加工表面与待加工表面之间的垂直距离。钻孔时的背吃刀量等于麻花钻直径的一半，即 $a_p = \frac{1}{2}d$，如图 5-12 所示。

三、钻孔的方法与工艺

在铣床上钻孔有两种方法，一种是按划线钻孔，另一种是按碰刀法钻孔。现在以图 5-13 所示为例，分别介绍这两种加工方法。

1. 按划线钻孔

按图样要求先划出 3 个 ϕ16mm 孔的中心线及轮廓线，并打上样冲眼。

调整铣床主轴转速至 300r/min，摇动纵、横、垂向手柄，使钻头两切削刃顶尖对准划线印的圆心样冲眼，试钻一浅坑，目测是否对准。如发现钻偏，应重新进行找正。但是由于钻头已钻出浅坑，如摇动距离再钻会偏让到原来位置上去，为此必须在浅孔与划线距离较大处錾几条浅槽，如图 5-13 所示。

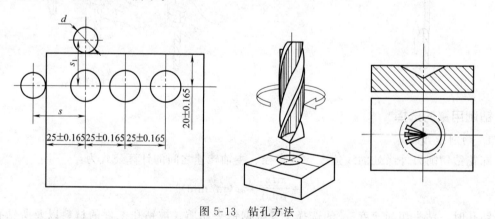

图 5-13　钻孔方法

移动距离后，再进行试钻，待对准后即可摇动主轴手动移动手轮向下钻孔，当钻头快要钻通时减慢进给速度，待钻通后方可停机。如钻削较长孔时，应经常退出钻头以防切屑阻塞，如钻削韧性材料时需冲注切削液。

2. 按碰刀法钻孔

对于孔距要求较高的工件，可用碰刀法对刀加工。现以图 5-13 所示为例，介绍对刀方法。

（1）划出加工参考线，并打上样冲眼。

（2）选用 ϕ10mm 键槽铣刀（或圆销），反向装夹。

（3）移动纵向工作台，使刀柄外圆与工件左侧端面相接触，可用 $\delta=0.03\mathrm{mm}$ 的塞尺检查，然后 x 方向移动距离 S 为：

$$S=L_1+\frac{d}{2}+\delta=25+\frac{10}{2}+0.03=30.03\mathrm{mm}$$

移动横向工作台，使刀柄外圆与工件前侧面相接触，y 方向移动距离 S_1 为：

$$S_1=L_2+\frac{d}{2}+\delta=20+\frac{10}{2}+0.03=25.03\mathrm{mm}$$

（4）紧固纵、横向工作台。

（5）换装中心钻，主轴转速调整到 $950\mathrm{r/min}$，钻出锥孔作导向定位。

（6）换装 $\phi16\mathrm{mm}$ 钻头，主轴转速调整到 $300\mathrm{r/min}$。摇动主轴手动移动手轮，进行钻削（或工作台垂向进给）。

（7）测量孔径与孔距，然后移动纵向工作台 $25\mathrm{mm}$，钻削第二个孔。

（8）纵向工作台再移动 $25\mathrm{mm}$，用同样方法钻削第三个孔。

四、钻孔的质量分析

1. 检测

（1）测量孔径。用游标卡尺测量 3 个孔径应为 $16\sim16.43\mathrm{mm}$。

（2）测量孔距。用游标卡尺测量，测量方法，如图 5-14 所示。

2. 质量分析

（1）孔径超差原因

① 钻头刃磨后两主切削刃长度不等；

② 钻头两主偏角 κ_r 不对称；

③ 钻头两主偏角和主切削刃长度均不相等；

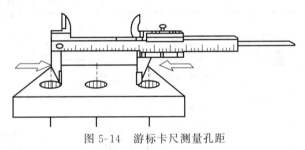

图 5-14　游标卡尺测量孔距

④ 钻头直径选得不准确；

⑤ 钻头径向圆跳动过大。

（2）孔距尺寸超差原因

① 划线不准确，样冲眼未打准；

② 开始钻削时未对准，或工件移动；

③ 调整孔距时移距不准；

④ 钻头横刃过长致使定心不准。

（3）钻孔歪斜原因

① 进给量太大，使钻头弯曲；

② 横刃太长，定心不良；

③ 钻头两主偏角及主切削刃不对称。

（4）孔壁表面粗糙度值过大原因

① 钻头不锋利；

② 切削用量选择不当；

③ 钻头后角太大；

④ 切削液选择不当或量不足。

计划决策

以图 5-15 手柄盖板孔的加工为例编写计划决策书。

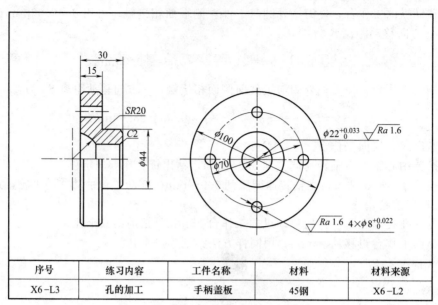

序号	练习内容	工件名称	材料	材料来源
X6–L3	孔的加工	手柄盖板	45钢	X6–L2

图 5-15 手柄盖板

表 5-3 计划和决策参考表

学习情境	孔的加工				
学习任务	钻孔			完成时间	
任务完成人	学习小组		组长		成员
需要学习的 知识和技能	知识:1. 麻花钻的结构及角度 　　　2. 钻孔的方法与孔的检测 技能:麻花钻的刃磨及钻孔的技能				
小组任务分配	小组任务	任务准备	管理学习	管理出勤、纪律	管理卫生
	个人职责	准备任务的设备、 工具、量具、刀具	认真努力学习并热情 辅导小组成员	记录考勤并管理 小组成员纪律	组织值日并 管理卫生
	小组成员				
安全要求及 注意事项	1. 进入车间要求听指挥,不得擅自行动 2. 不得在车间内大声喧哗、嬉戏打闹 3. 安装工件时,应将钳口、钳底、工件、垫铁擦净 4. 加工时工件必须夹紧 5. 铣床运转中不得变换主轴转速 6. 切削过程中不准测量工件,不准用手触摸工件				
完成工作任务 的方案	1. 钳工划线 (1)检查工件尺寸合格后,在工件表面涂色 (2)钳工划线,打样冲眼 2. 工艺准备 (1)装夹工件 (2)选择刀具:直径 $\phi7.8$mm 左右的钻头进行钻削 (3)选择钻削用量 3. 钻削孔 (1)对刀-引钻 (2)钻孔 4. 检验 用游标卡尺检验孔径大小和孔距;用游标卡尺或深度尺检验孔深				

参照表 5-3 编制任务书中零件的钻孔工作计划。

表 5-4　计划和决策表

学习情境	孔的加工				
学习任务	钻孔			完成时间	
任务完成人	学习小组		组长		成员
需要学习的知识和技能	知识:1. 麻花钻的结构及角度 　　　2. 钻孔的方法与孔的检测 技能:麻花钻的刃磨及钻孔的技能				
小组任务分配	小组任务	任务准备	管理学习	管理出勤、纪律	管理卫生
	个人职责	准备任务的设备、工具、量具、刀具	认真努力学习并热情辅导小组成员	记录考勤并管理小组成员纪律	组织值日并管理卫生
	小组成员				
安全要求及注意事项	1. 进入车间要求听指挥,不得擅自行动 2. 不得在车间内大声喧哗、嬉戏打闹 3. 安装工件时,应将钳口、钳底、工件、垫铁擦净 4. 加工时工件必须夹紧 5. 铣床运转中不得变换主轴转速 6. 切削过程中不准测量工件,不准用手触摸工件				
完成工作任务的方案					

 任务实施

表 5-5　任务实施表

学习情境	孔的加工			
学习任务	钻孔		完成时间	
任务完成人	学习小组	组长		成员
任务实施及具体步骤				
步骤	操作内容			
钻孔前工艺准备	1. 检验零件的尺寸符合要求 2. 按图样要求划出 $\phi16mm$、$\phi8mm$ 孔的中心线,并打样冲眼。然后根据零件的结构和形状选择合理的装卡方法,用_____装卡工件,并进行找正			
	根据图样尺寸要求选择钻头,装夹钻头。按要求夹紧_____钻头			
	调整铣床,根据需要选择合理的切削用量,主轴转速取_____ r/min,进给速度取_____ mm/min,采用_____切削液			
钻孔	将主轴转速调整至_____ r/min,摇动纵、横、垂向手柄,使钻头两切削刃顶尖对准划线印的圆心样冲眼,试钻一浅坑,目测是否对准。如发现_____,应重新进行找正。但是由于钻头已钻出浅坑,如摇动距离再钻会_____,为此必须在浅孔与划线距离较大处_____			
	移动距离后,再进行试钻。待对准后即可摇动主轴手动移动手轮向下钻孔,当钻头快要钻通时减慢_____,到钻通后方可停机。如钻削较长时,应经常退出_____以防_____,如钻削韧性材料时需冲注_____ 　　每钻完一个孔后,可利用铣床工作台进给手柄刻度盘上的刻度来控制_____的移动距离,准确按中心距对下一孔的位置进行定位,还可以参照孔的_____位置,进一步确定孔的位置			
检测	检测孔径为_____ 检测孔距为_____			

表 5-6　钻孔分析评价表

序号	检测内容	检测项目及分值		出现的实际质量问题及改进方法			
		检测项目	分值	自己检测结果	准备改进措施	教师检测结果	改进建议
1	主要尺寸	$\phi16$	10				
2		$8\times\phi8$	40				
3	表面粗糙度	$Ra1.6$(8)处	10				
		$Ra6.3$(1)处					
4	设备及工量具的使用维护	常用工量具的合理使用及维护保养	10				
		正确操纵铣床并及时发现一般故障	10				
		铣床的日常润滑保养	10				
5	安全文明生产	正确执行安全文明操作规程	5				
		正确穿戴工作服	5				
	总分						
	教师总评意见						

任务二　铰孔

任务描述

　　当工件中孔的尺寸精度和表面质量要求较高，如图 5-1 中 8 个 $\phi8^{+0.022}_{0}$ mm 小孔时，钻孔加工后，达不到相应技术要求，此时通常采用铰孔、镗孔等加工方法达到工件质量要求。

知识链接

一、铰刀的类型及结构特点

　　1. 铰刀的类型及结构

　　铰刀是精度较高的多刀刃刀具，具有切削余量小、导向性好、加工精度高等特点。铰刀的种类很多，使用范围广，按使用方法分为手用铰刀和机用铰刀；按刀柄的形式不同，分为直柄铰刀和锥柄铰刀；按工作部分切削刃形状的不同，分为螺旋齿铰刀和直齿铰刀。按铰刀的材料不同，分为高速钢铰刀和硬质合金铰刀。其结构主要由工作部分、颈部和柄部构成，如图 5-16 所示。

　　手用铰刀与机用铰刀最直观的区别是：手用铰刀的工作部分比较长，且刀齿间的齿距在圆周上不是均匀分布的。手用铰刀的切削部分制作得较长的目的有两个：一是手用铰刀要靠自身切削部分定心，增加切削部分的长度可以提高定心作用；二是用来减小铰削时的轴向抗力，使工作省力。由于铰孔的切削余量很小，所以铰刀的前角对切削变形影响不大，一般铰刀的前角 $\gamma=0°$，铰削接近于刮削，可减小孔壁的表面粗糙度值。铰刀切削部分与校准部分的后面一般都磨成 6°~8°。手用铰刀的倒锥量很小，所以其校准部分都做成倒锥而无圆柱部

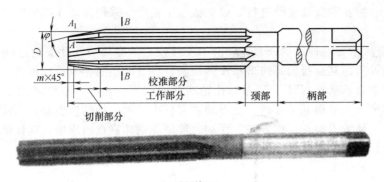

(a) 手用铰刀

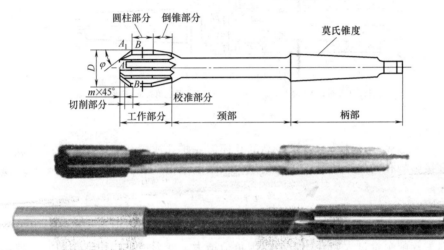

(b) 机用铰刀

图 5-16　铰刀结构

分。为了获得较高的铰孔质量，手用铰刀各刀齿间的齿距在圆周上不是均匀分布的。

机用铰刀的切削部分和校准部分较短，其校准部分分为圆柱部分和倒锥部分，其倒锥量较大（0.04～0.08mm）。由于机用铰刀工作时其柄部与机床连接在一起，铰削时连续、稳定，不会像手用铰刀铰削时那样进给不均匀，所以为了制造方便，各刀齿间的齿距在圆周上均布。标准手用铰刀的柄部为直柄，主要用于单件、小批量生产或装配工作中。机用铰刀主要用于成批生产，装于钻床、车床、铣床、镗床等机床上进行铰孔。成批生产中铰削直径较大的孔时使用套式机用铰刀，将铰刀套装在专用的 1∶30 锥度的心轴上进行铰削，其直径范围为 25～100mm。更大的孔则可用硬质合金可调节浮动铰刀进行铰削。

工具厂制造出的高速钢通用标准铰刀一般均留有 0.005～0.02mm 的研磨量，留待使用者按需要的尺寸研磨。出厂的铰刀直径尺寸精度分为 H7、H8 和 H9 三种。如果要铰削精度较高的孔，新铰刀不宜直接使用，需经研磨至所要求的尺寸后才能使用，以保证铰孔尺寸精度。

2. 浮动铰刀杆

由于铰孔时必须保证铰刀轴线与孔的轴线严格重合，这就使操作者在铰孔过程中需要反复地调整工作台的位置，消耗的调整工时量太大。因此，解决铰孔中调整铰刀位置的问题是一个关键。铰刀的安装有浮动连接和固定连接两种方式。采用固定连接时，必须防止铰刀偏摆，最好钻孔、镗孔和铰孔连续进行，以保证加工精度。采用浮动连接装置可以极大地提高铰孔的效率。

如图 5-17 所示为一种浮动铰刀杆，由于安装铰刀的套筒与浮动套筒之间有一定的径向间隙量，可使铰刀因其自身的几何形状及其铰削特点自动地随孔做径向调整，使铰刀与孔的轴线自动进行重合，从而保证了铰刀与孔轴线的同轴度。这样，节省了大量的孔位调整时间，使铰孔效率大大地得到了提高。在浮动铰刀杆中，固定销的作用是将套筒与浮动套筒松动地连接起来，使铰刀能在任何方向上浮动。淬硬的钢珠嵌在臼座里，以保证进给作用力沿轴线方向传递给铰刀，同时保证其具有灵活性。

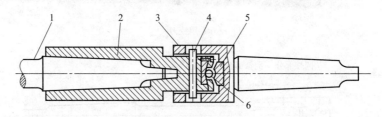

图 5-17　浮动铰刀杆

1—铰刀或钻夹头；2—套筒；3—浮动套筒；4—固定销；5—臼座；6—钢珠

二、铰削用量

铰孔前，一般先经过钻孔，要求较高的孔还需先扩孔或镗孔。铰孔时铰削用量的选择正确与否会直接影响孔的加工质量。铰削用量包括铰削余量（$2a_p$）、切削速度（v_c）和进给量（f）。

1. 铰削余量 $2a_p$

铰削余量是指上道工序（钻孔、扩孔）完成后留下的直径方向的加工余量。铰削余量不宜过大，因为铰削余量过大，会使刀齿切削负荷增大，变形增大，切削热增加，被加工表面呈撕裂状态，致使尺寸精度降低，表面粗糙度增大，同时加剧铰刀的磨损。铰削余量也不宜太小，否则，上道工序的残留变形难以纠正，原有刀痕不能去除，铰削质量达不到要求。

所以，选择铰削余量时，应考虑到孔径大小、材料、尺寸精度、表面粗糙度及铰刀的类型等诸多因素的综合影响。选取铰削余量的参考值见表 5-7。

表 5-7　铰削余量参考值　　　　　　　　　　　　　　　　　　mm

铰孔直径	＜5	5～20	21～32	33～50	51～70
铰削余量	0.1～0.2	0.2～0.3	0.3	0.5	0.8

2. 切削速度 v_c

为了得到较小的表面粗糙度值，必须避免产生刀瘤，减少切削热及变形，因而应选用合适的切削速度。选择参考值见表 5-8。

表 5-8　切削速度和进给量

加工材料	选用刀具材料	选用切削速度 v_c/(mm/min)	选用进给量 f/(mm/r)
钢件	高速钢	4～8	0.5～1
铸铁	高速钢	6～8	0.5～1
铜件或铝件	高速钢	8～12	1～1.2

3. 进给量 f

进给量要适当，过大铰刀易磨损，同时影响加工质量；过小则很难切下金属材料，形成对材料挤压，使其产生塑性变形和表面硬化，最后形成刀刃撕去大片切屑，使表面粗糙度增大，并加快铰刀磨损。选择参考值见表 5-8。

4. 切削液

铰孔时由于加工余量小，切屑细碎，容易黏附在刀刃上，甚至夹在孔壁与铰刀之间，将已加工表面刮毛。另外，铰刀切削速度虽低，但因在半封闭状态下工作，热量不易传出。为了能获得较低的表面粗糙度和延长刀具的使用寿命，所选切削液应具有一定的流动性，以冲击切屑和降低切削热，并应有良好的润滑性。具体选择时，铰削韧性材料可采用乳化液或极压乳化液，铰削铸铁等脆性材料时一般采用煤油或煤油与矿物油的混合物。

三、铰削的方法与工艺

1. 铰孔的方法

（1）粗铰孔。铰孔前应先在一废件上试铰一孔，检测孔径尺寸和孔壁表面粗糙度，合格后，继续加工。而一般新铰刀其直径尺寸公差大都是上偏差，这样铰出的孔径尺寸偏大得多，还会超差。所以新铰刀常需研磨减小直径，再投入使用。

（2）精铰孔。将已粗加工好的孔，清除切屑后，按规定的铰削用量进行铰孔，铰孔时应使用切削液。

2. 铰孔的注意事项

（1）铣床上装夹铰刀，要防止铰刀偏摆，否则铰出的孔径会偏差。

（2）加工结束后，要等到铰刀完全退离出工件后再停车。

（3）铰刀的轴线与钻、扩后孔的轴线要同轴，故最好钻、扩、铰连续进行。

（4）铰刀是精加工刀具，用完后要擦净加油，放置时要防止碰坏铰刀。

3. 铰削工艺

现以图 5-18 所示为例，介绍在铣床上铰孔的方法与工艺。

（1）铰削前准备

① 划线　根据图纸要求，利用高度尺分别调到 22mm、25mm 划出第一个孔的中心线，然后调 50mm，划出第二孔的中心线，找出两个孔的圆心，划出两个 ϕ20mm 的孔径线。

② 选择钻头和铰刀　选择 ϕ3.15mm 中心钻，选择 ϕ19.7mm 的麻花钻头，选择 ϕ20mm 机用铰刀。

③ 装卡工件　装卡工件与钻孔时装卡工件方法相同，都是通过平口钳装卡工件。

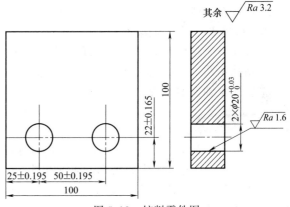

图 5-18　铰削零件图

（2）铰孔步骤

① 对刀　用碰刀法进行对刀，用心轴和量块碰到工件的两个端面，移距 s_1 等于心轴的半径加上量块和孔的中心线到 A 面的距离，移距 s_2 等于心轴的半径加上量块和孔的中心线到 B 面的距离。如图 5-19 所示。

② 钻、铰第一孔　用 3.15mm 中心钻钻定位孔，主轴转速调至 950r/min。换装 ϕ19.7mm 钻头进行钻孔，转速调至 300r/min。换装 ϕ20mm 机用铰刀，转速调至 150r/min，用垂向机动进给铰孔。

③ 钻、铰第二孔　移动纵向工作台 50mm，按上述方法钻、铰第二孔。

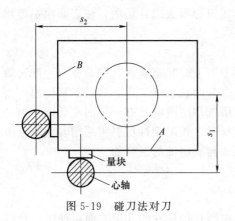
图 5-19　碰刀法对刀

4. 铰削质量分析

（1）表面粗糙度达不到要求的原因

① 铰刀刃口不锋利或有崩裂，铰刀切削部分和修正部分不光洁；

② 切削刃上粘有积屑瘤，容屑槽内切屑粘积过多；

③ 铰削余量太大或太小；

④ 切削速度太高，以致产生积屑瘤；

⑤ 铰刀退出时反转，手铰时铰刀旋转不平稳；

⑥ 切削液不充足或选择不当；

⑦ 铰刀偏摆过大。

（2）孔径扩大的原因

① 铰刀与孔的中心不重合，铰刀偏摆过大；

② 进给量和铰削余量太大；

③ 切削速度太高，使铰刀温度上升，直径增大。

（3）孔径缩小的原因

① 铰刀超过磨损标准，尺寸变小仍继续使用；

② 铰刀磨损后再使用，而引起过大的孔径收缩；

③ 铰钢料时加工余量太大，铰好后内孔弹性复原而孔径缩小；

④ 铰铸铁时加了煤油。

（4）孔中心不直的原因

① 铰孔前的预加工孔不直，铰小孔时由于铰刀刚性差，而未能使原有的弯曲度得到校正；

② 铰刀的切削锥角太大，导向不良，使铰削时方向发生偏斜；

③ 手铰时，两手用力不均。

（5）孔呈多棱形的原因

① 铰削余量太大和铰刀刀刃不锋利，使铰削发生"啃切"现象，发生振动而出现多棱形；

② 钻孔不圆，使铰孔时铰刀发生弹跳现象；

③ 铣床主轴振摆太大。

知识拓展

镗孔就是在铣床上对已粗加工过的孔，通过各种镗刀进行精加工或半精加工。镗孔最大的特点是能修正上道工序所造成的孔轴线歪斜、位置不准等缺陷。在铣床上镗孔，加工精度可达 IT9～IT7，表面粗糙度可达 $Ra3.2～0.8\mu m$。铣床受工作台行程较短的限制，一般适用于镗削中小型零件的孔。

一、镗孔时用的工具

1. 镗刀

镗孔时用的刀具称为镗刀。镗刀的种类按刀头的固定形式分下列两种。

（1）机械固定式镗刀，又称刀柄式镗刀，铣床上大都采用这种镗刀。其刀头可采用高速钢车刀，如图 5-20（a）所示；硬质合金焊接式镗刀，如图 5-20（b）所示；可转位硬质合金镗刀，如图 5-20（c）所示。

（2）浮动式镗刀，如图 5-21 所示，它由镗刀块及镗刀杆配合使用。

为了更好地完成精镗孔工作，还可以使用一些更为先进的镗刀。如可调式动平衡镗刀，

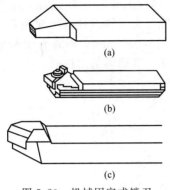

图 5-20　机械固定式镗刀

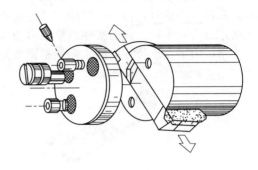

图 5-21　浮动式镗刀

图 5-22　可调式动平衡镗刀

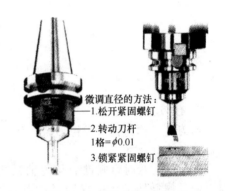

微调直径的方法:
1.松开紧固螺钉
2.转动刀杆
1格=ϕ0.01
3.锁紧紧固螺钉

图 5-23　回转式微调精镗刀

如图 5-22 所示;或回转式微调镗刀,如图 5-23 所示。

回转式微调精镗刀是通过回转刀杆或刀头的偏心距离,结合刀体上的刻度,精确地控制镗刀的径向移动量。使用时,松开紧固螺钉,转动刀杆使镗刀做径向移动。这种镗刀的偏心距离较小,工作中的动平衡好,操作简单、精确。切削时转速可达 20000r/min,所以最适合于精镗孔。

2. 镗刀杆

镗刀杆是安装在机床主轴锥孔中工作的,用以夹持镗刀头的杆状工具。镗刀杆按照能否准确控制镗孔尺寸分为简易式镗刀杆和可调式镗刀杆。

(1) 简易式镗刀杆　结构简单,制造容易,如图 5-24 所示。其缺点是:用敲刀法控制工件孔径尺寸,调整过程较费时。根据装刀槽的设计形式不同,分为镗通孔用镗刀杆和镗盲孔用镗刀杆。

(a) 镗通孔用镗刀杆

(b) 镗盲孔用镗刀杆

图 5-24　简易式镗刀杆

(2) 可调式镗刀杆　如图 5-25 所示。使用可调式镗刀杆,在调整镗刀位置时,先松开内六角紧固螺钉,然后用专用扳手转动调整螺母,使镗刀头按需要伸缩,最后用内六角紧固螺钉将镗刀头紧固。调整螺母上的刻度为 40 等份，镗刀头螺纹的螺距为 0.5mm，则调整螺母每转过一小格时，镗刀头的伸缩量为 0.0125mm。由于镗刀头与镗刀杆的轴线倾斜 $53°8'$，因此，刀尖在半径方向的实际调整距离为 $0.0125 \times \sin 53°8' \approx 0.01mm$，即调整螺母每转过一小格，刀尖在半径方向的实际调整距离为 0.01mm，实现了准确调整的目的。

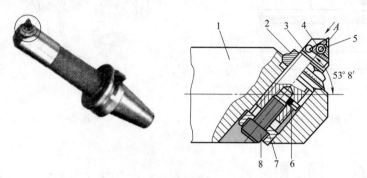

图 5-25　可调式镗刀杆
1—镗刀杆；2—调整螺母；3—刀头；4—刀片；5—刀片紧固螺钉；
6—止动销；7—垫圈；8—紧固螺钉

3. 镗刀盘

镗刀盘又称为镗头或镗刀架，如图 5-26 所示。它具有较高的刚度，镗孔时能够精确地控制孔的直径尺寸。

安装镗刀盘时，其锥柄与主轴锥孔配合。使用时，用内六方扳手转动镗刀盘上的刻度盘，使其螺杆转动，根据转过的刻度数即可精确地控制燕尾块的移动量。若螺杆螺距为 1mm，其刻度盘有 50 等份的刻线，刻度盘每转过一小格，则燕尾块的径向移动量为 0.02mm。

镗刀盘的结构简单，使用方便。燕尾块上布置了几个装刀孔，可用内六角螺钉将镗刀固定在装刀孔内，使可镗孔的尺寸范围有了更大的扩展，如图 5-26 所示。

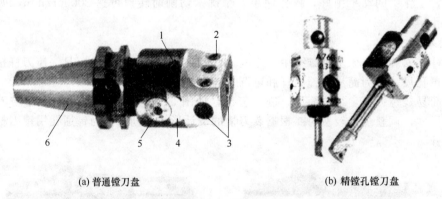

(a) 普通镗刀盘　　　　　　　　　　　　(b) 精镗孔镗刀盘

图 5-26　镗刀盘
1—燕尾块紧固螺钉；2—紧定螺钉；3—装刀孔；4—燕尾块；5—刻度盘；6—刀柄

二、镗孔的方法与工艺

现以图 5-27 所示的图样为例简单介绍一下镗孔的方法与工艺步骤。

1. 镗孔前的准备

（1）划加工线　涂色后按图样要求离工件两侧 50mm 划出相交线，打上样冲眼后，划

出 $\phi25$mm 圆的轮廓线并在圆周围打样冲眼，以作参考。

（2）校正铣床主轴轴线与工作台面垂直　校正时，将磁性表座吸在铣床主轴端面，移动表座上的接杆，使其回转直径约为 500mm，装上百分表，将主轴换向开关转至"0"位，主轴转速调整至 750r/min。摇动纵、横、垂向手柄，使百分表测头与纵向工作台面相接触约 0.2mm。用手缓慢转动主轴使百分表至工作台面另一端后，观

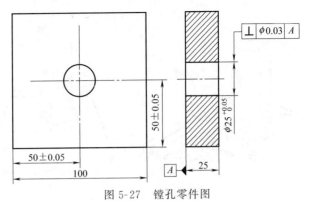

图 5-27　镗孔零件图

看读数是否一致，若有偏差则松开立铣头上 4 个紧固螺母，调整主轴转角，直至两端读数差不大于 0.03mm。

（3）装夹工件　将工件装夹在平口钳内，下面垫两块等高平行垫铁，找正工件上平面与工作台台面平行，侧面与纵向工作台进给方向平行。

（4）选择钻头与镗杆、镗刀

① 选择直径为 21～22mm 锥柄麻花钻及铣床用带有腰形槽锥孔的变径套。

② 选择 6mm 高速钢车刀磨制成的镗刀及直径为 18mm 直柄镗杆、铣夹头、弹性套。

（5）钻孔　用 $\phi21$mm 麻花钻按划线钻出 $\phi21$mm 左右的落刀孔。

（6）安装镗杆　换装铣夹头、弹性套及直柄镗杆。调整主轴转速 $n=235$r/min；进给速度 $v_f=37.5$mm/min。

2. 镗孔

（1）对刀

① 按划线找正对刀。将大头针用黄油（牛油）粘在镗杆上，转动主轴使之旋转圆的轨迹与划线圆的轮廓线重合。

② 用碰刀法对刀。使镗杆外圆与工件一侧面相接触，用 0.05mm 塞尺检查。然后纵向工作台 $s_纵=\dfrac{d_杆}{2}+50+0.05=\dfrac{18}{2}+50+0.05=59.05$mm；摇动横向工作台，使镗杆外圆与工件另一侧相接触，用 0.05mm 塞尺检查后，横向工作台移动 $s_横=59.05$mm。

（2）调整镗刀尺寸

① 测量法调整，如图 5-28 所示。先预镗至 22mm，此时测量镗杆外圆至镗刀尖的尺寸应为 $\dfrac{d_杆}{2}+11=\dfrac{18}{2}+11=20$mm。

② 试镗法调整。使镗杆落入预钻孔中适当位置，伸出镗刀使之刚好擦到预钻孔壁，如图 5-28 所示。再将刀尖径向伸出 0.5mm 左右，并紧固。

（3）粗镗孔　对刀、镗刀尺寸调整好后紧固纵向、横向工作台，主轴下降至限位挡铁后紧固，垂向上升到将要接近工件时改用机动进给粗镗孔。

（4）退刀　镗削完毕，停机待主轴停稳后，用手转动镗杆，将镗刀尖对准操作者，摇动主轴手动移动手轮（或将主轴换向开关转换至"0"位）退离工件后改用垂向快速退刀。

（5）预检　粗镗孔后，对孔径及孔距应作一次检测。若孔距准确则可调整孔径尺寸后加工至图样要求。

① 测量孔径。用内径千分尺测量，测量时应测量几个方向。

② 测量孔距。测量孔壁至侧面尺寸，测量方法有以下三种。一是用游标卡尺测量；二

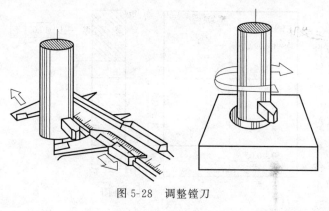

图 5-28　调整镗刀

是用壁厚千分尺测量；三是用改装千分尺测量，在普通千分尺测量面上用铜管（或塑料管）套上一粒钢球，此时千分尺上的读数应减去钢球直径。

（6）调整孔距　根据实际测量出的尺寸与所要求尺寸的差值，对纵向、横向工作台再作调整，调整后再试镗和检测，直至孔中心距准确。

（7）控制孔径尺寸　现使用的为直柄过渡式镗杆，孔径尺寸的控制一般用敲刀法。初学者可借助百分表来控制敲刀量，如图 5-29 所示。将百分表装夹在磁性表座上，使百分表测头与刀尖相接触，用手反向缓慢转动主轴并上下移动镗杆找出接触时的最高点，然后将指针调整到"0"位。稍微松开镗刀的紧固螺钉，根据孔径尺寸要求，将镗刀敲出孔径差的 1/2，扳紧紧固螺钉后再检查一次镗刀的伸出量是否达到要求。

（8）精镗孔　当调整好孔距后，留 0.3～0.4mm 余量精镗，精镗时主轴转速 n 可调整到 300r/min，进给速度 $v_f = 30mm/min$。

3. 检测

（1）测量孔径　孔径尺寸应为 25～25.052mm，并应测量孔径的几个方向及两端孔口。

① 用内径千分尺测量。

② 用内径量表测量，如图 5-30（a）所示。

③ 用三爪内径千分尺测量，如图 5-30（b）所示。

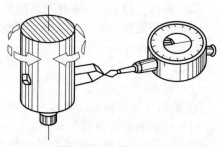

图 5-29　控制敲刀量

（2）测量孔距　用百分表及量块测量，测量时，工件装夹在六面角铁上（或放在平板上），底面与平板相接触，将计算出的量块组放在工件附近，用百分表进行比较测量，如图 5-31 所示。

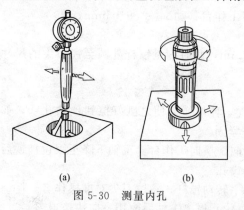

(a)　　　　　　(b)

图 5-30　测量内孔

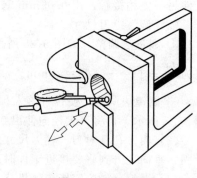

图 5-31　测量孔距

（3）测量垂直度　将工件的基准面装夹在六面角铁上，用百分表测量孔的两端看读数是否一致，再将六面角铁转 90°测量另一方向孔的两端，若读数不一致，读数差即为垂直度误差值。

（4）检查表面粗糙度　用目测或表面粗糙度样板比较法检查。

表 5-9　计划决策表

学习情境	孔的加工			
学习任务	铰孔		完成时间	
任务完成人	学习小组	组长	成员	
需要学习的知识和技能	知识:1. 了解铰刀的结构特点 　　　2. 能合理选择铰削用量,并选用适当的切削液 技能:掌握铰孔的方法,能对铰孔的质量进行分析			
小组任务分配	小组任务	任务准备	管理学习	管理出勤、纪律	管理卫生
	个人职责	准备任务的所需物品:工作服等	认真努力学习并热情辅导小组成员	记录考勤并管理小组成员纪律	组织值日并管理卫生
	小组成员				
安全要求及注意事项	1. 进入车间要求听指挥,不得擅自行动 2. 不得在车间内大声喧哗、嬉戏打闹 3. 安装工件时,应将钳口、钳底、工件、垫铁擦净 4. 加工时工件必须夹紧 5. 铣床运转中不得变换主轴转速 6. 切削过程中不准测量工件,不准用手触摸工件			
完成工作任务的方案				

 任务实施

表 5-10　任务实施表

学习情境	孔 的 加 工			
学习任务	铰孔		完成时间	
任务完成人	学习小组	组长	成员	
任务实施及具体步骤				
步骤	操 作 内 容			
铰孔前工艺准备	如若完成图 5-1 连接板中 $8 \times \phi 8^{+0.022}_{0}$ 孔的加工,首先根据零件的结构和形状选择合理的装卡方法,用_____装卡上一任务加工好的工件,并进行找正			
	根据图样尺寸要求选择钻头、铰刀,装夹钻头、铰刀。钻头直径应选择_____ mm,铰刀应选择_____类型,直径为_____ mm;按要求装夹_____钻头、铰刀			
	调整铣床,根据需要选择合理的切削用量,主轴转速取_____ r/min,进给速度取_____ mm/min,采用_____切削液			
铰孔	钻孔: 按照上一任务孔的加工步骤进行钻孔,钻孔时选用_____ mm 钻头 铰孔: 铰孔时按照铰削用量确定用的铰刀的直径,粗铰可选择_____ mm 铰刀;精铰可选择_____ mm 铰刀 对刀: 可用_____法进行对刀 钻、铰第一孔: 如若采用中心钻钻定位孔法加工孔,主轴转速调_____。换装钻头进行钻孔,转速调至_____。换装机用铰刀,转速调至_____,用垂向机动进给铰孔 钻、铰第二孔 移动纵向工作台,按上述方法钻、铰第二孔,依次类推			

检验	铰孔的孔径用_____检测。 表面粗糙度用_____检测。
质量分析	

 分析评价

表 5-11　铰孔分析评价表

序号	检测内容	检测项目及分值		出现的实际质量问题及改进方法			
		检测项目	分值	自己检测结果	准备改进措施	教师检测结果	改进建议
1	主要尺寸	$\phi 16$	10				
2		$8\times\phi 8^{+0.022}_{0}$	40				
3	表面粗糙度	$Ra1.6(8)$处	10				
		$Ra6.3(1)$处					
4	设备及工量具的使用维护	常用工量具的合理使用及维护保养	10				
		正确操纵铣床并及时发现一般故障	10				
		铣床的日常润滑保养	10				
5	安全文明生产	正确执行安全文明操作规程	5				
		正确穿戴工作服	5				
	总分						
	教师总评意见						

⚒ **思考与训练**

一、填空题

1. 用钻头在实心材料上加工的方法叫_____。

2. 钻孔的精度一般可达_____。

3. 麻花钻主要由_____、_____和_____构成，其刀体包括_____部分和_____部分，一般将直径_____mm 以下的麻花钻做成直柄。

4. _____是用铰刀对未淬硬孔进行精加工的一种加工方法。

5. 铰刀按切削部分材料分为_____和_____两种。

6. 标准麻花钻头的切削角度主要由 _____、_____、_____和横刃斜角 4 个部分组成。

二、选择题

1. 麻花钻的两个主切削刃应该对称，顶角一般为 _____。
A. 120°±2′　　　B. 118°±2′　　　C. 90°±2′　　　D. 60°±2′

2. 在铣床上直接加工精度在 IT9 以下的孔应采用 _____加工。
A. 麻花钻　　　B. 铰刀　　　C. 镗刀　　　D. 拉刀

3. 手用铰刀的 _____长度一般都比较长。
A. 颈部　　　B. 倒锥部分　　　C. 切削部分　　　D. 柄部

4. 麻花钻的横刃太短，会影响钻尖的 _____。
A. 耐磨性　　　B. 强度　　　C. 抗振性　　　D. 韧性

5. 钻出的孔扩大并且倾斜，是因为麻花钻的 _____。
A. 顶角不对称
B. 切削刃长度不等
C. 顶角不对称且切削刃长度不等

6. 在钻通孔的过程中即将钻通时，应使进给速度 _____，以防钻头突然出孔时折断。
A. 减慢　　　B. 加快　　　C. 不变　　　D. 稍快

7. 在铣床上铰孔，铰刀退离工件时应使铣床主轴（　　）。
A. 停转　　　B. 顺时针正转　　　C. 逆时针反转　　　D. 逆时针正转

8. 铰出的孔径缩小是由于使用了 _____。
A. 水溶性切削液　　　B. 油溶性切削液　　　C. 干切削

9. 铰孔时的切削速度应取 _____ m/min 以下。
A. 10　　　B. 5　　　C. 20

三、判断题

1. 棱边是为了减少麻花钻与孔壁之间的摩擦。　　　　　　　　　　（　　　）
2. 钻孔时不宜选择较高的机床转速。　　　　　　　　　　　　　　（　　　）
3. 孔将要钻穿时，进给量可以取大些。　　　　　　　　　　　　　（　　　）
4. 钻铸铁时进给量可比钻钢料略大些。　　　　　　　　　　　　　（　　　）
5. 在立式铣床上镗孔，若立铣头与工作台不垂直，可能引起孔的轴线与工件基准倾斜。
　　　　　　　　　　　　　　　　　　　　　　　　　　　　　　（　　　）
6. 机铰孔完毕后，应先反转退出铰刀后再停车。　　　　　　　　　（　　　）
7. 铰孔时，切屑速度越低，表面粗糙度值越小。　　　　　　　　　（　　　）
8. 铰孔前，孔的表面粗糙度值要小于 $Ra 6.3 \mu m$。　　　　　　　　（　　　）
9. 使用浮动套筒能够改善孔的直线的和同轴度。　　　　　　　　　（　　　）

四、思考题

1. 标准麻花钻刃磨的基本要求是什么？
2. 钻孔时安全注意事项什么？
3. 铰孔时孔壁表面过于粗糙的原因有哪些？
4. 铰孔时应注意什么？
5. 铰孔余量如何进行选择？

五、实操题

1. 按图 5-32 所示钻孔和铰孔。

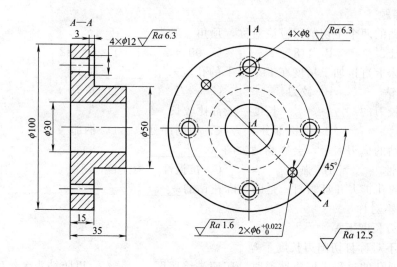

图 5-32　实操题 1

2. 按图 5-33 所示钻孔和铰孔。

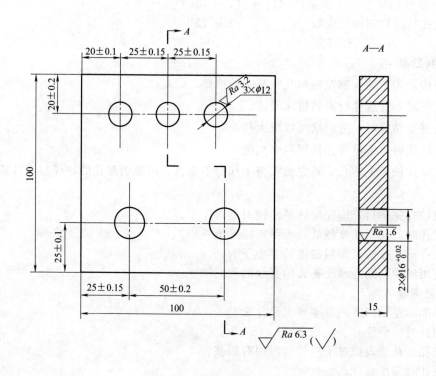

图 5-33　实操题 2

3. 按图 5-34 所示镗孔。

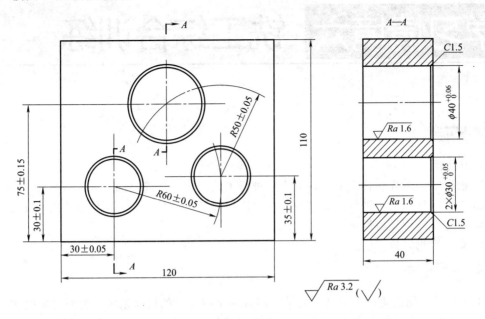

图 5-34　实操题 3

📖 学习目标

知识目标：
1. 根据零件图样、技术要求，对零件进行工艺分析，并确定加工工艺过程；
2. 根据零件结构，进行设备准备、合理选用刀具、量具、装夹定位方式及加工方法；
3. 确定铣削用量，加工零件；
4. 零件质量分析。

📚 情境导入

本任务是根据给定图样及技术要求，制订满足图样上的尺寸精度、表面粗糙度和几何精度还有热处理要求的加工工艺规程，并能加工出符合质量要求的零件。具体工作任务如图6-1所示。

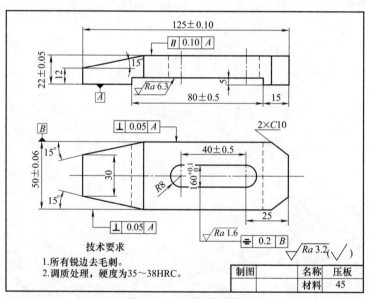

图 6-1 压板的任务图

🌐 知识链接

一、制订零件加工工艺规程的步骤

工艺规程是将产品或零部件的制造工艺过程或操作方法以文件形式写成的工艺过程。在生产中根据工艺性质不同，工艺规程分为毛坯制造、机械加工、热处理及装配等工艺规程。零件的机械加工工艺过程和操作方法的技术文件，称为机械加工工艺规程。

制定工艺规程的依据是利用现有的生产条件，在保证产品质量的前提下，合理选择最为经济的加工方案，尽可能降低能耗、降低成本，提供良好的劳动条件，采用先进的工艺技术。

工艺规程包括零件加工工艺流程、零件加工工序内容、切削用量、工时定额、各工序所采用的设备和工艺装备。

制定工艺规程的原始资料有：产品图样和验收质量标准；产品的年生产量；现有的生产条件，包括毛坯制造方法、工艺装备、工艺资料等内容；国内外同类产品的工艺资料。

制订工艺规程的步骤如下：熟悉制定工艺规程的主要依据—零件图的工艺分析—选择毛坯—拟定工艺路线—确定各工序的设备、刀夹量具和辅助工具—确定各工序的加工余量，计算工序尺寸及公差—确定各工序的切削用量和工时定额—确定各工序的技术要求及检验方法—填写工艺文件。

二、平面和成形面加工工艺方案选择

平面的加工方法主要有铣削、刨削和磨削。

（1）加工精度不高的非配合平面，一般采用粗铣或粗刨加工。

（2）加工精度和表面粗糙度要求高的平面且大量生产如导向平面和重要结合面，采用粗铣—半精铣—精铣—高速铣。

（3）加工精度和表面粗糙度要求高的平面，单件或小批量生产，采用粗刨—半精刨—精刨—刮或研磨。

（4）淬硬平面要求精度高、表面粗糙度高，采用粗铣（刨）—半精铣（刨）—粗磨—精密磨、导轨磨、研磨、砂带磨。

（5）狭长的精密平面，采用粗刨—精刨—宽刃精刨。

（6）当加工精度为IT6～IT5，粗糙度$Ra<0.1\mu m$的超精密平面，采用粗铣—精铣—磨削—研磨。

（7）有色金属平面的精加工，采用粗铣—半精铣—精铣—高速铣。

（8）大量生产的平面，采用粗拉—精拉。

平面加工的工艺路线具体安排，如图6-2所示。

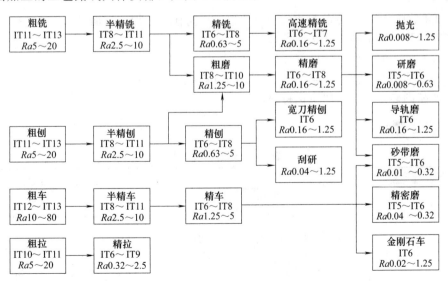

图 6-2 平面的加工路线

三、刀具与工件的装夹

1. 刀具的装夹

在装夹各类刀具前，先把刀柄、刀杆、导套等擦净，刀具安装后，要对刀具进行检查、对刀。

2. 工件的装夹

（1）在机床工作台面安装夹具时，要擦净夹具底座和工作台表面，找好夹具与刀具的相对位置关系。

（2）装夹工件时，应将夹具和工件的各结合面去毛刺、擦拭干净。

（3）装夹工件时应按工艺规程中规定的定位基准装夹。在选择定位基准时，应按照基准选择原则进行。

（4）夹紧工件时，夹紧力的作用点应通过支承点或支承面。对刚性较差的工件（加工时有悬空部位的工件），应在适当的位置增加辅助支承，增加其刚性。

（5）夹持已加工表面或软材料时，应衬垫铜皮以防损坏已加工表面。

（6）选择压板作为夹具，在工件上的夹紧位置，使其尽量靠近加工区域，并处于工件刚性最好的位置。若夹紧部位有悬空现象，应将工件垫实。

四、加工要求

（1）为保证工件质量和生产量的要求，根据工件材料、精度要求，科学制定工艺方案；根据机床、刀具、夹具等情况，合理选择切削用量。

（2）对有公差要求的工件加工时，应尽量按其中间公差加工。

（3）工艺规程中未规定表面粗糙度要求的粗加工工序，加工后的表面粗糙度 $Ra \leqslant 25 \mu m$。

（4）加工中经常检查工件是否松动，严防影响加工质量和意外事故的发生。

（5）当粗、精加工在同一台机床上进行，粗加工后应松开工件，待其冷却后重新装夹。

（6）在加工中，若机床发出不正常的声音或表面粗糙度增加，应退刀停车检查。

（7）操作者应正确使用测量工具，对工件自查；使用后应擦净、放置到规定的位置。

五、加工后的要求

（1）工件加工后，按规定摆放到指定位置，以防伤着已加工表面。

（2）对精加工后工件应做防锈处理。

（3）配对加工的零件，应做好标记。

（4）夹具使用后，擦拭干净，放在规定的位置或交还工具室。

（5）产品图样、工艺文件应保持整洁，严禁涂改。

 计划决策

表 6-1　计划和决策表

学习情境	铣工综合训练				
学习任务	综合技能训练			完成时间	
任务完成人	学习小组		组长		成员	
需要学习的 知识和技能	知识： 技能：通过综合技能训练进一步提高学生整体素质				
小组任务分配	小组任务	任务准备	管理学习	管理出勤、纪律	管理卫生
	个人职责	准备任务的设备、 工具、量具、刀具	认真努力学习并热 情辅导小组成员	记录考勤并管理 小组成员纪律	组织值日并 管理卫生
	小组成员				

安全要求及注意事项	1. 进入车间要求听指挥,不得擅自行动 2. 不得在车间内大声喧哗、嬉戏打闹 3. 安装工件时,应将钳口、钳底、工件、垫铁擦净 4. 加工时工件必须夹紧 5. 铣床运转中不得变换主轴转速 6. 切削过程中不准测量工件,不准用手触摸工件
完成工作任务的方案	制定任务书中零件的工艺过程:

 任务实施

表 6-2　任务实施表

学习情境	铣工综合训练			
学习任务	综合技能训练		完成时间	
任务完成人	学习小组	组长	成员	

应用获得的知识和技能编制零件的工艺规程

 分析评价

表 6-3　综合件评分表

	检测项目	评分标准	分值	实测值	实得分
加工准备	工艺方案设计	细致、完整	8		
	工具、量具清单	合理、完备	5		
	装夹及校正	正确、准确	2		
主要尺寸	(125 ± 0.1)mm	超差 0.05mm 扣 1 分	5		
	(50 ± 0.06)mm	超差 0.02mm 扣 1 分	10		
	(22 ± 0.05)mm	超差 0.01mm 扣 1 分	10		
	(80 ± 0.05)mm	超差 0.02mm 扣 1 分	10		
	(40 ± 0.05)mm	超差 0.02mm 扣 1 分	10		
	$(16^{+0.1}_{0})$mm	超差 0.02mm 扣 1 分	5		
形位精度	⊥ 0.05 A	超差 0.01mm 扣 1 分	5		
	径向跳动 0.03mm	超差 0.01mm 扣 1 分	5		
总长、中心孔与表面质量	(150 ± 0.1)mm	超差 0.02mm 扣 1 分	3		
	C1.5mm	超差 0.1mm 扣 1 分	2		
	C3.5mm	超差 0.1mm 扣 1 分	2		
	$2\times$B2/6.3mm	超差 0.1mm 扣 1 分	2×2		
	Ra3.2μm		2		
	Ra1.6μm		2		

检测项目		评分标准	分值	实测值	实得分
设备及工、量、刃具的使用维护	常用工、量、刃具的合理使用与保养	无人身、机具事故,安全文明操作,维护和清洁工、量具等	2		
	正确操纵铣床并及时发现一般故障		2		
	铣床的日常润滑保养		2		
安全文明生产	正确执行安全文明操作规程		2		
	正确穿戴工作服		2		
总分					
教师总评意见					

思考与训练

1. 铣工实操综合件一（见图 6-3）

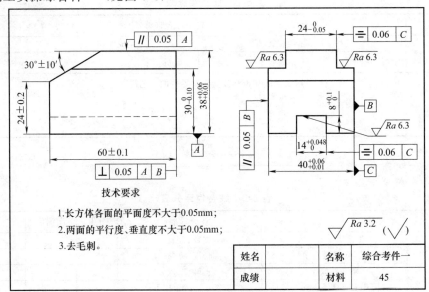

技术要求

1. 长方体各面的平面度不大于0.05mm;
2. 两面的平行度、垂直度不大于0.05mm;
3. 去毛刺。

姓名		名称	综合考件一
成绩		材料	45

图 6-3 综合件一

表 6-4 综合考件一评分表

检测项目		评分标准	分值	实测值	实得分
加工准备	工艺方案设计	细致、完整	3		
	工具、量具清单	合理、完备	3		
	装夹及校正	正确、准确	3		
主要尺寸	六面体	60 ± 0.10	超差 0.05mm 扣 1 分	4		
		$40^{+0.06}_{+0.01}$	超差 0.01mm 扣 1 分	8		
		$38^{+0.06}_{+0.01}$	超差 0.01mm 扣 1 分	8		
	斜面	$30°\pm10'$	超差 2' 扣 1 分	4		
		24 ± 0.2	超差 0.04mm 扣 1 分	4		
	直槽	$14^{+0.043}_{0}$	超差 0.01mm 扣 1 分	8		
		$8^{+0.1}_{0}$	超差 0.02mm 扣 1 分	4		
	凸台	$24^{0}_{-0.05}$	超差 0.01mm 扣 1 分	8		
		$30^{0}_{-0.10}$	超差 0.02mm 扣 1 分	8		

	检测项目		评分标准	分值	实测值	实得分
形位精度	六面体	∥ 0.05 A	超差 0.01mm 扣 1 分	4		
		∥ 0.05 B	超差 0.01mm 扣 1 分	4		
		⊥ 0.05 A B	超差 0.01mm 扣 1 分	4		
	直槽	≡ 0.06 C	超差 0.01mm 扣 1 分	4		
	凸面	≡ 0.06 C	超差 0.01mm 扣 1 分	4		
表面质量	$Ra6.3\mu m$		每面超差一级扣 1 分	3		
	$Ra3.2\mu m$		每面超差一级扣 1 分	3		
设备及工、量、刃具的使用维护	常用工、量、刃具的合理使用与保养、铣床的日常维护与保养			3		
安全文明生产	学生必须独立安装和调整工、夹、刀具,合理整齐摆放工、量具;穿戴好劳保用品,违反上述者视情节扣 1~3 分,发生设备、人身事故者视情节扣 2~4 分			6		
说明	工件尺寸若超差 0.05mm 以上者扣总分 5 分 工件有严重损伤者扣总分 5 分					
总分						
教师总评意见						

2. 铣工实操综合件二（见图 6-4）

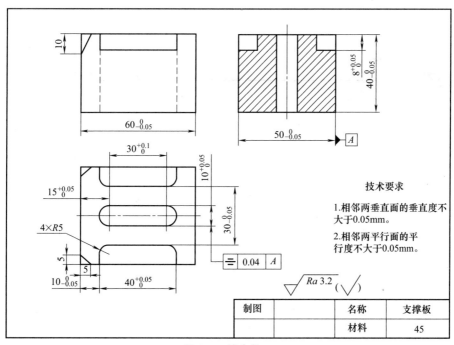

技术要求

1.相邻两垂直面的垂直度不大于0.05mm。

2.相邻两平行面的平行度不大于0.05mm。

$\sqrt{Ra\,3.2}$ ($\sqrt{}$)

制图		名称	支撑板
		材料	45

图 6-4 综合件二

表 6-5　综合考件二评分表

检测项目			评分标准	分值	实测值	实得分
加工准备	工艺方案设计		细致、完整	3		
	工具、量具清单		合理、完备	3		
	装夹及校正		正确、准确	3		
主要尺寸	六面体	$60_{-0.05}^{0}$	超差 0.05mm 扣 1 分	4		
		$40_{0}^{+0.05}$	超差 0.01mm 扣 1 分	8		
		$50_{-0.05}^{0}$	超差 0.01mm 扣 1 分	8		
	斜面	2×5	超差扣 2 分	4		
		10	超差扣 2 分	2		
	直槽	$2\times40_{0}^{+0.05}$	超差 0.01mm 扣 1 分	8		
		$2\times8_{0}^{+0.05}$	超差 0.02mm 扣 1 分	8		
		$30_{-0.05}^{0}$	超差 0.02mm 扣 1 分	4		
		$4\times R5$	超差扣 2 分	4		
	封闭键槽	$15_{0}^{+0.05}$	超差 0.01mm 扣 1 分	8		
		$30_{0}^{+0.1}$	超差 0.02mm 扣 1 分	8		
形位精度	六面体	∥ 0.05 A	超差 0.01mm 扣 1 分	4		
		⊥ 0.05 A	超差 0.01mm 扣 1 分	4		
	封闭键槽	≡ 0.04 A	超差 0.01mm 扣 1 分	4		
	$Ra\,3.2\mu m$		每面超差一级扣 1 分	4		
设备及工、量、刃具的使用维护	常用工、量、刃具的合理使用与保养、铣床的日常维护与保养			3		
安全文明生产	学生必须独立安装和调整工、夹、刀具,合理整齐摆放工、量具;穿戴好劳保用品,违反上述者视情节扣 1~3 分,发生设备、人身事故者视情节扣 2~4 分			6		
说明	工件尺寸若超差 0.05mm 以上者扣总分 5 分 工件有严重损伤者扣总分 5 分					
总分						
教师总评意见						

附　录

附录一　铣床的一般调整

在铣床的长期使用过程中，由于铣床各运动部件之间产生松动、磨损等原因，造成日常工作不能满足零件的加工精度要求，因此需要对铣床进行调整。一般调整主要包括纵向工作台丝杠轴向跳动间隙的调整、纵向工作台丝杠螺母间隙的调整和铣床各导轨间隙的调整。若不对间隙做及时调整，无法保证零件加工质量。

一、工作台丝杠间隙的调整结构

铣床工作台的移动依靠丝杠螺母传动。丝杠螺母传动机构中的螺纹副存在间隙。随着使用时间的延长，螺纹之间的磨损量逐渐增加，间隙增大。当间隙过大时，顺铣时会造成工件台窜动，影响工作台的精度和零件的加工精度。丝杠螺母间隙调整机构如图附 1-1 所示。主螺母通过固定环固定在工作台的导轨座上，可调螺母是外圆上带有蜗轮的轮齿，它与可调蜗杆进行啮合。当蜗杆转动一周时，带有蜗轮的可调螺母就会沿其周向转过一个齿，所以只要转动可调蜗杆，就能带动可调螺母沿轴向做微小距离移动，使可调螺母和主螺母的牙侧面分别与丝杠的两个不同牙侧面靠近，从而将丝杠与螺母间的间隙消除。而蜗杆蜗轮传动系统具有自锁性，所以调整好后只要将蜗杆固定不动，可调螺母的轴向位置就不会发生变动。

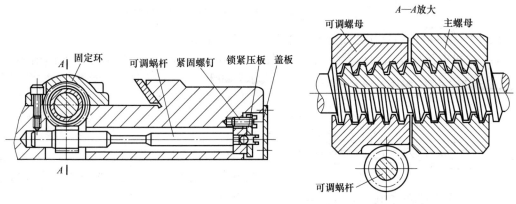

图附 1-1　丝杠螺母间隙调整机构结构图

二、工作台纵向传动丝杠轴向间隙的调整

1. 工作台丝杠与螺母之间间隙的调整

工作台纵向丝杠与螺母间隙的调整机构如图附 1-2 所示。调整步骤（见图附 1-3 所示）如下：

（1）用一字槽螺钉旋具卸下工作台前侧面的盖板；

（2）松开锁紧压板上三个紧固螺钉，不需要拆下；

（3）顺时针转动调节螺杆，带动外圆部分使涡轮的可调螺母旋转，使可调螺母与丝杠之

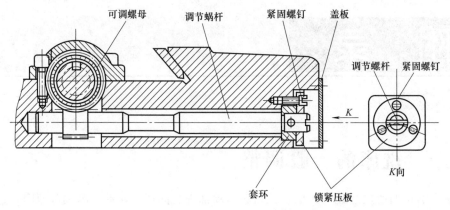

图附 1-2　纵向工作台丝杠与螺母间隙的调整机构

间的间隙减小；摇动手柄，使工作台移动时松紧程度合适，无卡住现象；反摇手柄时空转量小于刻度盘上的三小格（0.15mm），顺铣时空转量小于两格（0.10mm）。停止转动调节蜗杆。

（4）间隙调整好后，拧紧锁紧压板上的三个紧固螺钉，装好盖板。

图附 1-3　工作台丝杠与螺母之间间隙的调整步骤

2. 工作台纵向传动丝杠与端面轴承之间间隙的调整

工作台纵向丝杠左端轴承支撑结构如图附 1-4 所示。间隙的调整步骤（如图附 1-5 所示）如下：

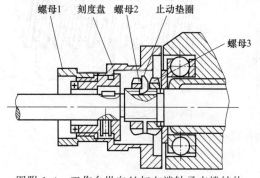

图附 1-4　工作台纵向丝杠左端轴承支撑结构

（1）卸下手轮后，卸下螺母 1 和刻度盘，扳直止动垫圈的卡爪，用 C 形扳手松开螺母 2。

（2）转动螺母 3，调节丝杠轴向间隙（即调节推力球轴承与支架间的间隙），一般轴向间隙量不大于 0.01～0.03mm 为宜。

（3）拧紧螺母 2，并反向旋转螺母 3，使两螺母压紧，套上手轮，通过摇动检验其间隙是否合适。

（4）间隙调整合适后，压下止动垫圈上的卡爪，再装上刻度盘和螺母 1，最后装好手轮。

三、铣床各进给导轨间隙的调整

1. 调整纵向工作台导轨间隙

纵向进给导轨间隙的调整如图附 1-6 所示，具体操作步骤（见图附 1-7）如下：

图附 1-5　工作台纵向传动丝杠与端面轴承之间间隙的调整

（1）松开螺母和锁紧螺母。

（2）旋转调整螺杆就能带动镶条移动，使间隙减小或增大，间隙的大小以进给手轮用147N的力能转动为宜或可用0.03mm塞尺检查间隙大小，调整好间隙后，紧固锁紧螺母和螺母。

2. 调整横向工作台导轨间隙

横向进给导轨间隙的调整如图附 1-8 所示。调整方法为旋转调整螺杆可带动镶条移动，可调整间隙量，顺时针旋转为调紧，逆时针旋转为调松。可用0.03mm塞尺检查间隙或用147N的力能转动手轮的方法进行测试。

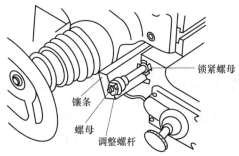

图附 1-6　纵向进给导轨间隙的调整

图附 1-7　纵向进给导轨间隙的调整

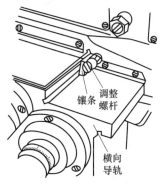

图附 1-8　横向进给导轨间隙的调整

3. 调整升降导轨的间隙

升降导轨镶条的调整如图附 1-9 所示。调整方法为调整升降导轨间隙时直接旋动调整螺杆带动镶条即可。调整间隙量的大小，可用 0.05mm 塞尺检查间隙或用 196～235N 的力能转动手轮的方法进行测试。

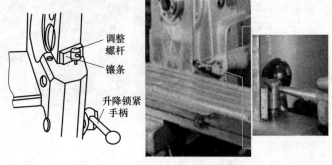

图附 1-9　升降导轨镶条的调整

附录二　铣床的一级保养

为保证工件的加工质量，铣床的精度，延长铣床的使用寿命，操作者除必须熟练操作铣床外，还应对铣床进行维护和保养。

一、 铣床一级保养的内容和要求

立式铣床运行 500 小时后，需进行一级保养，一级保养是指以操作者为主，维修工人配合指导，对设备进行全面维护和保养。铣床一级保养的具体内容和要求见表附 2-1。

表附 2-1　铣床一级保养的内容和要求

保养内容	要　　　求
机床外观	(1)擦洗铣床的各表面、防护罩，应清洁无油垢； (2)擦拭铣床附件； (3)检查铣床外部应无缺件，如手柄胶木球、紧固螺钉等，缺损应及时修配； (4)擦拭各部位丝杠
进给系统	(1)清洗工作台纵、横向丝杠和升降台丝杠、螺母；保证工作台各润滑表面无毛刺、无划伤； (2)调整导轨镶条，丝杠和螺母之间的间隙应适当； (3)丝杠与工作台两端轴承间隙适当
专用附件	(1)清洗横梁、挂架、立铣头，使其表面清洁无油垢；此项适用于 X6132 型铣床； (2)对立铣头内部清洁、更换润滑脂
润滑系统	清洗并检查各油孔、油杯、油线、油毡、油路、油标等，均应齐全、清洁，油路畅通，油标醒目，油质、油量均符合要求
冷却系统	(1)清洗并检查冷却泵以及过滤网； (2)冷却槽内无铁屑及沉淀的杂物； (3)冷却管路应牢固、畅通、清洁、无泄漏
电气系统	(1)定期清理电机、电器箱保证内外无积尘、油垢； (2)检查蛇皮管不脱落，接地牢固、可靠； (3)照明设备齐全、清洁； (4)检查电器装置是否牢固、整齐； (5)检查限位装置是否安全可靠
其　他	(1)清洗平口钳、分度头等附件，并进行润滑、涂防锈油； (2)清洁整理工具箱内外及机床周围环境，做到合理、整洁、有序
一级保养安全要求	(1)先切断电源，以防触电或造成人身事故和设备事故； (2)拆卸机件时，防止跌落而损坏机件或砸伤其他操作者； (3)拆卸纵向工作台时，应将工作台放稳放置在专用架板上，以防砸伤操作者或损伤导轨滑动面

二、 铣床一级保养操作过程

1. 准备工作（见图附 2-1 所示）

（1）操作前先将铣床的电源开关切换至 OFF 位置，切断外接电源；

（2）准备拆卸工具：内六角扳手、C 形扳手、一字旋具和十字旋具、锉刀、油石、棉纱、清洗剂、润滑油、放置零件的盘子和清洗盆等物品。

（3）用棉纱或软布擦拭铣床各部位。

切断外接电源　　　　　　　一级保养用具　　　　　　擦洗床身各部分

图附 2-1　铣床一级保养的准备工作

2. 拆卸纵向工作台

（1）拆去工作台前面的左端限位块（图附 2-2），将工作台向右摇至极限位置；

（2）拆卸纵向工作台左端部件，如图附 2-3 所示。先将手轮上螺钉 1 松开，取下垫圈 2，将左端手轮 3、弹簧 4 取出，松开刻度盘紧固螺母 5，卸下刻度盘 6，松开紧定螺钉 9，接着拆下离合器 7；取出平键 8，扳直止动垫圈 11 的卡爪，用 C 形扳手松开取出圆螺母 10，止动垫圈 11 以及垫圈 12，拆下推力轴承 13。松开轴承座 16 上两个圆锥销 14，拧开左端轴承座上 6 个内六角螺钉 15，卸下轴承座 16。

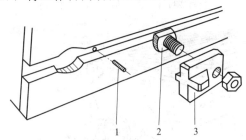

附图 2-2　拆卸左限位块
1—螺钉；2—T 型螺钉；3—限位块

（3）拆卸纵向导轨镶条，如图附 2-4 所示。松开螺母 2 及圆螺母 4，按逆时针方向旋动调整螺杆，使间隙增大，带动镶条 1 向外移出，取出镶条。

（4）拆下右端轴承座，如图附 2-5 所示。松开端盖上的螺钉 1，取下端盖 2，松开螺母 3 上紧定螺钉 4，卸下螺母 3，松开 2 个圆锥销（定位销）6，松开右端轴承座上的 6 个内六角螺母钉 7，卸下右端轴承座 8 和推力轴承 5。

（5）拆卸下右限位块，转动丝杠至最右端，取下丝杠。取下丝杠时应将丝杠的键槽向上，以防止卡在离合器中的平键脱落；取下的丝杠应竖直悬挂，以免因放置不当造成变形、弯曲。

（6）将工作台推至左端，调整升降台，并利用滚杠、垫木将工作台小心取下，置于事先设置的专用架板上。

（7）清洗卸下的各个零件，用锉刀、油石修光毛刺。

（8）清洗工作台鞍座内部零件、油槽、油路、油管，并检查手拉油泵工作是否正常、油管是否畅通。

（9）检查导轨面，修光毛刺，涂油。

（10）清洗纵向工作台上部各 T 形槽及切削液通道。

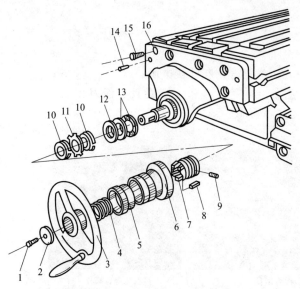

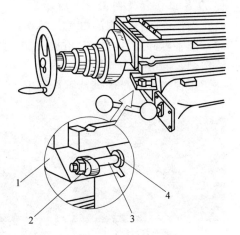

图附 2-3　纵向工作台左端部件拆装图
1—螺钉；2—垫圈；3—手轮；4—弹簧；5—刻
度盘紧固螺母；6—刻度盘；7—离合器；8—平键；
9—紧定螺钉；10—圆螺母；11—止动垫圈；
12—垫圈；13—推力轴承；14—圆锥销；
15—内六角螺钉；16—轴承座

图附 2-4　拆卸纵向工作台导轨镶条
1—镶条；2—螺母；3—调整螺杆；4—圆螺母

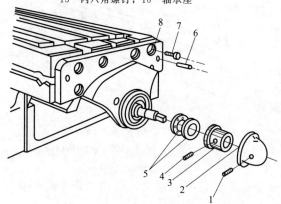

图附 2-5　纵向工作台右端部件拆装图
1—螺钉；2—端盖；3—螺母；4—紧定螺钉
（圆锥销）；5—推力轴承；6—圆锥销；
7—内六角螺钉；8—轴承座

（11）清洗及安装镶条。将镶条放入清洗油中清洗干净，修光毛刺，加油后装入燕尾槽中，用调节螺杆调节镶条间隙为 0.03mm 左右。

（12）清洗及安装纵向丝杠。将丝杠清洗干净后，涂油后装入螺母中，安装时要注意使台阶键的位置对准丝杠键槽中，然后转动丝杠至中间。

（13）安装纵向工作台右端部件。将拆卸下来的零件清洗后加油，按拆卸次序先后装入，先拆后装，后拆先装。

（14）安装纵向工作台左端部件。将拆卸下来的零件清洗后加油，先装上轴承座、装入圆锥销、内六角螺钉并扳紧，将丝杠向逆时针方向旋紧，装入推力轴承、垫圈、旋入圆螺母、装入圆螺母用止动垫圈，再旋入圆螺母，松紧合适后，将圆螺母用止动垫圈上的卡爪对准圆螺母槽后，嵌入槽中防止螺母松动。在丝杠左端轴上装入平键和离合器后，将紧定螺钉旋紧，装入刻度盘及紧固螺母后紧固。装入弹簧、手轮、垫圈及螺钉后用扳手将螺钉扳紧。

3. 清洗横向溜板箱部分

（1）将工作台横向移动，修光导轨面并加油。

（2）拆卸横向导轨上的镶条，清洗后修光毛刺涂油，装入镶条并进行松紧调整，使工作台横向移动时松紧适当。

（3）清洗横向丝杠，清洗后擦净，涂润滑油。

铣削加工技术

4. 清洗垂向导轨及主轴孔

（1）擦净主轴孔及端面，检查孔径内是否碰毛，如有碰毛则用磨石修光，并检查主轴顶端键是否扳紧。

（2）上下移动升降台，清洗垂向导轨面，修光导轨面上毛刺后涂油。

（3）上下移动升降台，用清洗油、刷子及棉纱清洗垂向丝杠，待擦干净后涂润滑油，并调整使其移动正常，如图附 2-6 所示。

图附 2-6　擦洗垂向丝杠

5. 清扫电动机及冷却泵部分

（1）卸下床身后电动机防护罩并擦干净电动机外部、清扫电气箱、电线保护管等，并检查是否安全可靠，如图附 2-7 所示。

（2）拆卸冷却泵并清洗滤油网，发现切削液变质要及时调换。

6. 擦净整机、附件及试车

擦净整机及其附件，检查各传动部分、润滑系统、冷却系统。确实无误后，接通电源，先手动后机动进给，使机床运转，观看油窗油路是否畅通，运转是否正常，如图附 2-8 所示。

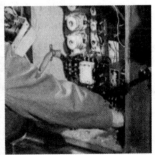

图附 2-7　擦拭电动机及清扫电气箱

图附 2-8　擦洗附件及整机外观

附录三　铣床常见故障及排除方法

铣床在使用过程中，经常会出现一些设备故障，影响工件的加工质量与加工速度，造成铣床的精度迅速下降，直接影响机床的使用寿命。认真分析、总结铣床发生故障的原因，掌握排除故障的方法和途径，对于铣床操作和维修人员是非常必要的。

机械设备故障是指机械设备降低或丧失应有的工作能力。虽然机械设备故障的发生具有随机性，但是故障的产生是可以预防、发现和排除的。

一、机械设备故障分类

在生产现场，机械设备发生故障的种类较多。故障的分类对于预防机械设备故障的发生起到指导作用。常见故障的分类见表附 3-1。

表附 3-1　常见故障的分类

分类的依据	故障名称	定　义
按故障发生的时间分类	早发性故障	由于机械设备在设计、制造、装配、调试等方面存在问题造成设备中的薄弱环节引发故障
	突发性故障	事前不能监控或预测到的故障。特点是具有偶然性和突发性
	渐进性故障	由于长期使用设备技术特性参数的劣化，逐渐发展而成的。通常它可事前预测和监控
按功能分	潜在故障	运行中的设备不采取维护和调整措施，故障逐渐发展，处于萌芽状态
	功能故障	机械设备降低了应有的工作能力，甚至丧失了应有的功能
按故障产生的原因分	人为故障	由于人为因素造成机械设备提前丧失了应有的功能
	自然故障	机械设备在使用期间因受到外部或内部自然因素影响而引起的故障，如磨损、老化等
按故障造成的后果分	轻微故障	轻微影响设备正常使用，可在日常保养中随机排除的故障
	一般故障	明显影响设备正常使用，可在较短时间内排除的故障
	严重故障	关键部件的功能丧失，严重影响设备正常使用，在较短期内无法排除的故障
	致命故障	设备受损严重，引起设备报废或造成重大经济损失或危及、导致人身伤亡的故障

二、机械设备产生故障的原因

造成机械设备故障的原因较多，其中设计、制造、装配都属于前期因素，安装、使用、维护保养属于设备后期使用因素。只有在设备出厂前严把质量关，在使用中遵守操作规程，做好设备的日常维护保养等方面工作，才能确保减少设备故障发生率，延长设备的使用寿命。

1. 设计规划

在设备性能设计规划中，应对机械设备的工作状况充分估计，还要考虑设备承受载荷、工作条件等可能出现的变动情况。对设计方案、图样、技术文件要严格审查。

2. 制造

（1）在设计、制造和维修中，都要根据使用状况、零件的性质和特点正确选择材料。若材料选用不合适或者不符合标准规定以及代用品不符合要求，都会产生磨损、疲劳断裂、老化等现象。

（2）在制造和维修过程中，很多材料要经过铸造、锻压、焊接、热处理和切削加工等工序处理，在工艺过程中材料的金属显微组织、力学性质等要发生变化，同时在工艺过程中会产生应力集中、组织缺陷等，而这些缺陷往往在工序检验时容易被疏忽，要加强工序间检验。

3. 装配质量

装配时配合件间要有正确的配合要求，注意间隙量的大小、装配中各零部件之间的相互位置精度。若达不到要求，会引起附加应力引发故障。

4. 设备安装

设备安装的找正、找平、标高、防振、地基、基础、垫铁、地脚螺栓设计、施工等方面必须符合设备安装质量要求。

5. 设备使用

设备在使用过程必须按照设备使用操作规程进行操作。违规操作、操作失误、超载、超压、超速、超时、腐蚀、漏电、漏油、过热、过冷等情况会引起故障。

6. 设备的保养

建立合理的维护保养制度，严格执行技术保养和使用操作规程，是保证机械设备工作的可靠和提高使用寿命的重要条件。保养不当（如不及时清洗换油、不及时调整间隙、维护修理不当、备件不合格的情况）是引起故障的主要原因。

三、 机械设备故障的诊断

1. 机械设备故障诊断的分类

机械设备故障的诊断是指对机械设备发生故障后，分析其产生的原因，确定发生部位，并能预报它的发展趋势。故障的诊断方法可以及时准确地确定故障的种类和具体位置，并初步判定故障的严重程度，为排除故障提供有价值的参考信息。机械故障诊断的分类见表附 3-2。

表附 3-2　机械故障诊断的分类

分类的依据	诊断名称	定　义
按目的分	功能诊断	对新安装或刚维修后的设备进行运行情况和功能是否正常的诊断
	运行诊断	对正常工作设备故障特征的发生和发展的监测
按功能分	简易诊断	又称为初级诊断，对机械系统的状态作出初步判断。简易诊断通常由现场作业人员实施
	精密诊断	在简易诊断的基础上进行更为详细的诊断，其目的是找出事故原因、确定故障部位和故障程度及其发展趋势。精密诊断由专门技术人员实施
按提取信息的方式分	直接诊断	直接确定关键零部件的故障状态
	间接诊断	通过来自故障源的二次效应，确定关键部件的状态变化
按时间分	定期诊断	每隔一段时间，对工作的设备进行定期的检测
	连续监控	采用仪表和计算机信息处理系统对机器运行状态进行监视和控制
按工况条件分	常规诊断	属于机械设备正常运行条件下进行的诊断
	特殊诊断	对正常运行条件难以取得的诊断信息，通过创造特殊工作条件才能对其信息进行诊断

2. 诊断检测方法

设备诊断技术分为两个阶段，一是诊断设备技术的初级阶段，主要是由现场作业人员实施的简易诊断技术；二是由专门人员实施的精密诊断技术，主要是对由简易诊断技术初步判断为"异常现象"的设备进行专项的精密诊断。目前，设备诊断已在不同领域得到应用。常见诊断检测方法见表附 3-3。

表附 3-3　常见诊断检测方法

方　　法		设备运行状态	故障部位	操作人员技术水平	说　　明
目测		不停机或停机	限于外表面	主要靠经验	定期轮回检查
振动检测		不停机或停机	任意运动部件	要求一定技术	从设备上取得振动参数，通过分析参数，找出设备故障的原因
温度检测		不停机	外表面或内部	无技术要求	从直读的温度计到红外扫描仪测得温度变化
噪声检测	1. 主评价和估计法	不停机	设备表面	经验丰富或一定技术	可借助听音器或借助传声器-放大器-耳听系统估计噪声的大小
	2. 近场测量法				寻找噪声源。用声级计靠近设备表面扫描，根据声级计指示值的大小确定
	3. 表面振速测量法				根据表面各点的振动速度，画出等振速线确定最强辐射点
	4. 频谱分析法				通过测得噪声频谱分析，识别噪声源
	5. 声强法				具有明显的指向特性
油液检测		不停机	润滑系统的任意元件	要求一定技术	利用光谱和频谱分析装置，测定油液内含有的元素成分
裂纹检测	1. 染色法		清洁表面	要求一定技术	只能查出表面断开的裂纹
	2. 磁粉探伤法		靠近清洁光滑的表面	要求一定技术，易漏查	限于磁性材料，对裂纹取向敏感
	3. 电阻法		清洁光滑表面	要求一定技术	对裂纹取向敏感，可估计裂纹深度
	4. 涡流法		靠近表面	掌握基本技术	可查出多种形式的不连续性（如裂纹、杂质、硬度变化）
	5. 超声法	不停机或停机	任何零部件的任意位置	掌握基本技术	对方向性敏感，寻找时间长，通常作为其他诊断技术的后备方法
	6. 射线法		所有材料		对内部缺陷形状、尺寸、性质判断容易，难判断缺陷深度，若要判断工件两面都能操作，曝光时间长
	7. 声发射检测				对材料发生塑性变形等过程中，都有声发射现象，利用声发射信号对材料缺陷检测、判断
腐蚀检测	1. 腐蚀检查仪			要求一定技术	能查出微米级大的腐蚀量
	2. 极化电阻及腐蚀电位	不停机	管内及容器内	要求一定技术	只能找出是否有腐蚀现象
	3. 氢探极			不需要技术	氢气扩散到薄壁探极管内，引起压力增加

方　　法	设备运行状态	故障部位	操作人员技术水平	说　　明
腐蚀检测　4. 探极指示孔			打孔到正确深度,需要相当技术	能指出达到腐蚀量的时间
主要精度	停机	运动部件	一定技术	主要采用检测仪器对几何精度、位置精度、接触精度、配合精度等检测
泄漏	不停机	整机	一定技术	由于外界物质(气态、液态和粉尘状的介质)进入缝隙,使间隙变大造成泄漏,使设备损坏加速

四、 机床故障诊断与排除的基本方法

当机床发生故障时,不要急于动手进行维修,应认真分析、判断、确定。维修前应遵循两条原则:一是充分调查故障现场,认真听取操作者对故障的描述,获取维修人员所需的第一手资料;二是检查机床运行记录和检修记录,综合分析判断故障点。具体方法如下:

1. 直观检查法

它是指维修技术人员利用人体的感官,问其因,看其动,听其音,嗅其味,感其温,从而直接观察到故障信号,并以丰富的经验和维修技术判定故障可能出现的部位和原因。

问:向机床操作者了解机床故障发生前的情况。包括机床的开机情况、传动系统、进给系统、润滑系统、冷却系统、切削参数的选择、工作台的进给情况、润滑油的牌号和用量等内容。

看:检查机床保险丝是否熔断、元件是否烧焦和开裂现象,通过这些情况判断机床电路是否有断路和短路、过压现象;看转速快慢的变化、主传动轴、齿轮是否变形;泄漏量的情况。

听:检查机床故障产生的异常响动:一类是运动的零部件产生如机械系统（齿轮、轴承等）的摩擦声、振动声、撞击声、电气元件是否有异常声响;一类是不动的零件,如箱体、盖板、支架等,其声音是由于受其他振源的诱发而产生共鸣引起的。

嗅:由于电气元件短路后产生异味,可通过气味迅速判断故障点。

触:检查部件之间的连线是否松动。用小锤轻敲插件板、元件板;检查电路是否有虚焊、虚接等现象;触摸设备的外表面有异常的温升或温降,说明产生故障。例如:温度分布不均匀;轴承损坏,发热量增加;冷却、润滑系统发生故障,零件表面温度上升等。

若是直观检查法不能准确判断出故障点的所在,可借助仪器进行专项精密诊断,查找故障原因,确定故障点,制定合理的维修计划,完成维修任务。

利用直观检查法,可迅速判断机床故障是机械故障还是电气故障。

2. 拔出插入法

通过相关的接头,插卡的拔出、插入过程,能判断连接件是否有故障。

3. 测量比较法

测量比较法使用的前提是机床维修技术人员了解控制电路与电气元件的关键部位、易出现故障部位的正常电压值、正常的电流值,这样才能比较分析。平时注重知识和经验的积累。

4. 原理分析法

通过分析故障相关联的信号,查找故障点,根据机床电气控制原理图从前往后或从后往

前检查相关信号触点状态，与正常情况进行比较。在实际维修故障中，可以采用"顺藤摸瓜"的方法。从电气控制系统电气元件—连接线—电动机或从电动机—连接线—电器元件逐一排查。对照机床控制原理图进行检查分析，判断故障原因。

在这四种方法中拔出插入法、测量比较法、原理分析法主要用于电气故障的判断。

五、 设备修理

为保证设备正常运行和安全生产，对设备进行修理是工业企业设备管理工作的重要组成部分。机械设备修理主要分为两种情况：一种是按计划进行的预防性计划修理，另一种是机械设备产生故障后，不能进行正常工作，即排除故障的修理，这种修理具有一定的随机性。

1. 预防性计划修理

预防性计划修理可分为大修、项目修理和小修三类。

（1）大修是机械设备修理中工作量最大的一种计划修理。设备大修的工作过程如图附3-1所示。

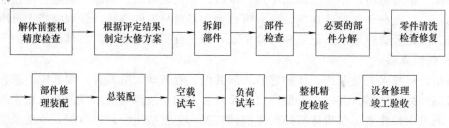

图附 3-1 设备大修的工作过程

（2）项目修理简称"项修"，也叫中修，是按实际需要进行针对性的修理。

（3）小修是机械设备中工作量最小的一种计划修理。

三种计划修理工作内容的区别见表附 3-4。

表附 3-4 三种计划修理工作内容的比较

工作内容	大　修	项　修	小　修
拆卸分解程度	全部拆卸分解	针对检查部位，部分拆卸分解	拆卸、检查部分磨损严重的机件和污秽部位
修复范围和程度	修理基准件，更换或修复主要件、大型件及所有不合格的零件	根据修理项目，对修理部位进行修复，更换不合格的零件	清除污秽积垢，调整零件间隙及相对位置，更换或修复不能使用的零件，修复达不到完好程度的部位
刮研程度	加工和刮研全部滑动接合面	根据修理项目决定刮研部位	必要时局部修刮，填补划痕
精度要求	按大修精度及通用技术标准检查验收	按预定要求验收	按设备完好标准要求验收
表面修饰要求	全部外表面刮腻子、打光、涂装，手柄等零件重新电镀	补涂装或不进行	不进行

（4）定期精度调整是指对精密、大型、稀有机床的几何精度定期进行调整，使其达到（或接近）规定标准；精度调整的周期一般为一至二年。

2. 排除故障修理

当设备发生故障不能正常工作，对设备进行排除故障修理，工作过程如图附 3-2 所示。

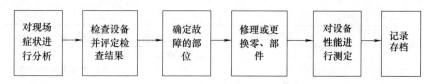

图附 3-2　排除故障修理的工作过程

3. 设备修理前的准备工作

为使修理工作顺利进行，修理前对技术状况进行调查。需要调查的内容有：设备的工作精度和几何精度的丧失情况；负荷能力的变动情况；发生故障历次修理记录；主要机件的磨损程度；机械运动的平稳性，振动和噪声情况；气动、液压及润滑系统的变化情况；离合器、制动器、安全保护装置及操作件是否灵活可靠；电气系统的失效和老化状况、外观缺陷等。根据调查结果制定修理技术文件，包括修理技术任务书；修换件明细表及图样；电气元件及特殊材料表；修理工艺及专用工具、检具、研具的图样、清单以及质量验收标准。修理前购置维修所用的材料、备件、专用工具、检具、研具；组织编制修理作业计划。

4. 修理过程

修理开始后，首先对设备进行解体，按照从上到下，先外后里的顺序，拆除零部件。对拆卸下来的零件进行编号、清洗、除锈、清积炭处理后进行检查，根据检测结果提出修补方案；把修复的零件、更换的新件和继续使用的零件按照一定的技术标准，按一定顺序装配，达到规定的精度和使用性能的要求。

5. 修理后验收

经过修理装配调整好的设备，必须按规定的精度标准项目和修理前拟定的精度项目，对设备进行各项精度的检验和试验，如几何精度检验、空运转试验、载荷试验和工作精度检验等，全面检查、衡量所修设备的质量、精度和工作性能的恢复情况。

设备修理后，记录对原技术资料的修改情况和修理中的经验教训，做好总结，与原始资料一起归档，以备下次修理时参考。

六、 铣床常见故障及排除方法

表 3-5　铣床常见故障及排除方法

故　障		原　因	排　除　方　法
铣削时振动大	主轴松动	主轴轴承间隙过大、轴承磨损、滚道点蚀	重新调整主轴轴承间隙或更换轴承
	工　作　台松动	(1)导轨镶条磨损，间隙过大 (2)镶条不直	(1)调整镶条间隙 (2)修刮或更换镶条
	丝杠间隙大	丝杠与螺母间的间隙过大	重调间隙，拧紧调整蜗杆的紧固螺钉
	其他	刀杆锥柄锥度不吻合或未拉紧	修磨刀柄锥度并拉紧
		主电动机振动大	对电动机转子进行动平衡
		工件未夹紧或方法不合理	夹紧工件
		切削参数不合理	调整切削参数
快速进给无法启动或脱不开		(1)摩擦离合器间隙过大 (2)摩擦离合器的电磁铁剩磁过大时离合器脱不开	电工和机修钳工进行调整

故　障	原　因	排　除　方　法
纵向进给有带动	(1)拨叉与离合器的配合间隙太大或太小 (2)内部零件有松动或者脱落	需要机修钳工移出工作台进行修理
进给安全离合器失灵	安全离合器摩擦片间隙调过大或过小	重新调节摩擦片间隙或更换零件
工作台横向和垂向进给操作手柄失灵	鼓轮位置变动(出现横向和垂向联动现象) 行程开关触杆的位置有变动(扳动手柄无进给)	电工与机修钳工进行调节、修理
横向和垂向进给机构与手动联锁装置失灵	机动进给时手动手柄不脱开的主要原因是联锁装置中的带动杠杆或挡销脱落	机修钳工修理
电源工作灯不亮	(1)电源指示灯异常 (2)电源开关位置不到位 (3)机床变压器坏 (4)线路问题	(1)更换指示灯 (2)调整电源开关位置 (3)更换变压器 (4)更换线路
主轴电机不工作	(1)电源异常 (2)电动机启动按钮失灵 (3)电动机故障 (4)电动机不转 (5)皮带太松或是打滑 (6)主轴的轴承被卡住 (7)线路老化	(1)更换异常电源 (2)更换按钮开关 (3)维修和更换电动机 (4)维修和更换电动机 (5)更换皮带 (6)更换主轴轴承 (7)更换线路
纵向手动进给时松紧不均匀	(1)丝杠弯曲或局部磨损 (2)丝杠轴线与导轨不平行	(1)校直或更换丝杠 (2)重新校装丝杠
升降台低速升降时爬行	(1)立柱导轨压铁未松开 (2)润滑不良	(1)松开并调整压铁 (2)每班按要求润滑导轨
工作台运行时有响声	(1)工作台缺油 (2)丝杠缺油	(1)检查手拉油泵是否有油,压油给工作台 (2)给丝杠喷油
纵向进给丝杠间隙大	(1)丝杠与螺母之间轴向间隙太大 (2)丝杠两端推力轴承间隙太大	(1)调整丝杠与螺母的间隙 (2)调丝杠轴向间隙
开机不上电	(1)输入电源不正确 (2)接线不正确 (3)接线端子松动	(1)按要求输入正确电源 (2)正确接线 (3)压紧接线端子
主轴不能正常工作	(1)主传动变速齿轮换挡未到位 (2)切削过载 (3)电机故障 (4)主轴机械部分损坏	(1)检查主传动变速箱 (2)按切削规范正确使用机床 (3)检查电机 (4)详见机床机械部分使用说明书
主轴制动不良或无法启动	主轴制动调整失偏或失灵	电工检查调整维修
主轴无法启动	电动机有异常响声电器故障	电工检修
主轴温升超标	(1)轴承损伤 (2)锁紧螺母过紧	(1)更换轴承 (2)调整锁紧螺母
主轴精度超标	(1)轴承损坏或调整不当 (2)主轴内孔磨损 (3)主轴温升过高,引起热变形 (4)锁紧螺母松动	(1)换轴承或调整 (2)更换主轴 (3)调整轴承 (4)锁紧螺母

故 障	原 因	排 除 方 法
主轴轴端漏油(立铣头)	主轴端部的密封间隙过大	调整密封间隙
主轴在运转时噪声严重	(1)主轴箱内无润滑油或润滑不良 (2)主轴箱内传动齿轮损坏或有缺齿的齿轮运行 (3)轴承有损坏或轴承间隙变大、没有润滑油 (4)主轴箱内各传动齿轮轴上的轴向锁紧螺母未锁到位,运转时有轴向窜动,引起噪声	(1)增加润滑油或检查油泵使之正常工作 (2)检修与更换齿轮 (3)检修轴承、调间隙、增加润滑油 (4)检查、调整各传动轴上的锁紧螺母和调整垫片的间隙
主轴变速箱无变速冲动	主轴电机的冲动线路接触点失灵	检查电器线路,调整冲动小轴的尾端,调整螺钉,达到冲动接触的要求
主轴箱变速手柄操作时扳不动	(1)竖轴与配合的定位孔被油污或毛刺涩滑,使竖轴与孔咬死 (2)扇形齿轮与齿条卡住 (3)拨叉轴弯曲或定位孔咬死 (4)齿条周端与孔板变速盘上的孔位置不对	(1)拆下连杆轴,修光毛刺 (2)调整扇形齿轮与齿条间隙 (3)校直修光或更换拨叉轴 (4)先变换另一种速度,使变速转到与齿条轴相配的准确位置再调整星轮定位器的弹簧,使其定位可靠
进给箱噪声过大	(1)传动齿轮发生错位或松动 (2)电机噪声	(1)检查各传动齿轮是否松动,打牙 (2)检查电机噪声
进给箱无进给运动	(1)进给电动机没有接通或损坏 (2)进给电磁离合器不能吸合	检查电器线路及电气元件的故障并排除
运动部件声音异常	(1)掉入异物 (2)丝杠螺母处连接松动	(1)清除异物 (2)拧紧螺钉
运动部件窜动	(1)丝杠螺母连接松动 (2)丝杠轴承座松动 (3)丝杠螺母之间的间隙过大	(1)拧紧松动螺钉 (2)紧固轴承座 (3)调整丝杠与螺母之间的间隙
运动部件爬行	(1)导轨润滑不充分 (2)导轨无润滑	(1)检查管路是否堵塞或分配器损坏,润滑装置是否正常 (2)按机床说明书定期给各润滑点加油
电机损坏	(1)与之相连的外围电路有水或油渗入,造成电路短路 (2)电线损坏,造成电路短路	(1)与机床制造商联系 (2)排除电路故障后,更换电机
机床噪声超标	(1)传动齿轮松动 (2)掉入异物	(1)重新紧固松动的齿轮 (2)清除掉入的异物
润滑装置的油消耗快	(1)润滑油管破损 (2)分配器损坏	(1)更换润滑油管 (2)更换分配器
导轨丝杠润滑不足或无润滑	(1)分配器损坏或润滑量不足 (2)润滑油管折断或堵塞 (3)无润滑油 (4)机床上出油口堵塞	(1)修换润滑点的接头 (2)换油管 (3)加足润滑油 (4)修正出油孔
无冷却液	(1)冷却液太脏,冷却液过滤网阻塞 (2)管路有漏水或软管有折死现象 (3)喷嘴堵塞	(1)清洗过滤网,更换新冷却液 (2)更换软管 (3)清洗喷嘴

故　　障	原　　因	排　除　方　法
冷却泵故障	(1)长时间工作,电压过高 (2)冷却泵阻塞,电机过热 (3)冷却泵损坏 (4)热继电器烧坏 (5)电机转向不对 (6)未加冷却液	(1)合上热继电器 (2)清洗冷却泵,合上热继电器 (3)更换冷却泵电机 (4)换热继电器 (5)重新接线 (6)加冷却液
扳动工作台纵向行程手柄,无进给运动	(1)升降台的十字手柄不在中间位置 (2)控制横向和垂直进给的桥式连锁继电器开关触点没接上	(1)将十字手柄扳到中间的零位 (2)调整控制凸轮下的终点开关触销,使接触位置到位
工作台底座横向进给时,手轮过重或摇不动	(1)底座上的横向进给丝杠与螺母相对位置不同心 (2)丝杠受外力作用后弯曲变形 (3)横向紧固手柄锁死	(1)调整横向螺母支架,使丝杠与螺母的同轴度允差达到 0.02mm 的要求,修刮螺母支架或丝杠托架符合要求 (2)校直弯曲丝杠或更换无法校直的丝杠,并进行调整 (3)松开横向紧固手柄
进给手柄扳到中间停止位置时,电动机仍转动	(1)进给手柄的连接杠杆和凸轮与终点开关的位置或距离不当,致使开关失灵 (2)控制凸轮的接触部位磨损,致使杠杆触及不到终点开关	(1)调整凸轮位置和距离,使之控制到位 (2)修复或更换凸轮,调整传动杠杆的高度,使之控制到位
按下快速按钮,触点接通,但快速无动作	(1)进给箱的离合器摩擦片间的间隙过大,离合器打滑失灵 (2)牙嵌离合器行程不足,小于 6mm	(1)压下电磁铁芯仍无快速挡,则是摩擦片间隙过大,调整其总间隙为 2~3mm (2)压下电磁铁芯有快速挡,则是牙嵌行程不足,应调整铁芯上的螺母,或将杠杆的齿孔转过 2~3 个齿,调整牙嵌行程至要求
启动进给时,进给箱过载保护离合器打滑,电动机停转,而反向进给正常	进给摩擦离合器的调整螺母环因定位销脱出而松动,当启动进给时,螺母环因惯性转动,使正方向摩擦同时挤紧而发生闷车,使过载离合器打滑	重新调整离合器,使摩擦片脱开,使摩擦片的总间隙不小于 2~3mm
工件加工后波纹大、粗糙度超标	(1)工件未夹紧 (2)传动部件有间隙或预紧不足 (3)切削用量选用不当 (4)工作台过分松动,铣削时产生振动 (5)刀具磨损严重	(1)夹紧工件 (2)调整导轨间隙 (3)修改切削参数 (4)调整并检修工作台,使之满足加工要求 (5)及时刃磨或更换刀具
加工平面时,接刀处不平	(1)主轴中心线与工作台台面的垂直度超差 (2)床身立柱导轨与工作台平行度超差 (3)工件基准选择不正确	(1)按机床精度标准第 3、4、11、12 项精度要求检验,如超差应调整主轴头的定位或刮研导轨面至精度要求 (2)校正工作台与床身导轨的平行度 (3)找正加工工件的基准面

铣削加工技术

故　　障	原　　因	排　除　方　法
工件两被加工面不垂直	(1)床身立柱导轨与工作台垂向运动的几何精度超差 (2)升降台与立柱导轨间镶条调整的间隙过紧或过松 (3)工件装夹时基准未找正 (4)加工基准与夹具间有杂物 (5)工件装夹不牢,切削时引起振动、窜动,造成加工面间不垂直	(1)检查、调整床身立柱导轨与工作台垂向运动精度 (2)重新调整升降台与立柱导轨间镶条的间隙,使进给运动平稳 (3)找正被加工工件的基准 (4)清理杂物 (5)工件必须装夹牢固
工件两被加工面不平行	(1)立铣头轴心线与工作台不垂直 (2)夹具基准面与工作台面间或夹具与工件基准面间有杂物 (3)垫铁不平 (4)用平口钳作为夹具安装后未校正 (5)工件装夹不牢,切削时引起工件松动	(1)校正立铣头轴心线与工作台的垂直度 (2)清理铁屑等杂物 (3)修磨垫铁 (4)夹具安装后用百分表校正 (5)选择合适夹具,工件必须装夹牢固
加工工件尺寸超差	工作台丝杠间隙大 纵向工作台与横溜板箱移动不成90°	调整丝杠间隙 调整 x 轴、y 轴的轴承间隙、镶条间隙或铲刮导轨、镶条

附录四　铣工国家职业标准

1. 职业概况

1.1　职业名称

铣工。

1.2　职业定义

操作铣床,进行工件铣削加工的人员。

1.3　职业等级

本职业共设五个等级,分别为:初级(国家职业资格五级)、中级(国家职业资格四级)、高级(国家职业资格三级)、技师(国家职业资格二级)、高级技师(国家职业资格一级)。

1.4　职业环境

室内,常温。

1.5　职业能力特征

具有较强的计算能力、空间感、形体知觉及色觉,手指、手臂灵活,动作协调性强。

1.6　基本文化程度

初中毕业。

1.7　培训要求

1.7.1　培训期限

全日制职业学校教育,根据其培养目标和教学计划确定。晋级培训期限:初级不少于500标准学时;中级不少于400标准学时;高级不少于300标准学时;技师不少于300标准学时;高级技师不少于200标准学时。

1.7.2 培训教师

培训初、中、高级铣工的教师应具有本职业技师以上职业资格证书或本专业中级以上专业技术职务任职资格；培训技师的教师应具有本职业高级技师职业资格证书或本专业高级专业技术职务任职资格；培训高级技师的教师应具有本职业高级技师职业资格证书2年以上或本专业高级专业技术职务任职资格。

1.7.3 培训场地设备

满足教学需要的标准教室和铣床及必要的刀具、夹具、量具和铣床辅助设备等。

1.8 鉴定要求

1.8.1 适用对象

从事或准备从事本职业的人员。

1.8.2 申报条件

——初级（具备以下条件之一者）

（1）经本职业初级正规培训达规定标准学时数，并取得毕（结）业证书。

（2）在本职业连续见习工作2年以上。

（3）本职业学徒期满。

——中级（具备以下条件之一者）

（1）取得本职业初级职业资格证书后，连续从事本职业工作3年以上，经本职业中级正规培训达规定标准学时数，并取得毕（结）业证书。

（2）取得本职业初级职业资格证书后，连续从事本职业工作5年以上。

（3）连续从事本职业工作7年以上。

（4）取得经劳动保障行政部门审核认定的、以中级技能为培养目标的中等以上职业学校本职业（专业）毕业证书。

——高级（具备以下条件之一者）

（1）取得本职业中级职业资格证书后，连续从事本职业工作4年以上，经本职业高级正规培训达规定标准学时数，并取得毕（结）业证书。

（2）取得本职业中级职业资格证书后，连续从事本职业工作7年以上。

（3）取得高级技工学校或经劳动保障行政部门审核认定的、以高级技能为培养目标的高等职业学校本职业（专业）毕业证书。

（4）取得本职业中级职业资格证书的大专以上本专业或相关专业毕业生，连续从事本职业工作2年以上。

——技师（具备以下条件之一者）

（1）取得本职业高级职业资格证书后，连续从事本职业工作5年以上，经本职业技师正规培训达规定标准学时数，并取得毕（结）业证书。

（2）取得本职业高级职业资格证书后，连续从事本职业工作8年以上。

（3）取得本职业高级职业资格证书的高级技工学校本职业（专业）毕业生和大专以上本专业或相关专业的毕业生，连续从事本职业工作2年以上。

——高级技师（具备以下条件之一者）

（1）取得本职业技师职业资格证书后，连续从事本职业工作3年以上，经本职业高级技师正规培训达规定标准学时数，并取得毕（结）业证书。

（2）取得本职业技师职业资格证书后，连续从事本职业工作5年以上。

1.8.3 鉴定方式

分为理论知识考试和技能操作考核。理论知识考试采用闭卷笔试方式，技能操作考核采用现场实际操作方式。理论知识考试和技能操作考核均实行百分制，成绩皆达60分以上者为合格。技师、高级技师鉴定还须进行综合评审。

1.8.4　考评人员与考生配比

理论知识考试考评人员与考生配比为 1∶15，每个标准教室不少于 2 名考评人员；技能操作考核考评员与考生配比为 1∶5，且不少于 3 名考评员。

1.8.5　鉴定时间

理论知识考试时间不少于 120min；技能考核时间为：初级不少于 240min，中级不少于 300min，高级不少于 360min，技师不少于 420min，高级技师不少于 240min；论文答辩时间不少于 45min。

1.8.6　鉴定场所设备

理论知识考试在标准教室进行；技能操作考核在配备必要的铣床、工具、夹具、刀具和量具、量仪及铣床附件的场所进行。

2.　基本要求

2.1　职业道德

2.1.1　职业道德基本知识

2.1.2　职业守则

(1) 遵守法律、法规和有关规定。

(2) 爱岗敬业，具有高度的责任心。

(3) 严格执行工作程序、工作规范、工艺文件和安全操作规程。

(4) 工作认真负责，团结合作。

(5) 爱护设备及工具、夹具、刀具、量具。

(6) 着装整洁，符合规定；保持工作环境清洁有序，文明生产。

2.2　基础知识

2.2.1　基础理论知识

(1) 识图知识。

(2) 公差与配合。

(3) 常用金属材料及热处理知识。

(4) 常用非金属材料。

2.2.2　机械加工基础知识

(1) 机械传动知识。

(2) 机械加工常用设备知识（分类、用途）。

(3) 金属切削常用刀具知识。

(4) 典型零件（主轴、箱体、齿轮等）的加工工艺。

(5) 设备润滑及切削液的使用知识。

(6) 气动及液压知识。

(7) 工具、夹具、量具使用与维护知识。

2.2.3　钳工基础知识

(1) 划线知识。

(2) 钳工操作知识（錾、锉、锯、钻、铰孔、攻螺纹、套螺纹）。

2.2.4　电工知识

(1) 通用设备常用电器的种类及用途。

(2) 电力拖动及控制原理基础知识。

(3) 安全用电知识。

2.2.5　安全文明生产与环境保护知识

(1) 现场文明生产要求。

(2) 安全操作与劳动保护知识。

(3) 环境保护知识。

2.2.6　质量管理知识

(1) 企业的质量方针。

(2) 岗位的质量要求。

(3) 岗位的质量保证措施与责任。

2.2.7　相关法律、法规知识

(1) 劳动法相关知识。

(2) 合同法相关知识。

3. 工作要求

本标准对初级、中级、高级、技师、高级技师的技能要求依次递进，高级别包括低级别的要求。在"工作内容"栏内未标注"普通铣床"或"数控铣床"的，均为两者通用。

3.1　初级

职业功能	工作内容	技能要求	相关知识
一、工艺准备	(一)读图与绘图	能读懂带斜面的矩形体、带槽或键的轴、套筒、带台阶或沟槽的多面体等简单零件图	1. 简单零件的表示方法 2. 绘制平行垫铁等简单零件的草图
	(二)制定加工工艺	1. 能读懂平面、连接面、沟槽、花键轴等简单零件的工艺规程 2. 能制定简单工件的铣削加工顺序 3. 能合理选择切削用量 4. 能合理选择铣削用切削液	1. 平面、连接面、沟槽、花键轴等简单零件的铣削工艺 2. 铣削用量及选择方法 3. 铣削用切削液及选择方法
	(三)工件定位与夹紧	能正确使用铣床通用夹具和专用夹具	1. 铣床通用夹具的种类、结构和使用方法 2. 专用夹具的特点和使用方法
	(四)刀具准备	1. 能合理选用常用铣刀 2. 能在铣床上正确地安装铣刀	1. 铣刀各部位名称和作用 2. 铣刀的安装和调整方法
	(五)设备调整及维护保养	能进行普通铣床的日常维护保养和润滑	普通铣床的维护保养方法
二、工件加工	(一)平面和连接面的加工	能铣矩形工件和连接面并达到以下要求： 1. 尺寸公差等级达到IT9 2. 垂直度和平行度IT7 3. 表面粗糙度 $Ra3.2\mu m$ 4. 斜面的尺寸公差等级 IT12、T11，角度公差为 $\pm15'$	平面和连接面的铣削方法
	(二)台阶、沟槽和键槽的加工及切断	能铣台阶和直角沟槽、键槽、特形沟槽，并达到以下要求： 1. 表面粗糙度 $Ra3.2\mu m$ 2. 尺寸公差等级IT9 3. 平行度IT7，对称度IT9 4. 特形沟槽尺寸公差等级IT11	1. 台阶和直角沟槽的铣削方法 2. 键槽的铣削方法 3. 工件的切断及铣窄槽的方法 4. 特形槽的铣削方法

职业功能	工作内容		技能要求	相关知识
二、工件加工	（三）分度头的应用及加工角度面和刻度		能铣角度面或在圆柱、圆锥和平面上刻线，并达到以下要求： 1. 铣角度面时，尺寸公差等级IT9，对称度IT8；角度公差为±5′ 2. 刻线要求线条清晰、粗细相等、长短分清、间距准确	1. 分度方法 2. 铣角度面时的尺寸计算和调整方法 3. 利用分度头进行刻线的方法
	（四）花键轴的加工		能用单刀或组合铣刀粗铣花键，并达到以下要求： 1. 键宽尺寸公差等级IT10，小径公差等级IT12 2. 平行度IT7，对称度IT9 3. 表面粗糙度$Ra6.3 \sim Ra3.2\mu m$	外花键的铣削知识
三、精度检验及误差分析	（一）平面、矩形工件、斜面、台阶、沟槽的检验		1. 能用游标卡尺、刀口形直尺、千分尺、百分表、90°角尺、万能角度尺、塞规等常用量具检验平面、斜面、台阶、沟槽和键槽等 2. 能用辅助测量圆棒和常用量具检验沟槽	1. 使用游标卡尺、刀口形直尺、千分尺、百分表、90°角尺、万能角度尺、游标高度尺、塞规等常用量具测量平面、斜面、台阶、沟槽和键槽的方法 2. 用辅助测量圆棒和常用量具检验沟槽的方法
	（二）特殊形面的检验		能利用分度头和常用量具检验外花键和角度面	用分度头和常用量具检验外花键及角度面的方法

3.2 中级

职业功能	工作内容		技能要求	相关知识
一、工艺准备	（一）读图与绘图		1. 能读懂等速凸轮、齿轮、离合器、带直线成形面和曲面等中等复杂程度零件的零件图 2. 能读懂分度头尾架、弹簧夹头套筒、可转位铣刀结构等简单机构的装配图 3. 能绘制带斜面或沟槽的轴和矩形零件锥套等简单零件图	1. 复杂零件的表示方法 2. 齿轮、花键轴及带斜面和沟槽的零件等简单零件图的画法
	（二）制定加工工艺	普通铣床	1. 能读懂复杂零件的铣削加工部分的工艺规程 2. 能制定平行孔系、离合器、圆柱齿轮和齿条、直齿锥齿轮、成形面、凸轮、圆柱面直齿刀具的铣削加工顺序 3. 龙门铣床操作人员能制定大型零件和箱体零件上各平面的加工顺序	1. 平行孔系、离合器、齿轮和齿条成形面、凸轮、锥齿轮、圆柱面、直齿槽、刀具等较复杂零件的铣削加工部分的工艺 2. 龙门铣操作人员应懂得大型工件和箱体的加工工艺
		数控铣床	能编制矩形体、平行孔系、圆弧曲面等一般难度工件的铣削工艺。其主要内容有： 1. 正确选择加工零件的工艺基准 2. 决定工步顺序及工步内容和切削参数	1. 一般复杂程度工件的铣削工艺 2. 数控铣床的工艺编制

职业功能	工作内容		技能要求	相关知识
一、工艺准备	（三）编制程序	数控铣床	能编制简单的铣削加工程序	1. 机床坐标系及工件坐标系知识 2. 数控编程的基本知识
	（四）工件定位与夹紧	普通铣床	1. 能正确装夹薄壁、细长、带斜面的工件 2. 能合理使用回转工作台和压板等，装夹外形较复杂的工件 3. 能正确使用组合夹具	1. 定位、夹紧的原理及方法 2. 复杂形状工件和容易变形工件的装夹方法 3. 专用夹具和组合夹具的结构和使用方法
		数控铣床	1. 能正确选择工件的定位基准 2. 能正确使用铣床常用夹具及气动、液压自动夹紧装置	气动、液压自动夹紧装置的使用方法
	（五）刀具准备	普通铣床	1. 能根据工件材料、加工精度和工作效率的要求，正确选择刀具的材料牌号和几何参数 2. 能合理选用铣削刀具	1. 铣刀几何参数的意义及其作用 2. 铣刀切削部分材料的种类、代号（牌号）、性能和用途 3. 铣刀的结构和特点
		数控铣床	1. 能正确选择和安装数控铣床常用刀具 2. 能合理选择切削用量	1. 数控铣削刀具及其切削参数 2. 数控铣削刀具的种类、结构、性能及用途
	（六）设备调整及维护保养	普通铣床	1. 能根据加工需要对机床进行调整 2. 能在加工前对自用铣床进行常规检查 3. 能及时发现自用铣床的一般故障	1. 铣床的种类、型号编制及特征和用途 2. 铣床的结构、传动原理 3. 铣床的调整及常见故障的排除方法
		数控铣床	1. 能对数控铣床进行调整 2. 在加工前能对机床进行常规检查 3. 能进行数控铣床的日常维护保养	1. 数控铣床的工作原理及调整方法 2. 数控铣床的操作规程 3. 数控铣床的日常维护保养方法
二、工件加工	普通铣床	（一）平面和连接面的加工	能铣矩形工件和连接面，并达到以下要求： 1. 尺寸公差等级 IT7 2. 平面度 IT7 3. 垂直度和平行度 IT6、IT5 4. 表面粗糙度 $Ra1.6\mu m$	提高平面铣削精度的方法
		（二）台阶沟槽和键槽的加工及切断	能铣台阶、沟槽、键槽及特形沟槽，并达到以下要求： 台阶和直角沟槽的表面粗糙度 $Ra3.2 \sim 1.6\mu m$；尺寸公差等级达到 IT8	提高台阶、沟槽和键槽等加工精度的方法
		（三）分度头应用及加工角度面和刻线	能铣削角度面或在圆柱面、圆锥面和平面上刻线，并达到以下要求： 1. 尺寸公差等级 IT8 2. 角度公差 $\pm 3'$	提高角度面铣削精度及刻线精度的方法
		（四）花键轴的加工	能用花键铣刀半精铣和精铣花键，并达到以下要求： 1. 键宽尺寸公差等级 IT9 2. 不等分累积误差不大于 0.04mm($D=50 \sim 80mm$)	铣削花键轴提高精度的方法

职业功能	工作内容		技能要求	相关知识
二、工件加工	普通铣床	（五）坐标孔的加工	能换轴线平行的孔系（两孔或不在同一直线上的三个孔等），并达到以下要求： 1. 孔径尺寸公差等级 IT8 2. 孔中心距达到 IT9 3. 表面粗糙度 $Ra1.6\mu m$	钻孔、铰孔、键孔、铣孔及加工椭圆孔的方法
		（六）圆柱齿轮及齿条的加工	能铣直齿和斜齿圆柱齿轮及直齿和斜齿条，并达到以下要求： 精度等级为 FJ10	1. 螺旋槽的铣削方法 2. 直齿圆柱齿轮的铣削方法 3. 斜齿圆柱齿轮的铣削方法 4. 直齿条和斜齿条的铣削方法
		（七）锥齿轮的加工	能铣直齿锥齿轮，并达到以下要求： 公差等级为 a12	直齿锥齿轮的铣削方法
		（八）离合器的加工	能铣矩形齿、梯形齿、尖形齿、锯形齿和螺旋形齿等齿形离合器，并达到以下要求： 1. 等分误差≤±10′ 2. 齿侧表面粗糙度 $Ra3.2\sim1.6\mu m$	牙嵌式离合器的铣削方法
		（九）成形面、螺旋面及凸轮的加工	能用成形铣刀、仿形装置及仿形铣床加工复杂的成形面，并达到以下要求： 1. 尺寸公差等级为 IT9、IT8 2. 成形面形状误差不大于 0.05mm 3. 螺旋面和凸轮的形状（包括导程）误差不大于 0.10mm	1. 直线成形面的铣削方法 2. 用仿形法加工成形面时的误差分析
		（十）圆柱面直齿槽刀具的加工	能按图样要求加工圆盘形和圆柱形多齿刀具齿槽，并达到以下要求： 1. 刀具前角加工误差≤2° 2. 刀齿处棱边尺寸公差 IT15 3. 其他要求按图样	圆盘或圆柱面直齿刀具齿槽的铣削方法
三、精度检验及误差分析	（一）平面、矩形工件、斜面、台阶、沟槽的检验		能用常用量具及量块、正弦规、卡规、塞规等检验高精度工件的各部尺寸和角度	1. 量块、卡规、塞规、水平仪、正弦规的使用和保养方法 2. 齿轮卡尺、公法线长度千分尺、刀具万能角度尺，以及样板、套规等专用量具的构造原理、使用和保养方法
	（二）特殊形面的检验		1. 能进行平行孔系、离合器、齿条、成形面、螺旋面、凸轮和各部尺寸和角度 2. 能正确使用齿轮卡尺、公法长度千分尺、样板、刀具、万能角度尺	

3.3 高级

职业功能	工作内容		技能要求	相关知识
一、工艺准备	（一）读图与绘图		1. 能读懂螺旋桨、减速箱箱体、多位置非等速圆柱凸轮等复杂、畸形零件图 2. 能绘制等速凸轮、蜗杆、花键轴、直齿锥齿轮、专用铣刀等中等复杂程度的零件图 3. 能读懂分度头、回转工作台等一般机构的装配图 4. 能绘制简单零件的轴测图	1. 绘制复杂、畸形零件图的方法 2. 一般机械装配图的表示方法 3. 绘制简单零件轴测图的方法
	（二）制定加工工艺	普通铣床	1. 能制定简单零件的加工工艺规程 2. 能制定精密工件的加工顺序 3. 能制定螺旋齿槽、端面和锥面齿槽、模具型面、蜗轮和蜗杆、非等速凸轮等复杂工件的加工顺序 4. 能制定大型工件和箱体的铣削加工顺序	1. 简单零件的工艺规程 2. 螺旋、端面和锥面刀具齿槽、模具型面、蜗轮、蜗杆、非等速凸轮等复杂或精密工件的加工顺序 3. 大型工件和箱体的加工顺序
		数控铣床	能够编制具有二维、简单三维型面工件的铣削工艺卡及程序	1. 具有二维、简单三维型面工件的铣削加工工艺知识 2. 成形面、凸轮、孔系、模具等较复杂零件的铣削加工工艺
	（三）编制程序	数控铣床	能够编制较复杂零件的铣削加工程序	具有二维、简单三维型面工件的编程方法
	（四）工件定位与夹紧	普通铣床	1. 能应用定位原理对工件进行正确定位和夹紧 2. 能对难以装夹的和形状复杂的工件提出装夹方案 3. 能对具有立体交错孔的箱体等复杂工件进行装夹、调整和对刀 4. 能调整复杂的专用夹具和组合夹具	1. 夹具的定位原理以及定位误差分析和计算方法 2. 夹紧机构的种类、夹紧时的受力分析方法 3. 专用夹具和组合夹具的种类、结构和特点，复杂专用夹具的调整和一般组合夹具的组装方法
		数控铣床	1. 能正确使用和调整铣床用各种夹具 2. 能设计数控铣床用简单专用夹具	
	（五）刀具准备	普通铣床	1. 能修磨键槽铣刀和专用铣刀等刀具（如键槽铣刀端面刃、加工模具用铣刀和镗孔用刀具等） 2. 能根据难加工材料的特点，正确选择刀具的材料、结构和参数	1. 铣刀的刃磨及几何参数的合理选择方法 2. 铣削难加工材料时，铣刀材料的牌号和几何参数的选择方法
		数控铣床	能正确选择专用刀具和特殊刀具	数控铣床常用刀具的选择方法

职业功能	工作内容		技能要求	相关知识
一、工艺准备	（六）设备调整及维护保养	普通铣床	1. 能对常用铣床进行调整 2. 能排除铣床的一般故障 3. 能及时发现铣床的电路故障 4. 能进行铣床几何精度及工作精度的检验	1. 根据说明书调整常用铣床的知识 2. 根据结构图排除机械故障的知识 3. 机床的气动、液压元件及其作用 4. 铣床的电气元件及线路原理图 5. 铣床精度的检验方法
		数控铣床	1. 能对几种典型的数控铣床进行调整 2. 能排除编程错误、超程、欠压、缺油等一般故障 3. 能根据说明书对数控铣床进行日常及定期的维护保养	1. 数控铣床的各类报警信息的内容及其排除方法 2. 数控铣床的维护保养方法 3. 数控铣床的结构及工作原理
二、工件加工	普通铣床	（一）平面和连接面的加工	1. 能加工薄型工件,宽厚比:$B/H \geqslant 10$ 2. 能铣大型和复杂工件 3. 能进行难加工材料的铣削 4. 能进行复合斜面的加工并达到以下要求: （1）尺寸公差等级 IT7 （2）平行度 IT6,IT5 （3）表面粗糙度 $Ra1.6\mu m$ （4）复合斜面的尺寸公差等级 IT12,IT11	1. 薄型工件的加工方法 2. 大型和复杂工件的加工方法 3. 难加工材料的加工方法 4. 难加工工件的加工方法 5. 角度分度的差动分度法 6. 光学分度头的结构和使用方法
		（二）台阶、沟槽和键槽的加工及切断	能加工精度高的特形沟槽和两条对称的键槽,并达到以下要求: 1. 尺寸公差等级 IT8 2. 对称度 IT8,IT7	
		（三）分度头的应用及加工角度面和刻度	能运用角度分度的差动分度法和在光学分度头上进行分度	
		（四）坐标孔的加工	能镗削平行孔系,并达到以下要求: 1. 孔径尺寸公差等级为 IT7 2. 孔中心距公差等级为 IT8	提高镗削平行孔系精度的方法
		（五）圆柱齿轮和齿条的加工	能铣直齿齿条及斜齿齿条,并达到以下要求:齿条的精度等级 FJ7	提高齿条铣削精度的方法
		（六）锥齿轮的加工	能铣大质数齿轮、直齿锥齿轮,并达到以下要求:精度等级 a12	大质数齿轮、直齿锥齿轮的铣削方法
		（七）离合器的加工	能铣复杂齿形的离合器,并达到以下要求:尖齿离合器的等分误差$\leqslant 3'$	提高齿形离合器铣削精度的方法

职业功能	工作内容		技能要求	相关知识
二、工件加工	普通铣床	（八）成形面、曲面和凸轮的加工	1. 能利用转台铣削螺旋面 2. 能铣盘形和圆柱形等速凸轮及非等速凸轮等工件，并达到以下要求： （1）尺寸公差等级为 IT9,IT8 （2）成形面形状误差不大于 0.05mm （3）螺旋面和凸轮的形状（包括导程）误差不大于 0.10mm	1. 非等速凸轮的铣削方法 2. 曲面的铣削方法 3. 球面的铣削方法 4. 等速圆盘和圆柱凸轮的铣削方法
		（九）螺旋齿槽、端面和锥面齿槽的加工	能根据图样要求，铣螺旋齿槽、端面齿槽和锥面齿槽，并达到以下要求： 1. 刀具前角加工误差≤2° 2. 其他要求按图样	立铣刀、三面刃铣刀、锥度铰刀、角度铣刀和等前角、等螺旋角锥度刀具齿槽的铣削方法
		（十）型腔、型面的加工	能铣复杂的型腔、型面，并达到以下要求： 1. 尺寸公差等级 IT8 2. 形位公差等级 IT7 3. 表面粗糙度 $Ra6.3\sim3.2\mu m$	复杂型腔、型面的铣削方法
	数控铣床	加工较复杂工件	能加工较复杂工件和较复杂型面	1. 大型、复杂工件的加工方法 2. 难加工材料、难加工工件以及精密工件的加工方法
三、精度检验及误差分析	螺旋齿、模具型面及复杂大型工件的检验		1. 能进行螺旋齿槽、端面齿槽、锥面齿槽、模具型面及复杂大型工件的检验 2. 能正确使用杠杆千分尺、扭簧比较仪、水平仪、光学分度头等精密量具和量仪进行检验	1. 复杂型面及大型工件的检验方法 2. 精密量具和量仪及光学分度头的构造原理和使用、保养方法 3. 数字显示装置的构造和使用方法
四、培训指导	指导操作		能指导初、中级铣工实际操作	指导实际操作的基本方法

3.4 技师

职业功能	工作内容		技能要求	相关知识
一、工艺准备	（一）读图与绘图		1. 能根据实物绘制零件图 2. 能绘制铣床常用工装的装配图及零件图 3. 能读懂较复杂的箱体图	1. 零件的测绘方法 2. 较复杂工装装配图的画法
	（二）制定加工工艺	普通铣床	1. 能编制典型零件的加工工艺规程 2. 能对零件的加工工艺方案进行合理性分析并提出改进建议 3. 能编写其他相关工种一般零件的加工顺序 4. 能了解数控铣床的加工顺序	1. 典型机械零件的加工工艺 2. 数控铣床的加工顺序
		数控铣床	能够编制叶片、螺旋桨、复杂模具型腔等复杂型面工件的工艺卡	复杂型面工件的加工工艺

职业功能	工作内容		技能要求	相关知识
一、工艺准备	（三）编制程序	数控铣床	能用计算机软件编制复杂型面的铣削程序	计算机编程软件的使用方法
	（四）工件定位与夹紧	普通铣床	1. 能设计、制作简单的铣床专用夹具 2. 能对现有铣床夹具提出改进建议 3. 能指导初、中、高级铣工正确使用铣床夹具	1. 夹具的设计和制造方法 2. 夹具定位误差的计算方法
		数控铣床	1. 能设计或组合数控铣床夹具 2. 能正确分析与夹具有关的误差	
	（五）刀具准备	普通铣床	1. 能推广使用新型刀具 2. 能设计简单的专用铣刀	1. 刀具方面的新技术、新材料及其应用方法 2. 提高铣刀寿命的知识 3. 设计简单专用铣刀的知识
		数控铣床	能正确选择铣刀的材料和几何参数	数控铣床铣削时影响刀具寿命的因素及寿命参数的设定方法
	（六）设备调整及维护保养	普通铣床	能分析并排除普通铣床常见的机械、气动、液压故障	铣床故障产生的原因分析，以及排除机械、气动、液压故障的方法
		数控铣床	1. 能根据数控机床的结构、原理，分析气路、液路、电气及机械的一般故障，并进行排除（不含电气） 2. 能进行数控铣床定位精度和重复定位精度的检验	1. 数控铣床的结构及常见故障的诊断与排除方法 2. 数控铣床定位精度与重复定位精度的检验方法
二、工件加工	普通铣床	（一）复杂、畸形件的加工	1. 能进行复杂、畸形和精密工件的铣削，并达到以下要求：精密工件的尺寸公差等级 IT6 2. 能了解一般数控铣床加工工件的方法	1. 复杂、畸形工件的加工方法 2. 精密工件的加工方法 3. 分度头精度的检验 4. 数控铣床的基本知识和简单工件的加工方法
		（二）复杂孔系加工	能镗削非平行孔系	非平行孔系的镗削方法
	数控铣床	加工复杂工件	能对复杂工件进行加工	1. 镗削、刨削和磨削加工的基本知识 2. 加工复杂工件的方法

职业功能	工作内容	技能要求	相关知识
三、精度检验与误差分析	螺旋齿、模具型面及复杂大型工件的检验	能根据测量结果分析产生误差的原因,进一步提出改进措施	1. 铣削加工中产生误差的原因及消除或减少误差的措施 2. 专用检具的设计知识
四、培训指导	(一)指导操作	能够指导初、中、高级铣工进行实际操作	培训教学基本方法
	(二)理论培训	能够讲授本专业技术理论知识	
五、管理	(一)质量管理	1. 能够在本职工作中认真贯彻各项质量标准 2. 能够应用全面质量管理知识,实现操作过程的质量分析与控制	1. 相关质量标准 2. 质量分析与控制方法
	(二)生产管理	1. 能够组织有关人员协同作业 2. 能够协助部门领导进行生产计划、调度及人员管理	生产管理基本知识

3.5 高级技师

职业功能	工作内容	技能要求	相关知识
一、工艺准备	(一)读图与绘图	1. 能绘制铣床复杂工装的装配图及零件图 2. 能读懂各种铣床的原理图及装配图	1. 根据装配图测绘零件图的方法 2. 复杂工装图及单工序专用铣床装配图的画法
	(二)制定加工工艺	1. 能编制机床主轴箱箱体等复杂、精密零件的工艺规程 2. 能掌握机械加工复杂零件的加工工艺(包括数控铣床) 3. 能对零件的机械加工工艺方案进行合理性分析,提出改进意见并参与实施 4. 能熟悉机械加工方面的先进工艺并参与推广应用 5. 能对难加工工件进行分析并提出具体加工措施	1. 机械制造工艺的系统知识 2. 机械加工先进工艺和新工艺、新技术
	(三)工件定位与夹紧	1. 能设计铣床用的较复杂的夹具 2. 能对铣床夹具进行误差分析 3. 能推广应用先进夹具	1. 铣床用复杂夹具的设计及使用知识 2. 铣床夹具的误差分析方法 3. 先进铣床夹具的使用和推广方法
	(四)刀具准备	1. 能根据工件加工要求设计专用铣刀并制定加工工艺 2. 能利用切削原理知识,系统地讲授各种铣削刀具的特点及使用方法	1. 刀具设计和制造知识 2. 铣削刀具的特点及使用方法
	(五)设备使用及维护保养	能排除各种普通铣床(不包括数控铣床)的常见故障	1. 常用金属切削机床的原理与操作方法 2. 各种铣床常见故障及排除方法

职业功能	工作内容	技能要求	相关知识
二、工件加工	高难度、高精度工件的加工	能解决高难度、高精度工件在铣削加工中的技术问题,分析和解决铣削加工的工艺难题	高难度、高精度工件铣削难点及解决方法
三、精度检验与误差分析	螺旋齿、模具型面及复杂大型工件的检验	能准确诊断质量问题产生的原因并提出解决问题的方案	机械加工过程中影响工件质量的因素及提高质量的措施
四、培训指导	(一)指导操作	能够指导初、中、高级铣工和技师进行实际操作	培训讲义编写方法
	(二)理论培训	能够对本专业初、中、高级铣工和技师进行理论培训	

4. 比重表
4.1 理论知识

项 目		初级(%)	中级(%)		高级(%)		技师(%)		高级技师(%)	
		普通铣床	普通铣床	数控铣床	普通铣床	数控铣床	普通铣床	数控铣床	普通铣床	数控铣床
基本要求	职业道德	5	5	5	5	5	5	5	5	5
	基础知识	25	25	25	20	20	15	15	15	15
相关知识	工艺准备	25	25	45	25	50	35	55	45	45
	工件加工	35	35	15	30	15	20	10	10	10
	精度检验及误差分析	10	10	10	20	10	15	5	10	10
	培训指导	—	—	—	—	—	5	5	10	10
	管理	—	—	—	—	—	5	5	5	5
合计		100	100	100	100	100	100	100	100	100

注:高级技师"管理"模块内容按技师标准考核。

4.2 技能操作

项 目		初级(%)	中级(%)		高级(%)		技师(%)		高级技师(%)	
		普通铣床	普通铣床	数控铣床	普通铣床	数控铣床	普通铣床	数控铣床	普通铣床	数控铣床
相关知识	工艺准备	20	20	35	15	35	20	35	30	40
	工件加工	70	70	60	75	60	60	50	40	30
	精度检验及误差分析	10	10	5	10	5	10	5	20	20
	培训指导	—	—	—	—	—	5	5	5	5
	管理	—	—	—	—	—	5	5	5	5
合计		100	100	100	100	100	100	100	100	100

注:高级技师"管理"模块内容按技师标准考核。

附录五　铣工中级理论知识试卷及答案

一、填空题（每题 0.5 分，共计 80 分）

1. 下列选项中属于职业道德范畴的是（　　　）。
A. 企业经营业绩
B. 企业发展战略
C. 员工的技术水平
D. 人们的内心信念

2. 在企业的经营活动中，下列选项中（　　）不是职业道德功能的表现。
A. 激励作用
B. 决策能力
C. 规范行为
D. 遵纪守法

3. 为了促进企业的规范化发展，需要发挥企业文化的（　　）功能。
A. 娱乐
B. 主导
C. 决策
D. 自律

4. 职业道德对企业起到（　　）的作用。
A. 决定经济效益
B. 促进决策科学化
C. 增强竞争力
D. 树立员工守业意识

5. 职业道德是人的事业成功的（　　）。
A. 重要保证
B. 最终结果
C. 决定条件
D. 显著标志

6. 办事公道是指从业人员在职业活动时要做到（　　）。
A. 追求真理，坚持原则
B. 有求必应，助人为乐
C. 公私不分，一切平等
D. 知人善任，提拔知己

7. 下列关于勤劳节俭的论述中，正确的是（　　）。
A. 勤劳使人致富
B. 勤劳节俭有利于企业持续发展
C. 新时代需要巧干，不需要勤劳
D. 新时代需要创造，不需要节俭

8. 企业员工违反职业纪律，企业（　　）。
A. 不能做罚款处罚
B. 因员工受劳动合同保护，不能予以处分
C. 视情节轻重，做恰当处分
D. 警告往往效果不大

9. 关于创新的论述，不正确的说法是（　　）。
A. 创新需要"标新立异"
B. 服务也需要创新
C. 创新是企业进步的灵魂
D. 引进别人的技术不算创新

10. 国标中规定的几种图纸幅面中，幅面最小的是（　　）。
A. A0
B. A4
C. A2
D. A3

11. 下列说法中，正确的是（　　）。
A. 全剖视图用于内部结构较为复杂的机件
B. 当机件的形状接近对称时，不论何种情况都不可采用半剖视图
C. 采用局部剖视图时，波浪线可以画到轮廓线的延长线上
D. 半剖视图用于内外形状都较为复杂对称的机件

12. 下列说法中错误的是（　　）。
A. 对于机件的肋、轮辐以及薄壁等，如按纵向剖切，这些结构要画剖面符号，而且要用粗实线将它与其邻接部分分开
B. 当零件回转体上均匀分布的肋、轮辐、孔等结构不处于剖切平面上时，可将这些结构旋转到剖切平面上画出
C. 较长的机件（轴、杆、型材、连杆等）沿长度方向的形状一致或按一定规律变化时，可断开后缩短绘制。采用这种画法时，尺寸应按机件原长标注
D. 当回转体零件上的平面在图形中不能充分表达平面时，可用平面符号（相交的两细

实线）表示

13. φ75mm±0.06mm，尺寸公差为（   ）mm。

A. 0.06   B. 0.12   C. 0   D. ＋0.12

14. 线性尺寸一般公差规定的精度等级为粗糙级的等级是（   ）。

A. f 级   B. m 级   C. c 级   D. v 级

15. φ50F7/h6 采用的是（   ）。

A. 一定是基孔制   B. 一定是基轴制

C. 可能的基孔制或基轴制   D. 混合制

16. 关于表面粗糙度符号、代号在图样上的标注，下列说法中错误的是（   ）。

A. 符号的尖端必须由材料内指向表面

B. 代号中数字的注写方向必须与尺寸数字方向一致

C. 同一图样上，每一表面一般只标注一次符号、代号

D. 表面粗糙度符号、代号在图样上一般注在可见的轮廓线、尺寸线、引出线或它们的延长线上

17. 使钢产生冷脆性的元素是（   ）。

A. 锰   B. 硅   C. 磷   D. 硫

18. HT200 适用于制造（   ）。

A. 机床床身   B. 冲压件   C. 螺钉   D. 重要的轴

19. 钢为了提高强度应选用（   ）热处理。

A. 退火   B. 正火   C. 淬火＋回火   D. 回火

20. 一般合金钢淬火冷却介质为（   ）。

A. 盐水   B. 油   C. 水   D. 空气

21. 回火的目的之一是（   ）。

A. 粗化晶粒   B. 提高钢的密度   C. 提高钢的熔点   D. 防止工件变形

22. 表面热处理的主要方法包括表面淬火和（   ）热处理。

A. 物理   B. 化学   C. 电子   D. 力学

23. （   ）不属于变形铝合金。

A. 硬铝合金   B. 超硬铝合金   C. 铸造铝合金   D. 锻铝合金

24. 属于超硬铝合金的牌号是（   ）。

A. 5A02（LF21）   B. 2A11（LY11）   C. 7A04（LC4）   D. 2A70（LD7）

25. 纯铜呈紫红色，密度为（   ）g/cm³。

A. 7.82   B. 8.96   C. 3.68   D. 4.58

26. （   ）为特殊黄铜。

A. H90   B. H68   C. HSn90-1   D. ZCuZn38

27. 铅基轴承合金是以（   ）为基的合金。

A. 铅   B. 锡   C. 锑   D. 镍

28. 橡胶制品是以（   ）为基础加入适量的配合剂组成的。

A. 再生胶   B. 熟胶   C. 生胶   D. 合成胶

29. 齿轮传动是由（   ）、从动齿轮和机架组成。

A. 圆柱齿轮   B. 圆锥齿轮   C. 主动齿轮   D. 主动带轮

30. 按齿轮形状不同可将齿轮传动分为圆柱齿轮传动和（   ）传动两种。

A. 斜齿轮   B. 直齿轮   C. 圆锥齿轮   D. 齿轮齿条

31. 按用途不同螺旋传动可分为传动螺旋、（   ）和调整螺旋三种类型。

A. 运动螺旋　　　　B. 传力螺旋　　　　C. 滚动螺旋　　　　D. 滑动螺旋

32. 不能做刀具的材料有（　　　）。

A. 碳素工具钢　　　B. 碳素结构钢　　　C. 合金工具钢　　　D. 高速钢

33. 铣削是（　　　）作主运动，工件或铣刀作进给运动的切削加工方法。

A. 铣刀旋转　　　　B. 铣刀移动　　　　C. 工件旋转　　　　D. 工件移动

34. 测量精度为 0.02mm 的游标卡尺，当测量爪并拢时，齿身上 49mm 对正游标上的（　　　）格。

A. 20　　　　　　　B. 40　　　　　　　C. 50　　　　　　　D. 49

35. 车床主轴箱齿轮齿面加工方法为滚齿、（　　　）、剃齿等。

A. 磨齿　　　　　　B. 插齿　　　　　　C. 珩齿　　　　　　D. 铣齿

36. 锉削球面时，锉刀要完成（　　　），才能获得要求的球面。

A. 前进运动和锉刀绕工件圆弧中心的转动

B. 直向、横向相结合的运动

C. 前进运动和绕锉刀中心线转动

D. 前进运动

37. 铰削带有键槽的孔时，采用（　　　）铰刀。

A. 圆锥式　　　　　B. 可调节是　　　　C. 整体式圆柱　　　D. 螺旋槽式

38. 用板牙套螺纹时，当板牙的切削部分全部进入工件，两手用力要（　　　）的旋转，不能有侧向的压力。

A. 较大　　　　　　B. 很大　　　　　　C. 均匀、平稳　　　D. 较小

39. 文字符号 KA 表示（　　　）。

A. 线圈操作器件　　B. 线圈　　　　　　C. 过电流线圈　　　D. 欠电流线圈

40. 对闸刀开关的叙述不正确的是（　　　）。

A. 一种简单的手动控制电器　　　　　　B. 不宜分断负载电流

C. 用于照明及小容量电动机控制线路中　　D. 分两级、三级、四级闸刀开关

41. 三相笼型异步电动机由（　　　）构成。

A. 定子、转子和接线端子　　　　　　　B. 定子、转子和支撑构件

C. 定子、转子和端盖　　　　　　　　　D. 定子、转子和线圈

42. 人体的触电方式分（　　　）两种。

A. 电击和电伤　　　　　　　　　　　　B. 电吸和电摔

C. 立穿和横穿　　　　　　　　　　　　D. 局部和全身

43. 企业的质量方针不是（　　　）。

A. 企业的最高管理者正式发布的　　　　B. 企业的质量宗旨

C. 企业的质量方向　　　　　　　　　　D. 市场需求走势

44. 不属于岗位质量要求的内容是（　　　）。

A. 操作规程　　　　　　　　　　　　　B. 工艺规程

C. 工序的质量指标　　　　　　　　　　D. 日常行为准则

45. 不属于岗位质量措施与责任的是（　　　）。

A. 岗位的质量责任即岗位的质量要求

B. 岗位工作按工艺规程的规定进行

C. 明确不同班次之间相应的质量问题的责任

D. 明确岗位工作的质量标准

46. 齿顶高是指分度圆与（　　　）之间的径向距离。

A. 齿顶圆   B. 齿根圆   C. 基圆   D. 渐开线圆

47. 直齿圆柱齿轮的齿厚 s 等于 （   ）。

A. $\pi m/2$ B. πm C. $2\pi m$ D. $2m/\pi$

48. 直齿轮的齿顶圆和齿顶线用 （   ）表示。

A. 粗实线   B. 细实线   C. 点画线   D. 直线

49. 一对标准齿轮若要啮合，两者模数必须相等，齿形相同，分度圆 （   ）。

A. 相交   B. 相离   C. 相切   D. 相等

50. 矩形牙嵌式离合器的零件图上，其任何一条的面均通过轴线且 （   ）于底平面。

A. 平行   B. 垂直   C. 倾斜   D. 相切

51. 表示机器或部件各零件间的配合性质或相关位置关系的尺寸叫 （   ）尺寸。

A. 装配   B. 安装   C. 定位   D. 规格

52. 装配图的一组视图表示机器或部件的结构、零件之间的相互位置和工作运动情况，以及主要零件的基本 （   ）等。

A. 特征   B. 尺寸   C. 形状   D. 概念

53. 三视图的投影规律，长对正的是 （   ）两个视图。

A. 主、左   B. 主、右   C. 俯、左   D. 主、俯

54. 压板的剖面图中沟槽用 （   ）表示。

A. 细虚线   B. 粗虚线   C. 细实线   D. 粗实线

55. 齿轮加工测量齿坯外圆的目的，在于保证齿轮 （   ）的正确。

A. 分度圆齿厚   B. 齿根圆直径   C. 齿顶圆齿厚   D. 齿数

56. 对没有凹圆弧的直径成型面工件，可选择 （   ）直径的铣刀进行加工。

A. 较小   B. 较大   C. 相同   D. 任意

57. 当零件上有较多的表面都需要加工时，可选择加工 （   ）的表面为粗基准。

A. 表面平整   B. 表面粗糙   C. 余量最大   D. 余量最小

58. 加工中，应尽量在 （   ）工序中使用同一（或同一组）精基准，这就是基准统一原则。

A. 多数   B. 少数   C. 同一   D. 相关

59. 夹紧机构能调节 （   ）的大小。

A. 夹紧力   B. 夹紧行程   C. 离心力   D. 切削力

60. 螺旋夹紧机构的增力为 （   ）。

A. 13～20   B. 24～60   C. 65～140   D. 140～170

61. 偏心夹紧机构的增力比为 （   ）。

A. 2～3   B. 4～6   C. 8～10   D. 12～14

62. 弹簧卡头的基准精度为 （   ）级。

A. 1～2   B. 2～3   C. 3～5   D. 5～7

63. 联动夹紧机构中，由于各点的夹紧动作在机构上是联动的，因此缩短了辅助时间，提高了 （   ）。

A. 产品质量   B. 设备利用率   C. 夹紧速度   D. 生产率

64. 铣削加工表面要求相互垂直的大而薄的工件，可选用 （   ）。

A. 分度头   B. 机用虎钳   C. 轴用虎钳   D. 角铁

65. 通常在组合夹具中起承上启下作用的元件称为 （   ）。

A. 支承件   B. 定位件   C. 基础件   D. 压紧件

66. 由于组合夹具各元件接合面都比较平整、光滑，因此各元件之间均应使用 （   ）。

A. 紧固件　　　　　　B. 定位件和紧固件 C. 定位件　　　　　　D. 夹紧件

67. 气动原件的材质和制定精度同液压元件相比（　　　）。

A. 要求低　　　　　　B. 要求较高　　　　C. 要求高　　　　　　D. 是一样的

68. 液压的单位面积（　　　）大，因此液压夹紧装置的尺寸小，一般不需再增添增力装置。

A. 压强　　　　　　　B. 压力　　　　　　C. 流量　　　　　　　D. 浓度

69. 整体三面刃铣刀一般采用（　　　）制造。

A. YT 类硬质合金　　B. YG 类硬质合金　C. 高速钢　　　　　　D. 合金工具钢

70. 直接切入金属，担负着切除余量和形成加工表面的任务，由前面和后面相交而形成的刃口称为（　　　）。

A. 端面刃　　　　　　B. 侧刃　　　　　　C. 主切削刃　　　　　D. 副切削刃

71. 端铣刀的刃倾角是指主刀刃与（　　　）之间的夹角。

A. 纵剖面　　　　　　B. 横剖面　　　　　C. 切削平面　　　　　D. 基面

72. 粗加工时，首先应选用被切金属层较大的（　　　），其次是选用被切金属层较大的深度，再选用较大的每齿进给量。

A. 长度　　　　　　　B. 宽度　　　　　　C. 高度　　　　　　　D. 深度

73. 阶梯铣刀的原理是，它的刀齿分布在不同的半径上，而且在轴向上伸出长度也不同，能使工件的全部余量沿（　　　）方向分配在各个刀齿上，既降低了切削力，又有利于排屑。

A. 铣削深度　　　　　B. 铣削宽度　　　　C. 铣削速度　　　　　D. 铣刀旋转

74. 粗铣时，限制进给量提高的主要因素是（　　　）。

A. 铣削力　　　　　　B. 表面粗糙度　　　C. 尺寸精度　　　　　D. 加工精度

75. 铣削可锻铸铁时，工件材料硬度在 110～160HBS 时，用硬质合金端铣刀每齿进给量选用（　　　）mm。

A. 0.05～0.2　　　　B. 0.2～0.5　　　　C. 0.5～0.7　　　　　D. 0.7～0.8

76. 铣削时影响铣削速度的主要因素有：刀具材料的性质和刀具寿命、工件材质、（　　　）及切削液的使用情况。

A. 加工条件　　　　　B. 加工质量　　　　C. 加工工艺　　　　　D. 加工工序

77. 加工较大工件时，一般采用（　　　）铣刀。

A. 端　　　　　　　　B. 立　　　　　　　C. 圆盘　　　　　　　D. 指形

78. X5032 型铣床中的"32"表示（　　　）为 320mm。

A. 工作台面长度　　　　　　　　　　　　B. 工件台面宽度

C. 工作台垂直移动距离　　　　　　　　　D. 主轴垂直移动距离

79. 工作台在水平面内转±45°的铣床是（　　　）。

A. 立式铣床　　　　　B. 卧式万能铣床　　C. 龙门铣床　　　　　D. 仿形铣床

80. X6132 型铣床主电动机轴与传动系统是通过（　　　）与传动系统的轴连接的。

A. 牙嵌离合器　　　　B. 弹性联轴器　　　C. 摩擦离合器　　　　D. 安全离合器

81. X6132 型铣床的进给速度有（　　　）种。

A. 16　　　　　　　　B. 18　　　　　　　C. 20　　　　　　　　D. 22

82. 为了保证传动系统的正常工作，连续进行的速度不宜太多，一般不超过（　　　）次。

A. 二　　　　　　　　B. 三　　　　　　　C. 四　　　　　　　　D. 五

83. 工作台手轮转动时，空行程的大小综合反映了传动丝杠与螺母之间的间隙和丝杠本身安装的（　　　）间隙。

A. 工作　　　　　　　B. 运动　　　　　　　C. 径向　　　　　　　D. 轴向

84. 调整铣床工作台镶条的目的是为了调整（　　）的间隙。

A. 工作台与导轨　　　　　　　　　　B. 工作台丝杠与螺母

C. 工作台紧固机构　　　　　　　　　D. 工作台丝杠两端推力轴承

85. X5032 型铣床的自动进给是由（　　）提供动力的。

A. 主电动机通过齿轮　　　　　　　　B. 主电动机通过 V 带

C. 进给电动机通过 V 带　　　　　　　D. 进给电动机通过齿轮

86. 当工件尺寸较大时，一般的卧式铣床上用（　　）铣削垂直面，这样较易保证工件的垂直度。

A. 端铣刀　　　　　　B. 圆柱铣刀　　　　　C. 三面刃铣刀　　　D. 盘形铣刀

87. 在卧铣上用机用平口钳装夹工件铣削平行面质量差的主要原因是基准面与（　　）不平行。

A. 虎钳固定钳口面　　B. 虎钳活动钳口面　　C. 虎钳导轨面　　D. 工作台面

88. 在卧铣上铣平面，若底面与基面不垂直，则需调整，调整后，需用（　　）对基准面进行检查。

A. 水平仪　　　　　　B. 直角尺　　　　　　C. 百分表　　　　　D. 万能角度尺

89. 试刀法是指通过试切—测量—调整（　　），直到被加工尺寸达到标准。

A. 粗铣　　　　　　　B. 半精铣　　　　　　C. 精铣　　　　　　D. 再试切

90. 一套对开垫圈共有（　　）片垫圈组成。

A. 50　　　　　　　　B. 51　　　　　　　　C. 52　　　　　　　D. 53

91. 加工槽宽尺寸较大的工件，一般采用（　　）铣刀加工。

A. 盘形端　　　　　　B. 盘形槽　　　　　　C. 立　　　　　　　D. 指状

92. 加工键槽采用环表对刀法对中时，所采用的对刀仪器为（　　）

A. 内卡规　　　　　　B. 外卡规　　　　　　C. 杠杆式百分表　　D. 内径百分表

93. 直线移距分度计算交换齿轮的公式如下：$Z_1Z_3/Z_2Z_4=$（　　）

A. $40s/nP_{丝}$　　　　B. $s/40nP_{丝}$　　　C. $nP_{丝}/40s$　　　D. $40n/sP_{丝}$

94. 加工棱台时，工件的扳转角均是（　　）与工件轴心线之间的夹角。

A. 棱　　　　　　　　B. 棱台面　　　　　　C. 端面　　　　　　D. 棱台侧棱

95. 加工外花键工件装夹后，要用（　　）校正径向圆跳动量和测素线偏斜值。

A. 百分表　　　　　　B. 高度表　　　　　　C. 水平仪　　　　　D. 气动仪

96. 用成形单刀头铣削花键小径圆弧面，目测使外花键（　　）与铣刀头中心对准，在将分度头转过 $\theta/2$。

A. 小径中心　　　　　B. 键宽中心　　　　　C. 轴心线　　　　　D. 大径中心

97. 孔的圆柱面的表面粗糙度要求一般为 Ra（　　）μm。

A. 0.8～0.4　　　　　B. 3.2～1.6　　　　　C. 6.3～3.2　　　　D. 12.5～6.3

98. 在铣床上对板形或箱体形工件，进行孔的加工时，一般采用（　　）装夹。

A. 压板　　　　　　　B. V 形架　　　　　　C. 机用平口钳　　　D. 四爪卡盘

99. 对高速钢铰刀，精铰时可取（　　）mm 的铰削余量。

A. 0.05～0.15　　　　B. 0.15～0.2　　　　C. 0.2～0.25　　　D. 0.25～0.3

100. 铰削韧性材料时可采用（　　）作为切削液。

A. 乳化液　　　　　　B. 柴油　　　　　　　C. 煤油　　　　　　D. 水

101. 当孔径小于（　　）mm 时，最好采用整体式镗刀，并用可调节镗头装夹进行加工。

A. 30　　　　　　B. 40　　　　　　C. 50　　　　D. 60

102. 在铣床上用铣刀铣孔，若主轴轴线与（　　）不准，则铣出的孔会产生歪斜或成椭圆形。

A. 工作台台面的平行度　　　　　　　　B. 立导轴的垂直度

C. 工作台台面的垂直度　　　　　　　　D. 工件的垂直度

103. 对平行孔系的加工，在掌握单孔的镗削后，进一步应要掌握（　　）的控制方法。

A. 孔中心距　　　　　B. 孔径　　　　　C. 孔垂直度　　　　D. 孔平行度

104. 标准盘形铣刀刀号，模数为 1～8mm 时分成（　　）组。

A. 5　　　　　　B. 6　　　　　　C. 7　　　　D. 8

105. 铣削 $Z=32$，$m=3$ 的一个直齿圆柱齿轮，每次分度时，分度手柄应转过（　　）转。

A. $1\frac{5}{24}$　　　　B. $1\frac{6}{24}$　　　　C. $1\frac{7}{24}$　　　　D. $1\frac{8}{24}$

106. 加工直齿轮时，装夹工件校正外圆，其圆跳动量一般不超过（　　）mm。

A. 0.01　　　　　B. 0.02　　　　　C. 0.03　　　　D. 0.04

107. 在圆柱面上，圆柱螺旋线的切线与通过切点的圆柱面（　　）之间所夹的锐角称为螺旋角。

A. 直素线　　　　　B. 上素线　　　　　C. 侧素线　　　　D. 端面

108. 铣削螺旋槽时，交换齿轮选择后，主动轮装在（　　）上。

A. 分度头主轴　　　B. 分度头侧轴　　C. 工作台丝杠　　D. 铣床主轴

109. 斜齿轮的法面模数指垂直于螺旋的截面上每齿所占的（　　）直径长度。

A. 分度圆　　　　　B. 基圆　　　　　C. 齿顶圆　　　　D. 齿根圆

110. 在铣削斜齿轮时，铣刀的齿形应与斜齿轮齿槽的（　　）相同。

A. 端面齿形　　　　B. 端面截形　　　C. 法面截形　　　D. 法向齿形

111. 在立铣上铣削斜齿轮对刀时，应摇动（　　）手柄，使铣刀擦到工作表面。

A. 纵向　　　　　B. 横向　　　　　C. 垂向　　　　D. 主轴

112. 齿条的齿距计算公式为 $P=$（　　）。

A. m　　　　　B. $1.25m$　　　　　C. $2m$　　　　D. πm

113. 在卧铣上铣削直齿条，若要分度盘移距，铣好一齿后，分度手柄转过的转速 $n=$（　　）。

A. $\pi m/P_{丝}$　　　B. $P_{丝}/\pi m$　　　C. $\pi P_{丝}/m$　　　D. $\pi/mP_{丝}$

114. 由于齿条精度较高，需分粗、精铣两次进行，精铣余量约为（　　）mm。

A. 0.2　　　　　B. 0.3　　　　　C. 0.4　　　　D. 0.5

115. 采用工件偏斜装夹铣斜齿条时，移距尺寸为斜齿条的（　　）。

A. 齿距　　　　　B. 跨齿距　　　　C. 端面齿距　　　D. 法向齿距

116. 直齿圆锥齿轮的分度圆齿厚等于（　　）。

A. $\pi/2m$　　　　B. $\pi m/2$　　　　C. $m/2\pi$　　　　D. $2\pi m$

117. 锥齿轮的当量齿轮 Z_v 与实际齿数 Z 的关系为（　　）。

A. $Z_v=Z/\cos\delta$　　B. $Z_v=\cos\delta/Z$　　C. $Z_v=Z/\sin\delta$　　D. $Z_v=\sin\delta/Z$

118. 锥齿轮偏铣时，为了使分度头主轴能按需增大或减少微量的转角，可采用（　　）方法。

A. 增大或减少横向偏移量　　　　　　B. 较大的孔圈数进行分度

C. 较小的孔圈数进行分度　　　　　　D. 消除分度间隙

119. 偏铣锥齿轮时，若大端和小端尺寸均有余量且相等，则（　　）。

A. 只需减少回转量 　　　　B. 只需减少偏移量

C. 只需增加回转量 　　　　D. 只需增加偏移量

120. 牙嵌式离合器从轴向看其端面齿和齿槽是（　　）。

A. 三角形　　　　B. 椭圆形　　　　C. 辐射状　　　　D. 收缩状

121. 为了使离合器使用时能顺利地结合和脱开，一对接合的离合器（　　）应有一定的间隙。

A. 齿面　　　　B. 齿侧　　　　C. 齿跟　　　　D. 齿距

122. 铣削奇数齿矩形离合器时，至少需要进给铣削（　　）次，才能铣出全部齿形。

A. z　　　　B. $2z$　　　　C. $1/2z$　　　　D. $1/3z$

123. 铣削偶数齿形离合器，为保证三面刃铣刀不铣坏对面齿，铣刀直径应满足限制条件与（　　）有关。

A. 分齿角和齿部外径 　　　　B. 齿部孔齿、齿深和铣刀宽度

C. 齿数 　　　　D. 齿距

124. 加工等边尖齿离合器时，双角铣刀的角度 θ 与槽形角 ε 的关系是（　　）

A. $\theta > \varepsilon$　　　　B. $\theta = \varepsilon$　　　　C. $\theta < \varepsilon$　　　　D. $\theta + \varepsilon = 90°$

125. 铣削尖齿离合器时，为防止齿形太尖，保证齿形工作面接触，大端齿顶要留（　　）mm 宽的平面。

A. 0.7～0.8　　　　B. 0.5～0.7　　　　C. 0.4～0.5　　　　D. 0.1～0.3

126. 铣削梯形等高齿离合器，选择铣刀的齿顶宽度与（　　）有关。

A. 齿数、齿高、工件齿部外径 　　　　B. 齿数、齿高、齿形角

C. 齿距、齿高、齿形角 　　　　D. 工件齿部内径、齿高、齿形角

127. 一个梯形等高齿离合器，其齿槽角 26°，齿面角 14°，初次铣削后，应把工件偏转（　　）后，将各齿槽的右侧或左侧再铣去一刀。

A. 6°　　　　B. 7°　　　　C. 8°　　　　D. 9°

128. 如果一个螺旋齿离合器槽底宽度为 8mm，可取（　　）mm 的立铣刀即可。

A. 22　　　　B. 20　　　　C. 18　　　　D. 14

129. 如果一个螺旋齿离合器顶面的两条交线是（　　）的，其宽度为 4mm，则铣刀的轴心线应与工件中心偏离 2mm。

A. 相交　　　　B. 垂直　　　　C. 相离　　　　D. 平行

130. 铣削螺旋齿离合器左螺旋面时，在卧铣上应使立铣刀在（　　），以便从槽底铣至顶面。

A. 工件中心的上方 　　　　B. 工件中心

C. 工件中心的下方 　　　　D. 工件轴心线上

131. 利用回转台加工短直线成形面，在铣轮廓时，最好采用（　　）加工，以提高生产率。

A. 较小直径的立铣刀 　　　　B. 较大直径的立铣刀

C. 较小直径的三面刃铣刀 　　　　D. 较大直径的三面刃铣刀

132. 加工直线成形面，为了使圆弧面与相邻表面圆滑（　　），要校正回转台与铣床立轴的同轴度。

A. 相交　　　　B. 相切　　　　C. 相割　　　　D. 重合

133. 校正（　　）与铣床主轴的同轴度，其目的是为了便于以后找正工件圆弧面和回转工作台的同轴度。

A. 回转台 B. 工件 C. 铣床主轴 D. 百分表

134. 铣削直线成形面，对圆弧中心没有孔的工件校正时，要转动（   ）并改变工件在转台上的位置，使针尖与圆弧线之间的距离不变。

A. 铣刀 B. 回转台 C. 铣床主轴 D. 工件

135. 在回转台上加工圆弧面，应使（   ）与回转台回转中心同轴。

A. 铣床主轴回转 B. 铣刀回转 C. 工件 D. 圆弧中心

136. 加工圆弧面时，为了获得圆滑的连接面，应掌握好（   ）的位置。

A. 圆点 B. 原点 C. 切点 D. 交点

137. 用成形铣刀加工长直线成形面，试切后用样板检验，当样板与成形面密合，则表示铣刀与工件的（   ）位置已准确。

A. 横向 B. 纵向 C. 垂向 D. 切向

138. 成形铣刀如果很钝，加工工件会使刀齿磨去很多，增加（   ）的困难，甚至失去成形的精度。

A. 切削工件 B. 刃磨铣刀 C. 排屑 D. 去除毛刺

139. 用仿形法加工成形面时，模型装在夹具（   ）上。

A. 垫块 B. 转体 C. 滚轮 D. 下平板

140. 加工圆柱面直齿刀具刃口棱边的（   ）要求合适。

A. 宽度 B. 长度 C. 高度 D. 深度

141. 用单角铣刀铣齿槽，要根据齿槽角 θ 和槽底圆弧半径 r 来选择相应廓形 θ_1 的单角铣刀，其中要求（   ）。

A. $\theta_1 > \theta$ B. $\theta_1 \geqslant \theta$ C. $\theta_1 = \theta$ D. $\theta_1 < \theta$

142. 用单角铣刀加工直齿槽时，要使单角铣刀的（   ）通过刀坯中心，从而保证前角 $\gamma_\circ = 0°$。

A. 圆周齿侧 B. 端面齿侧 C. 轴线 D. 刀尖

143. 用单角铣刀加工 $\gamma_\circ > 0°$ 的直齿槽，可采用试切法，由浅入深，逐步达到所要求的（   ）。

A. 齿宽 B. 齿距 C. 齿数 D. 棱边宽度

144. 轴用极限量规用来检查（   ）等。

A. 孔径和凸键 B. 孔径和槽宽 C. 轴径和凸键 D. 轴径和槽宽

145. 在平板上检测垂直度时，把标准角铁放在平板上，将工件用 C 形夹头夹在角铁上，工件下面垫上（   ）用百分表横向移动检验。

A. 垫板 B. 平行垫铁 C. 圆棒 D. 量块

146. 正弦规的两个圆柱中心连线与长方体平面（   ）。

A. 相交 B. 垂直 C. 平行 D. 倾斜

147. 用正弦规检测被测零件的斜角 β，与量块高度 H、正弦规中心距 L 三者之间的关系为（   ）。

A. $\cos\beta = H/L$ B. $\cos\beta = L/H$ C. $\sin\beta = L/H$ D. $\sin\beta = H/L$

148. 在立铣上镗孔，采用垂向进给镗削，调整时校正铣床主轴轴线与工作台面的垂直度，主要是为了保证孔的（   ）精度。

A. 形状 B. 位置 C. 尺寸 D. 加工

149. 齿条的齿厚 S 与弦齿厚 $\overline{S}$ 的关系为（   ）。

A. $S > \overline{S}$ B. $S < \overline{S}$ C. $S = \overline{S}$ D. $S = 1.5708\overline{S}$

150. 下列情况之一，可使铰孔时孔的表面粗糙度值增大（   ）。

A. 工件材料弹性变形大   B. 铰刀直径大

C. 铰刀与孔中心不重合   D. 加工余量太大或太小

151. 铰孔时，铰刀与中心不重合会使（   ）。

A. 孔径扩大   B. 孔的表面粗糙度值增大

C. 孔径缩小   D. 孔呈多角形

152. 下列情况之一，会使铰孔时铰出的孔呈多角形（   ）。

A. 铰刀磨损   B. 铰刀刃口径向摆差大

C. 铰削量太大   D. 铰刀刃口不锋利

153. 在立式铣床镗削时，未紧固工作台纵向、横向位置，在镗孔时，会使（   ）。

A. 轴线歪斜   B. 圆度不好   C. 孔壁振纹   D. 孔距超差

154. 用一对离合器研合来检测等分度和同轴度，对硬齿离合器，其接触齿数和贴合面积，均不应少于（   ）。

A. 70%   B. 60%   C. 50%   D. 40%

155. 使用刀具万能角度尺测量刀具的前角或（   ）时，量角器平面必须与刀具轴线垂直。

A. 后角   B. 后面   C. 端面   D. 前面

156. 使用游标高度尺检测刀具的前角时，高度尺测量块的水平测量面要与被测刀齿的（   ）相贴合。

A. 端面   B. 侧面   C. 前面   D. 后面

157. 采用直线移距分度法，移距时，主动轮挂在（   ）上。

A. 主轴   B. 从动轴   C. 侧轴   D. 工作台丝杠

158. 由于在加工齿轮时铣刀号数选错，会造成齿轮的（   ）。

A. 齿轮不对   B. 齿形不准   C. 导程不准   D. 齿距超差

159. 让刀是指加工工件时，由于铣刀（   ）受力，铣刀将向不受力或受力小的一侧偏让。

A. 双侧面   B. 单侧面   C. 前面   D. 后面

160. 圆柱直齿刀具齿槽形状超差的原因是（   ）。

A. 工作铣刀廓形不准确   B. 偏移量计算错误

C. 升高量计算错误   D. 工作台偏移方向错误。

二、判断题（每题0.5分，共计20分）

161. 在日常接待工作中，对待不同服务对象，采取一视同仁的服务态度。   （   ）

162. 公差的数值等于上偏差减去下偏差。   （   ）

163. 基准孔的公差带可以在零线下侧。   （   ）

164. 孔轴过渡配合中，孔的公差带与轴的公差带相互交叠。   （   ）

165. 摩擦式带传动又可分为平带传动、V带传动、多楔带传动、圆形带传动。   （   ）

166. 千分尺可以测量正在旋转的工件。   （   ）

167. 箱体加工时一般都要用箱体上重要的孔作为精基准。   （   ）

168. 润滑剂有润滑油、润滑脂和固体润滑剂。   （   ）

169. 切削液的作用是冷却作用、润滑作用、清洗作用和排屑作用。   （   ）

170. 划规的两脚长短要相同，且两脚合拢时脚尖能靠紧，这样才能划出尺寸较小的圆弧。

       （   ）

171. 如果锯条安装时齿尖朝后，仍然能正常切削。   （   ）

172. 对于薄壁管子和精加工过的管子，必须直接装夹在台虎钳上锯削。   （   ）

173. 热继电器不能做短路保护。　　　　　　　　　　　　　　　　　　（　　）

174. 变压器在改变电压的同时，也改变了电流和频率。　　　　　　　　（　　）

175. 不要在起重机吊臂下行走。　　　　　　　　　　　　　　　　　　（　　）

176. 矩形离合器用单角铣刀或立铣刀加工。　　　　　　　　　　　　　（　　）

177. 圆盘凸轮铣削时的对刀位置必须根据从动件的位置来确定。　　　　（　　）

178. 在工艺过程中所采用的基准，称为工艺基准。　　　　　　　　　　（　　）

179. 液性塑料夹紧装置是利用液体塑料的流动性，向各个方向传递压力的一种夹紧机构。　　　　　　　　　　　　　　　　　　　　　　　　　　　　　　　　（　　）

180. 平口钳在工作台上校正并固定后，固定钳口的工作面和导轨上的平面与工作台之间的相对位置是不变的。　　　　　　　　　　　　　　　　　　　　　　　　（　　）

181. 前角的主要作用是在切削时减少金属变形，使切屑容易排出。　　　（　　）

182. 由于铣刀铣削时呈断续冲击性铣削，故螺旋角和刃倾角的绝对值一般比较小。

　　　　　　　　　　　　　　　　　　　　　　　　　　　　　　　　（　　）

183. 主轴轴承间隙调整后，在 1500r/min 的转速下运转一小时，轴承温度应不超过70℃。　　　　　　　　　　　　　　　　　　　　　　　　　　　　　　　　（　　）

184. 铣床一般运转 500 小时后，应进行一级保养。　　　　　　　　　　（　　）

185. 夹紧力小是产生垂直度误差的重要因素。　　　　　　　　　　　　（　　）

186. 分度头蜗杆和蜗轮的啮合间隙保持在 0.04～0.6mm 范围内。　　　（　　）

187. 为了减少在分度时由孔距误差引起的角度误差，以选择孔数少的空圈较好。

　　　　　　　　　　　　　　　　　　　　　　　　　　　　　　　　（　　）

188. 差动分度时，交换齿轮中的中间齿轮作用之一是改变从动轮转速。　（　　）

189. 刻线刀具刃磨好后其前角一般为 $10°～15°$。　　　　　　　　　　（　　）

190. 当孔的位置精度较高时，钻孔之前，先用中心钻钻出锥坑，作为导向定位，然后再用铣头钻削。　　　　　　　　　　　　　　　　　　　　　　　　　　　　（　　）

191. 铣削右旋转槽时，工作台顺时针转动一个螺旋角。　　　　　　　　（　　）

192. 铣削奇数齿离合器时，一般采用刚性较好的锯片铣刀。　　　　　　（　　）

193. 如果一件梯形等高齿离合器的槽形角为 10°，用三面铣刃铣刀在卧铣上加工齿的两侧，需把分度头主轴校正到与工件台成 80° 的倾斜角。　　　　　　　　　　　（　　）

194. 铣削螺旋齿离合器，实际上是铣削法向螺旋面。　　　　　　　　　（　　）

195. 加工直线成形面时，凡是凸圆弧与凹圆弧相切的部分，应先加工凸圆弧部分。

　　　　　　　　　　　　　　　　　　　　　　　　　　　　　　　　（　　）

196. 用单角铣刀兼铣齿槽齿背时，若 $\theta_1 = 25°$、$\alpha_1 = 15°$、$\gamma_o = 10°$，则铣齿背时，工件要转过 50°，调整工作台位置铣削。　　　　　　　　　　　　　　　　　（　　）

197. 双角铣刀是齿槽属于圆锥面直齿的刀具。　　　　　　　　　　　　（　　）

198. 用角度样板即可以检测牙嵌式离合器的齿形角。　　　　　　　　　（　　）

199. 铣斜齿轮时，如果导程计算错误会造成齿轮的齿形不准。　　　　　（　　）

200. 用成形铣刀加工时造成成形面的形面和位置不准的原因是模型与工件的相对位置不准。　　　　　　　　　　　　　　　　　　　　　　　　　　　　　　　　（　　）

答案：

题号	答案	题号	答案	题号	答案	题号	答案	题号	答案	题号	答案	题号	答案	题号	答案
1	D	2	A	3	B	4	D	5	A	6	C	7	B	8	C
9	C	10	B	11	D	12	A	13	B	14	C	15	B	16	A

题号	答案	题号	答案	题号	答案	题号	答案	题号	答案	题号	答案	题号	答案	题号	答案
17	C	18	A	19	C	20	B	21	D	22	B	23	C	24	C
25	B	26	C	27	A	28	C	29	C	30	C	31	B	32	B
33	A	34	C	35	B	36	C	37	D	38	C	39	B	40	B
41	A	42	A	43	D	44	D	45	C	46	A	47	A	48	A
49	C	50	B	51	A	52	C	53	D	54	D	55	C	56	C
57	A	58	D	59	B	60	C	61	A	62	C	63	D	64	D
65	A	66	B	67	A	68	B	69	C	70	C	71	D	72	B
73	B	74	B	75	B	76	A	77	A	78	B	79	B	80	B
81	B	82	B	83	C	84	A	85	D	86	C	87	C	88	B
89	D	90	C	91	B	92	C	93	A	94	B	95	A	96	B
97	C	98	A	99	A	100	A	101	A	102	C	103	B	104	D
105	B	106	B	107	A	108	C	109	A	110	C	111	B	112	D
113	A	114	A	115	D	116	B	117	A	118	B	119	D	120	C
121	C	122	A	123	B	124	A	125	A	126	D	127	A	128	D
129	D	130	A	131	B	132	B	133	A	134	B	135	D	136	B
137	B	138	B	139	B	140	A	141	C	142	C	143	D	144	C
145	A	146	C	147	D	148	A	149	C	150	D	151	A	152	D
153	C	154	B	155	A	156	C	157	A	158	B	159	B	160	A
161	√	162	×	163	×	164	√	165	√	166	×	167	×	168	√
169	×	170	√	171	×	172	×	173	√	174	×	175	√	176	×
177	√	178	√	179	√	180	√	181	√	182	×	183	×	184	√
185	√	186	×	187	√	188	×	189	√	190	√	191	×	192	√
193	×	194	×	195	×	196	×	197	×	198	√	199	×	200	√

参 考 文 献

[1] 王增强. 普通机械加工技能实训. 北京：机械工业出版社，2011.
[2] 刘兴芝. 铣工实训. 北京：化学工业出版社，2010.
[3] 胡家富. 铣工（中级）鉴定培训教材. 北京：机械工业出版社，2011.
[4] 人力资源和社会保障部教材办公室组织编写. 铣工工艺与技能　学生用书Ⅱ　基础知识. 北京：中国劳动社会保障出版社，2011.
[5] 人力资源和社会保障部教材办公室组织编写. 铣工工艺与技能　学生用书Ⅰ　学习任务. 北京：中国劳动社会保障出版社，2011.
[6] 周成统. 铣工工艺与技能训练. 北京：人民邮电出版社，2009.
[7] 黄森斌. 机械设计基础. 北京：高等教育出版社，2002.
[8] 黄淑容. 机械工程设计基础. 北京：机械工业出版社，2003.
[9] 孙召瑞. 铣工操作技术要领图解. 济南：山东科学技术出版社，2004.
[10] 何健民等. 铣工技术手册. 北京：金盾出版社，2007.
[11] 晏初宏. 机械设备修理工艺学. 北京：机械工业出版社，1998.
[12] 贾继赏. 机械设备维修工艺. 第2版. 北京：机械工业出版社，2012.
[13] 张翠凤. 机电设备诊断与维修技术. 第2版. 北京：机械工业出版社，2012.